Ihre Arbeitshilfen zum Download:

Die folgenden Arbeitshilfen stehen für Sie zum Download bereit:

- Formelsammlung
- Gesetze

Den Link sowie Ihren Zugangscode finden Sie am Buchende.

Crashkurs Immobilienwirtschaft

Prof. Dr. Helmut Geyer/ Johannes F. Müller

Crashkurs Immobilienwirtschaft

1. Auflage

Haufe Gruppe
Freiburg · München · Stuttgart

Bibliografische Information der Deutschen Nationalbibliothek

Die Deutsche Nationalbibliothek verzeichnet diese Publikation in der Deutschen Nationalbibliografie; detaillierte bibliografische Daten sind im Internet über http://dnb.dnb.de abrufbar.

Print: ISBN 978-3-648-08296-6 Bestell-Nr. 16035-0001
ePub: ISBN 978-3-648-08297-3 Bestell-Nr. 16035-0100
ePDF: ISBN 978-3-648-08298-0 Bestell-Nr. 16035-0150

Prof. Dr. Helmut Geyer/ Johannes F. Müller
Crashkurs Immobilienwirtschaft
1. Auflage 2016

www.haufe.de
info@haufe.de
Produktmanagement: Jasmin Jallad

Lektorat: Hans-Jörg Knabel, Willstätt
Satz: Content Labs GmbH, Bad Krozingen
Umschlag: RED GmbH, Krailling
Druck: BELTZ Bad Langensalza GmbH, Bad Lagensalza

Inhaltsverzeichnis

Vorwort

Seit Jahren verfolgen die Zentralbanken in den wichtigen Währungsräumen eine Politik der niedrigen Zinsen. Im Sommer 2014 begann die Europäische Zentralbank ein umstrittenes Experiment: Sie senkte die Einlagenzinsen für Kreditinstitute erstmals unter die magische Grenze von null, führte also Strafzinsen für das Parken von Geld ein.

Das gewünschte Ziel, nämlich ein Anheben der Inflation auf den Referenzwert von etwa 2 Prozent, wurde damit zwar nicht erreicht, aber es gab dramatische Änderungen für Sparer: Spareinlagen werden faktisch nicht mehr verzinst und viele Anleger sind auf der Suche nach Alternativen. »Betongold«, also die Geldanlage in Immobilien, rückte zunehmend in den Mittelpunkt des Interesses. Verstärkt wird dieser Trend dadurch, dass mit dem Verschwinden der Einlagezinsen auch die Kreditzinsen historisch niedrige Stände erreicht haben – der Kauf von Immobilien und ihre anteilige Finanzierung durch Kredite boomt.

Immer breitere Bevölkerungskreise befassen sich mit immobilienwirtschaftlichen Fragen. Für den Laien ist das nicht immer einfach, gibt es doch sowohl inhaltlich, als auch hinsichtlich der verwendeten Begriffe viele Spezifika. Hier setzt dieser Crashkurs Immobilienwirtschaft an: Das Buch soll denjenigen, die im Immobiliensektor tätig sind, eine Hilfe sein. Es wendet sich also an die Mitarbeiter von Verwaltern, Vermietern, Maklern, Projektentwicklern und Bauträgern. Auch Studenten in immobilienwirtschaftlichen Fächern oder der Betriebswirtschaft mit einem Schwerpunkt im Umfeld von Immobilien können mit seiner Hilfe manche Definition besser einordnen und verstehen.

Andererseits wollen wir auch interessierte Laien ansprechen, die über den Aspekt der reinen Geldanlage hinaus Interesse an immobilienwirtschaftlichen Fragen haben.

Nach einem kurzen Kapitel zur wirtschaftlichen Bedeutung des Immobilienwesens werden die Verfahren zur Wertermittlung von Immobilien ausführlich vorgestellt. Im folgenden Kapitel geht es um ausgewählte juristische Aspekte im Zusammenhang mit Immobilien, wie das Grundstücksrecht und das Grundbuch, die wichtigsten Verträge im Immobilienbereich und Grundlagen der steuerlichen Auswirkungen von Immobilieninvestitionen. Privates und gewerbliches Immobilienmanagement bilden die Schwerpunkte der nächsten Kapitel.

Abgerundet wird das Buch mit Kapiteln zur Gestaltung von Kreditverträgen, zu indirekten Immobilieninvestitionen und mit einigen Bemerkungen zu aktuellen Entwicklungen.

Ein Crashkurs kann immer nur einen Überblick verschaffen. Die Autoren sind sich darüber im Klaren, dass es noch viele weitere Gebiete gibt, die Interesse verdienen. Wir haben aus diesem breiten Feld ausgewählt und denken, dass wir Bereiche gefunden haben, die einen breiten Kreis von Interessenten ansprechen. Für Kritik und Anmerkungen sind wir dankbar.

Viel Freude beim Lesen!

Jena im März 2016
Die Autoren

Helmut Geyer
Johannes F. Müller

1 Grundlegende Begriffe und volkswirtschaftliche Bedeutung der Immobilienwirtschaft

1.1 Gegenstand des Buchs und definitorische Basis

1.1.1 Einführung

Der Suchbegriff »Immobilie« ergibt in der Suchmaschine von Google in Sekundenbruchteilen ungefähr 128 Mio. Treffer – auf den ersten Seiten handelt es sich fast ausschließlich um Immobilienportale, die dem Nutzer helfen sollen, die für ihn passende Immobilie zu finden. Man geht also davon aus, dass das Interesse an Immobilien nach wie vor hoch ist und ein entsprechender Markt nicht nur existiert, sondern auch stark frequentiert wird.

Akteure auf diesem Markt sind einerseits Privatpersonen. Die Gründe dafür, (als Privatperson) eine Immobilie zu kaufen, können vielfältig sein. Sie reichen von der Immobilie als Vermögensanlage und Altersvorsorge über die Versuche, die individuelle Steuerlast zu reduzieren oder Spekulationsgewinne zu erzielen, bis zum verständlichen Wunsch, in den eigenen vier Wänden zu wohnen, also Wohneigentum zu erwerben.

Andererseits ist der Immobilienmarkt geprägt von professionellen Akteuren. Dazu gehören sowohl gewerbliche Vermieter von Immobilien als auch Projektentwickler und Bauträger bis hin zu gewerblichen Wohnungsverwaltungen. Darüber hinaus dienen Immobilien als Anlageklasse für Asset Manager. Das hat dazu geführt, dass sich Konstruktionen wie Immobilienfonds oder Immobilien-AGs in Form von Real Estate Investment Trusts (REIT) herausgebildet haben. Im gewerblichen Bereich sind die Motive und auch die Handlungsmöglichkeiten also noch weiter gestreut, als bei Privatpersonen.

In vielen Fällen unterscheidet sich die Herangehensweise von Privatpersonen und gewerblichen Akteuren auf dem Immobilienmarkt jedoch nicht grundsätzlich. So sind z. B. der Wert und die Wertermittlung von Immobilien immer den gleichen Prinzipien unterworfen, lediglich die im Raume stehenden Summen weichen deutlich voneinander ab. In diesem Buch wird versucht, beide Seiten, die privaten Immobilieninvestoren und die gewerblich tätigen Immobilienunternehmen, gleichermaßen zu berücksichtigen.

Da der Kauf von Immobilien im Privatbereich kein alltägliches Geschäft ist (wie z. B. der Erwerb von Kleidung oder Lebensmitteln) fällt es vielen Menschen schwer, sich generell für einen Kauf und dann für eine bestimmte Immobilie zu entscheiden. Verschärft wird das Problem dadurch, dass die dafür erforderlichen Summen zumeist nicht bar vorhanden sind, das Objekt also finanziert werden muss.

Die Informationsasymmetrie zwischen dem »normalen« privaten Käufer einerseits und dem professionellen Immobilienhändler und der auf die Finanzierung von Immobilien spezialisierten Bank auf der anderen Seite führt schnell zu Unsicherheit und mangelnder Entscheidungsfreude.

Der Erwerb von privatem Wohneigentum ist erklärtes staatliches Ziel. Der Anteil der von den Eigentümern selbst bewohnten Wohnungen an der Gesamtzahl aller Wohnungen lag 2013 in Deutschland bei 52,6 Prozent. Zum Vergleich: Norwegen weist eine Quote von 83,5 Prozent und Rumänien als europäischer Spitzenreiter eine Quote von 95,6 Prozent auf.[1]

Das vorliegende Buch soll einige wesentliche Aspekte des Immobilienmarkts und der damit im Zusammenhang stehenden Besonderheiten beleuchten. Es beginnt mit einem Überblick über wesentliche Aspekte des Immobilienmarkts und stellt seine volkswirtschaftliche Bedeutung heraus. Anschließend wird der Frage nachgegangen, was eine Immobilie wert ist und welches die entscheidenden wertbeeinflussenden Faktoren sind. Die wichtigsten Verfahren der Wertermittlung werden vorgestellt.

1 Statista, Wohneigentumsquote vom 04.08.2015, http://de.statista.com/statistik/daten/studie/155734/umfrage/wohneigentumsquoten-in-europa/ (Stand: Februar 2016).

Fast alles, was mit Immobilien im Zusammenhang steht, ist staatlich reglementiert. Mit diversen Maßnahmen, die letztlich in die unserem Wirtschaftssystem zugrunde liegende Vertragsfreiheit eingreifen, versucht der Gesetzgeber, den schwächeren Verhandlungspartner zu schützen. Genannt seien beispielhaft die Makler- und Bauträgerverordnung (MaBV), aber auch eine Vielzahl von Regelungen zum Bau- und Planungsrecht, das Grundbuch als öffentliches Verzeichnis oder einschränkende Bedingungen bei den Kauf- und Mietverträgen.

Des Weiteren befasst sich diese Schrift mit den diversen Varianten der Immobilienfinanzierung. Auch die Beweggründe für ein Engagement im Immobilienbereich, sowohl auf privater Seite als auch als Immobilienunternehmen, finden Beachtung. Den Abschluss bildet ein Kapitel über Immobilienpolitik und aktuelle Probleme.

Das Buch wendet sich einerseits an Lernende und Studierende der Immobilienwirtschaft und andererseits an Praktiker aus dem weiten Umfeld der Immobilienwirtschaft. Die Autoren haben das Werk mit Sorgfalt und nach bestem Wissen zusammengestellt. Sollten trotzdem Fehler auftauchen, gehen Sie zulasten der Verfasser. Ein Anspruch auf Vollständigkeit wird nicht erhoben, was bei einem in ständigem Wandel befindlichen Gebiet wie der Immobilienwirtschaft wohl auch kaum möglich sein sollte.

1.1.2 Begriffliche Basis

Eine **Immobilie** ist ein unbewegliches Sachgut. Immobilie ist der Oberbegriff, sie kann aus zwei Bestandteilen bestehen:

- dem Grundstück und
- dem Bauwerk.

Ein **Grundstück** ist ein abgegrenzter Teil der Erdoberfläche. Diese Abgrenzung erfolgt nicht willkürlich, die Grundstücksgrenzen finden sich in einem Grundstückskataster. Das ist ein amtliches Grundstücksverzeichnis mit Angaben über die örtliche Lage des Grundstücks. Die Identifizierung erfolgt über die Gemarkung, die Flur und das Flurstück. Das Kataster gibt lediglich die tatsächlichen räumlichen Verhältnisse an. Das Eigentum und mit dem Grundstück verbundene Rechte sind im Grundbuch verzeichnet (siehe Kapitel 3.3).

Das Bürgerliche Gesetzbuch (BGB) regelt in § 93, dass wesentliche Bestandteile eines Wirtschaftsguts dadurch definiert sind, dass bei ihrer Trennung das Wirtschaftsgut zerstört oder in seinem Wesen verändert wird. Speziell auf wesentliche Bestandteile von Grundstücken geht § 94 BGB ein. Dort wird festgelegt, dass Sachen, die mit dem Grund und Boden fest verbunden sind, wesentliche Bestandteile eines Grundstücks sind. Explizit genannt werden in diesem Zusammenhang Gebäude.

Grundsätzlich kann ein Grundstück bebaut oder unbebaut sein, also ohne aufstehendes Bauwerk. Andererseits kann es kein Bauwerk geben, das nicht fest mit einem Grundstück verbunden ist. Bauwerk und Grundstück bilden also eine untrennbare Einheit.

Unter einem **Bauwerk** wird allgemein eine Konstruktion verstanden, die von Menschen errichtet wurde und einen dauerhaften Kontakt zum Untergrund hat. Dabei ist es nicht relevant, ob dieser Kontakt durch konstruktive Maßnahmen erfolgt oder allein aufgrund des Gewichts des Bauwerks. Bauwerken ist eine lange Nutzungsdauer eigen. Ist die Konstruktion leicht demontierbar und kann an einem anderen Ort wieder errichtet werden, spricht man in der Regel nicht von einem Bauwerk. Die Übergänge sind jedoch fließend.

Gebäude sind eine (wenn auch große) Untergruppe von Bauwerken. Sie sind dadurch gekennzeichnet, dass sie Räume umschließen. Sie bilden also eine geschlossene Gebäudehülle, die zumeist dem Schutz vor Witterung und anderen Naturgewalten dient.

Im deutschen Baurecht wird von »Gebäuden und baulichen Anlagen« gesprochen. Die Honorarordnung für Architekten und Ingenieure (HOAI) wiederum trifft eine Unterscheidung nach Gebäuden und Ingenieurbauten, Verkehrsanlagen und Freianlagen. Die einzelnen Teildefinitionen überschneiden sich teilweise. Für die grundlegenden Aussagen dieses Buchs ist das nicht relevant. Ist jedoch eine genauere Abgrenzung erforderlich, wird an entsprechender Stelle darauf hingewiesen.

Unabhängig von der gewählten Differenzierung ist das Hauptkennzeichen der Immobilie die Immobilität, also die nicht vorhandene Möglichkeit, das Sachgut an einen anderen Ort zu verbringen. Damit ist der Wert der Immobilie erheblich abhängig von der Lage.

Bedeutsam ist, dass die zur Verfügung stehende Grundfläche begrenzt und grundsätzlich nicht veränderbar ist. In Deutschland sind mit ca. 4,5 Mio. ha etwa 12,5 Prozent der Gesamtfläche des Landes Siedlungs- und Verkehrsfläche.[2] Eine Ausdehnung der Siedlungs- und Verkehrsfläche geht demnach immer zulasten anderer Flächen (landwirtschaftliche Nutzflächen, Flächen zur Erholung usw.) oder ist aufgrund geografischer Gegebenheiten nicht sinnvoll möglich. Diese prinzipielle Begrenztheit der zur Verfügung stehenden Fläche führt im Zeitablauf zu einem tendenziellen Anstieg der Bodenpreise.[3] Synonym werden Immobilien auch als »Liegenschaften«, »Anwesen« oder (in Österreich und Südtirol) als »Realitäten« tituliert.

Eine gängige Form der Differenzierung von Immobilien erfolgt nach der üblichen Nutzung:

- **Wohnimmobilien:** Sie dienen ausschließlich oder überwiegend[4] Wohnzwecken. Das entscheidende Merkmal ist dabei die Wohnnutzung, nicht die Eigentumsfrage.
- **Wohn- und Geschäftshaus:** Streng genommen ist das keine eigene Kategorie. Die Bezeichnung macht deutlich, dass es sich um gemischt genutzte Objekte handelt, wobei keine eindeutige Zuordnung zu Wohn- oder Gewerbeimmobilien möglich ist.

2 Vgl. Rußig, Die volkswirtschaftliche Bedeutung der Immobilienwirtschaft – Kurzfassung des Gutachtens des ifo Instituts für Wirtschaftsforschung e. V. an der Universität München, 2005, S. 5.

3 Ein Anstieg der Bodenpreise kann aber nicht generell vorausgesetzt werden. Er ist immer von den örtlichen Gegebenheiten und der konkreten Marktentwicklung abhängig.

4 So wird z. B. ein Mehrfamilienhaus, das neben acht Wohnungen auch eine Gewerbeeinheit (Laden) im Erdgeschoss umfasst, aufgrund der überwiegenden Wohnnutzung als Wohnimmobilie betrachtet.

- **Gewerbeimmobilien:** Hier überwiegt im Gegensatz zu den Wohnimmobilien die gewerbliche Nutzung. Sie können weiter untergliedert werden in Handelsimmobilien, Industrieimmobilien, Logistikimmobilien und Güterverkehrszentren, Büroimmobilien usw.
- **Sozialimmobilien:** Dazu gehören einerseits Kliniken und Krankenhäuser, aber auch Objekte, die der Fürsorge von alten oder kranken Menschen oder der Betreuung von sozialen Randgruppen dienen. Ebenso zählen Kindertagesstätten, Jugendheime und Ähnliches zu den Sozialimmobilien.
- **Sonderimmobilien:** Diese sind auf einen speziellen Zweck ausgerichtet. Eine Umnutzung ist nur mit erheblichem Aufwand oder gar nicht möglich. Beispiele sind Bahnhöfe, Hotels, Sportstätten, Kraftwerke usw.

Da sich immer wieder Mischnutzungen finden, ist eine eindeutige Abgrenzung oft schwierig. Im Zweifel wird die Hauptnutzung als Kriterium dienen, wobei oft die für die jeweilige Nutzung belegte Nutzfläche als Maßstab dient.

Eine andere Form der Differenzierung kann im überwiegenden wirtschaftlichen Zweck des Immobilieninvestments liegen:

- **Anlage- oder Renditeimmobilien:** Sie sind nicht zur Selbstnutzung vorgesehen. Ihr Hauptzweck liegt in der Verzinsung des angelegten Kapitals. Die Immobilie ist damit lediglich ein Mittel zum Zweck (Anlagevehikel). Eine Sonderform des Investments in Renditeimmobilien ist die indirekte Kapitalanlage in Immobilien, z. B. in Form von Immobilienfonds oder Immobilienaktien. Dabei erwirbt der Investor kein direktes Eigentum an Immobilien, sondern kauft Anteile an einem offenen Immobilienfonds, an einem definierten Immobilienportfolio oder an einem Unternehmen, das in Immobilien investiert.
- **Immobilien zur Selbstnutzung:** Ihr Hauptzweck liegt darin, einen individuellen Nutzen aus dem Objekt zu ziehen, indem man selbst darin wohnt oder indem man ein Unternehmen in ihm betreibt. Die Eigentumsquote deutscher Unternehmen ist im Weltmaßstab hoch. Sie beträgt etwa 70 Prozent – in den USA sind es ca. 30 Prozent und im

entwickelten asiatischen Raum lediglich 20 Prozent.[5] Die Frage, ob das Eigentum an der Betriebsimmobilie sinnvoller ist als z. B. das Mieten oder Pachten wird an dieser Stelle nicht betrachtet.

Aus dem wirtschaftlichen Zweck von Immobilien folgen die Funktionen, die eine Immobilie erfüllen kann:

- **Primärfunktionen:** Sie liegen in der Erfüllung materieller Bedürfnisse, wie Raum zu bieten für Wohnen, Arbeit, Handel, Ver- und Entsorgung, Freizeit, Soziales usw., aber auch die Fläche für landwirtschaftliche Nutzung zu stellen.

Neben diesen materiell determinierten Funktionen sind Immobilien aber auch oft »Mittel zum Zweck« das heißt, sie erfüllen

- **Sekundärfunktionen:** Das sind unter anderem Aufgaben wie die Altersvorsorge oder das Dienen als Kreditsicherheit (was nicht ausschließlich für Immobilienkredite möglich ist) und touristische Zwecke (z. B. Baudenkmäler), was sie zu Multiplikatoren für individuellen Konsum macht, indem sie zu Reisezielen werden.

Die **Immobilienwirtschaft** ist der Teil der Volkswirtschaft, der sich befasst mit

- dem Bestand an Immobilien und seinen Veränderungen und mit
- der Bewirtschaftung und der Nutzung von Immobilien.

Die Tätigkeiten sind weit gefächert: Planung und Entwicklung von Immobilien, Bauträger und Architekten gehören ebenso dazu, wie das Bauhauptgewerbe, die Verwaltung von Immobilien und das Facility Management, die Immobilienfinanzierung oder die Maklertätigkeit zur Vermittlung von Immobilien. Dabei haben sich in den letzten Jahren teilweise massive Verschiebungen ergeben. Einerseits erhöhte sich der Anteil der Sparte Facility Management von Bauunternehmen partiell signifikant, andererseits trennte sich der Baukonzern Hochtief im Jahr 2013 komplett von dieser Sparte, um sich wieder auf das Kerngeschäft zu konzentrieren.

---

5 Vgl. Pfnür, Volkswirtschaftliche Bedeutung von Corporate Real Estate in Deutschland, 2014, S. 7.

Die Abgrenzung kann sowohl institutionell (die Institutionen, die mit dieser Branche befasst sind, wie z. B. Baufirmen, Immobilienverwaltungen, Wohnungsgesellschaften usw.) als auch funktional, also bezogen auf die Tätigkeit erfolgen. Das bewirkt, dass z. B. der Teil eines Industrieunternehmens, der sich mit der Bewirtschaftung der eigenen Immobilien befasst, nicht der Ursprungsbranche, sondern eben der Immobilienwirtschaft zugerechnet wird.

Diese Herangehensweise macht es unmöglich, eine trennscharfe Abgrenzung zu finden. Das führt letztlich dazu, dass je nach Grundgesamtheit unterschiedliche Werte angesetzt werden. Für die Zielrichtung dieses Buchs ist eine genaue Abgrenzung nicht vonnöten. Trotzdem soll anhand einiger Zahlen verdeutlicht werden, welche gesamtwirtschaftliche Bedeutung die Immobilienwirtschaft hat.

1.2 Volkswirtschaftliche Bedeutung des Immobiliensektors

1.2.1 Anteil der Immobilienwirtschaft an der Volkswirtschaft

Der Anteil der Immobilienwirtschaft an der Gesamtwirtschaft ist in Deutschland seit dem Jahr 2000 von 98,6 Mrd. EUR auf 74,3 Mrd. EUR zurückgegangen, immerhin also um rund ein Viertel.[6] Nimmt man den Spitzenwert von 1995 (116,83 Mrd. EUR)[7], beträgt der Rückgang sogar mehr als ein Drittel. Solch ein einfacher Vergleich verbietet sich aber insofern, als sich in diesem Zeitraum die Rahmenbedingungen deutlich geändert haben. In den 1990er-Jahren gab es in den neuen Bundesländern einen enormen Nachholbedarf, der vor allem im ersten Jahrzehnt der Wiedervereinigung Deutschlands abgebaut wurde. Beginnend mit dem Jahr 2006 stieg der Umsatz wieder an

6 Statista, Umsatz Bau vom 03.08.2015, http://de.statista.com/statistik/daten/studie/154592/umfrage/umsatz-im-bauhauptgewerbe-seit-2000/ (Stand: Februar 2016).

7 Vgl. Geyer, Immobilien und ihre Finanzierung – Vom Bausparvertrag bis zu Real Estate Investment Trusts, 2. Aufl., 2008, S. 18.

und erreichte 2014 rund 99 Mrd. EUR, für das Jahr 2015 werden 101 Mrd. EUR prognostiziert.[8]

Diese Entwicklung verdeutlicht die nach wie vor hohe Bedeutung der Immobilienbranche für die volkswirtschaftliche Entwicklung Deutschlands. In der Bauwirtschaft waren im Jahr 2013 mehr als 14.500 Unternehmen der verschiedenen Größenklassen tätig, die im Durchschnitt der Jahre 2008 bis 2012 fast 2,4 Mio. Mitarbeiter beschäftigten.[9] Betrachtet man die Bauinvestitionen der Jahre 2005 bis 2014 nach den Bereichen Wohnbau, Wirtschaftsbau und öffentlicher Bau, ist das größte Wachstum im Wohnbau zu verzeichnen. Die Investitionen stiegen hier fast auf das Anderthalbfache des Werts von 2005. Aber auch in den anderen Bereichen sind Steigerungen zu verzeichnen, wie Abbildung 1 verdeutlicht.

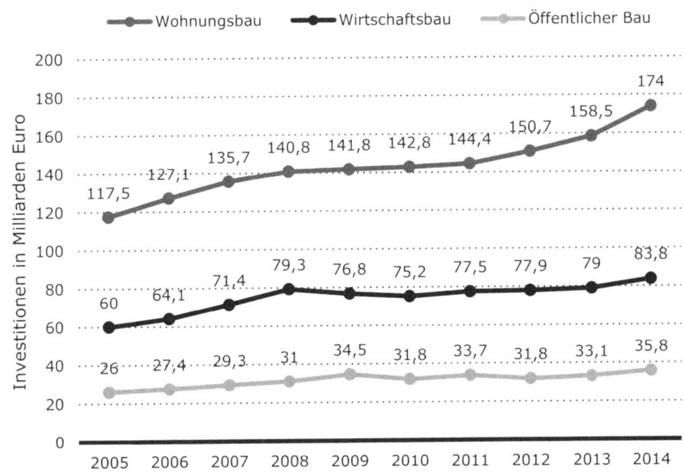

Abb. 1: Bauinvestitionen[10]

8 Statista, Umsatz Bau vom 03.08.2015, http://de.statista.com/statistik/daten/studie/154592/umfrage/umsatz-im-bauhauptgewerbe-seit-2000/ (Stand: Februar 2016).

9 Statista, Beschäftigte Bau vom 27.07.2015, http://de.statista.com/statistik/daten/studie/172701/umfrage/zahl-der-beschaeftigten-im-baugewerbe-in-europa-nach-laendern (Stand: Februar 2016).

10 Statista, Bauinvestitionen vom 13.02.2016, http://de.statista.com/statistik/daten/studie/5722/umfrage/entwicklung-der-bauinvestitionen-in-deutschland-seit-2005 (Stand: Februar 2016).

Allein mit der Bevölkerungszahl lässt sich diese Entwicklung nicht begründen, bleibt doch die Wohnbevölkerung Deutschlands seit Jahren etwa gleich (der letzte Zensus im Jahr 2011 korrigierte den durch Fortschreibung entstandenen Bevölkerungszuwachs lediglich geringfügig). Zu beobachten ist jedoch, dass

- die Zahl der Wohnungen zunimmt (von 1999 bis 2013 um etwa 8 Prozent) und
- die durchschnittliche Wohnfläche je Einwohner steigt. Betrug dieser Wert im Jahr 1999 noch 30,0 m²/Einwohner, lag er 2013 bei 46,3 m²/Einwohner. Für 2030 werden sogar 55 m²/Einwohner prognostiziert.[11] Ursache dafür ist unter anderem eine steigende Anzahl von Singlehaushalten und hier oft im Bereich der älteren Personen, die nach dem Verlust des Partners das gewohnte Wohnumfeld nicht aufgeben wollen und müssen.

Diese Entwicklung ist regionalen Unterschieden unterworfen. Gibt es einerseits prosperierende Städte und Regionen, ist an anderer Stelle ein Bevölkerungsrückgang bis hin zum »Ausbluten« ganzer Landstriche zu beobachten. Das hat natürlich Einfluss auf die Nachfrage nach Wohnraum einerseits und nach Gewerbe- und Büroimmobilien andererseits. Die vorliegende Schrift abstrahiert von regionalen Gegebenheiten und stellt die Situation im Immobilienbereich unabhängig davon dar.

Wesentliche Einflussfaktoren auf die Menge der zu errichtenden Bauten sind:

- **Die Ausgangsgrößen.** Unverkennbar zu beobachten war das in den 1990er-Jahren, als in den neuen Bundesländern von einem relativ niedrigen Niveau aus (sowohl die Anzahl als auch den Standard betreffend) ein deutlicher Nachholbedarf zu massiven Investitionen führte.
- **Demografische Entwicklungen in der Bevölkerung.** Dabei ist nicht nur die absolute Zahl der Einwohner bedeutsam, sondern auch ihr Alter, die Sozialstruktur und weitere Einflussfaktoren.

---

11 Statista, Wohnfläche vom 03.08.2015, http://de.statista.com/statistik/daten/studie/36495/umfrage/wohnflaeche-je-einwohner-in-deutschland-von-1989-bis-2004 (Stand: Februar 2016).

- **Entwicklung des allgemeinen Wohlstands.** Die Anforderungen an Wohnstandards und Wohnungsgrößen unterliegen einer permanenten Weiterentwicklung.
- **Wirtschaftliche Entwicklungen.** In konjunkturellen Wachstumsphasen steigt auch die Nachfrage nach Büro- und Handelsflächen und sonstigen Gewerbeimmobilien.

Zwischen der Anzahl der Wohnungen, der Anzahl der Gewerbeimmobilien und der baulichen Infrastruktur gibt es Wechselwirkungen. So wird eine prosperierende Wirtschaft mit guten Verdienstmöglichkeiten und hoher Lebensqualität in einer bestimmten Region Einwohner anziehen. Eine steigende Einwohnerzahl erfordert wiederum ausreichende Wohnimmobilien und Investitionen in die Infrastruktur. Eine solche sich selbst verstärkende Wirkung kann man in Ballungsgebieten beobachten. So hat sich die Bevölkerungszahl Münchens von 1995 bis 2013 von etwa 1,2 Mio. Einwohner auf über 1,4 Mio. Einwohner erhöht.[12]

Wie bereits ausgeführt, gehört zur Immobilienwirtschaft nicht allein das Bauhauptgewerbe. Verwendet man die weitere Fassung der Definition der Immobilienwirtschaft, die sämtliche mit Immobilien verbundenen Tätigkeiten dieser Sparte zuordnet, lässt sich feststellen, dass im Jahr 2011 die Bruttowertschöpfung der Branche 434 Mrd. EUR betrug. Das entspricht einem Anteil von rund 19 Prozent an der Bruttowertschöpfung der Bundesrepublik Deutschland.[13]

1.2.2 Bedeutung der Immobilienwirtschaft für die Finanzbranche

Zur Immobilienwirtschaft gehört als bedeutsamer integraler Bestandteil die Immobilienfinanzierung. Die entscheidenden Segmente dieser Finan-

12 Vgl. hierzu Bayerisches Landesamt für Statistik (Hrsg.), Kommunalstatistik, 2014.

13 Vgl. hierzu Institut der deutschen Wirtschaft Köln e. V. und Zentrum für Europäische Wirtschaftsforschung (Hrsg.), Wirtschaftsfaktor Immobilien 2013 – Gesamtwirtschaftliche Bedeutung der Immobilienwirtschaft – Kurzfassung, 2013, S. I.

zierungsklasse und damit die hauptsächlichen Nachfrager sind die Finanzierung von

- Wohnbauten,
- Gewerbebauten und Sonderimmobilien,
- Immobilienprojekten (vor allem das Bauträgergeschäft).

Hauptakteure der Finanzierung (vgl. Kapitel 4.2) sind

- **Sparkassen und Genossenschaftsbanken**. Aufgrund der regionalen Verbundenheit und der breiten Präsenz durch ein dichtes Filialnetz sind sie die klassischen Anbieter von Krediten für den privaten Wohnungsbau.
- **Großbanken**. Neben der privaten Baufinanzierung sind sie vor allem im Bereich der Projektfinanzierungen engagiert. Aufgrund ihrer Größe sind die großen Privatbanken gut in der Lage, die dort nachgefragten hohen Investitionssummen abzudecken. Darüber hinaus können Sie das erforderliche Spezial-Know-how vorhalten. Projektfinanzierungen sind kein Alltagsgeschäft, sodass mit relativ kleinen Teams von Spezialisten große Einzugsgebiete abgedeckt werden können. Diese Möglichkeit haben die an regionale Grenzen gebundenen Sparkassen und Genossenschaftsbanken nicht.
- **Pfandbriefbanken** (ehemals Hypothekenbanken). Sie sind auf durch Grundschulden gedeckte Immobilienfinanzierungen spezialisiert. Mit dem Verlust des Pfandbriefprivilegs im Jahr 2005 ist ihnen ein bisheriges Alleinstellungsmerkmal verloren gegangen. Die Refinanzierung über Hypothekenpfandbriefe war bis dahin den Hypothekenbanken (jetzt Pfandbriefbanken) vorbehalten. Werden die Anforderungen des Pfandbriefgesetzes erfüllt, können nun alle Kreditinstitute für das Pfandbriefgeschäft[14] zugelassen werden.
- **Versicherungen**. Wegen des anhaltend niedrigen Zinsniveaus sind Versicherungsgesellschaften auf der Suche nach rentierlichen Anlagemöglichkeiten und streben deshalb verstärkt auf den Markt der Baufi-

14 Wesentlich für dieses Geschäft ist, dass die ausgegebenen Schuldverschreibungen (Pfandbriefe/Covered Bonds) mindestens durch betragsmäßig und vom Zinsertrag her gleich hohe und mit Grundpfandrechten gesicherte Darlehen gedeckt sind. Die Beleihungsgrenze liegt dabei bei den ersten 60 Prozent des nach bestimmten Kriterien ermittelten Werts des Grundstücks. Es ist ein Deckungsregister zu führen und ein Treuhänder zu bestellen.

nanzierungen. Zumeist engagieren sie sich im Rahmen von Konsortialfinanzierungen gemeinsam mit Großbanken bei der Finanzierung von vermieteten Gewerbeimmobilien wie Einkaufszentren, Logistikimmobilien und Ähnlichen. Bei einer Konsortialfinanzierung schließen sich mehrere Banken und/oder Finanzinstitute zeitweilig für eine Finanzierung zusammen, die die Finanzkraft eines einzelnen Instituts überfordern würde. Sie bilden ein Konsortium in Bezug auf diese spezielle Finanzierung, rechtlich bleiben sie aber selbstständig.

- **Bausparkassen**. Bausparkassen sind Kreditinstitute, die der Bankenaufsicht unterliegen. Bauspardarlehen sind aus einer Anspar- und einer Darlehensphase zusammengesetzt. Die Zinssätze stehen bei Vertragsabschluss fest und werden nicht verändert. Die Beleihungsgrenze der Bausparkassen liegt bei 80 Prozent des Beleihungswerts, weshalb auch nachrangige Darlehen möglich sind. Die Tilgung erfolgt grundsätzlich in maximal 15 Jahren, was relativ hohe Tilgungsleistungen erforderlich macht.

Die Finanzierung von Gewerbebauten und Sonderimmobilien und die Projektfinanzierung sind Spezialfälle und erfordern neben hohem Finanzfachwissen oft Kenntnisse im Bau- und Mietrecht und bezüglich technischer Normen und Möglichkeiten.

Im Gegensatz dazu ist die Finanzierung im Wohnungsbau relativ standardisiert. Der Wettbewerb zwischen den Anbietern wird zumeist über den Preis ausgetragen. Hinzu kommen Soft Facts wie Schnelligkeit der Kreditentscheidung oder »Rundum-sorglos-Pakete«, die die Finanzierung mit der Vermittlung einer geeigneten Immobilie und der späteren Vermietung und Verwaltung kombinieren.

Der Haupteffekt von Wohnungsbaudarlehen für die finanzierenden Institute besteht darin, dass es sich um ein Geschäft handelt, das

- langfristig ist und demzufolge zu einem stetigen Ertrag führt,
- relative Sicherheit bietet aufgrund der eingetragenen Grundpfandrechte,
- durch die Kleinteiligkeit (viele Kreditnehmer mit für ein Kreditinstitut vergleichsweise niedrigen Summen) eine hohe Differenzierung und, damit verbunden, niedrige Ausfallrisiken mit sich bringt.

Diese Vorteile bieten allerdings keine Gewähr dafür, dass nicht regional Blasen und darauf folgende Einbrüche des Geschäfts auftauchen können. Dass eine massive Immobilienkrise, wie sie 2007/2008 in den USA entstand und von dort kommend die weltweite Finanzkrise auslöste, auch in Europa und speziell in Deutschland aufkommt, ist nach heutiger Kenntnis aber unwahrscheinlich. Die hiesigen Kriterien zur Wertermittlung und Kreditvergabe sind relativ streng und es steht nicht zu vermuten, dass solch grobe handwerkliche Fehler bei der Bonitätsprüfung und der Kreditvergabe auch in Deutschland massiv auftreten.

Die Bedeutung der Immobilienkredite für die Finanzbranche lässt sich aus ihrer Entwicklung in den letzten Jahren ablesen (siehe Abbildung 2).

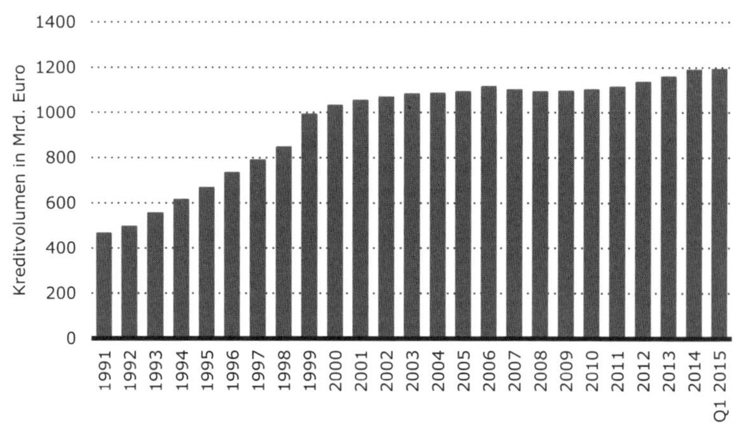

Abb. 2: Wohnungsbaukredite[15]

Von 2001 bis zum ersten Quartal 2015 ergab sich ein Zuwachs von etwa 13 Prozent. Im gleichen Zeitraum nahm das Volumen der Bankkredite insgesamt lediglich um 7 Prozent zu. Wohnungsbaukredite machen knapp die Hälfte des gesamten Volumens der Kreditvergabe der Banken in Deutschland aus.

15 Statista, Wohnungsbaukredite in Deutschland vom 12.08.2015, http://de.statista.com/statistik/daten/studie/70271/umfrage/entwicklung-der-wohnungsbaukredite-seit-1991/ (Stand: Februar 2016).

Die starken Zuwächse in den 1990er-Jahren beruhten vor allem auf dem Nachholbedarf in den neuen Bundesländern und verzerren so das Bild ein wenig. Das geringere Wachstum in den Jahren ab 2000 beruhte einerseits auf einer verringerten Nachfrage, andererseits aber auch auf erhöhten Anforderungen der Banken hinsichtlich der Sicherheit von Krediten. Dass es trotzdem zu einer Ausweitung des Kreditvolumens kam, lag primär an der gesteigerten Nachfrage, verursacht vor allem durch reduzierte Arbeitslosigkeit, ein anhaltend niedriges Zinsniveau und zunehmende Inflationsangst. Letztere löste eine »Flucht in die Immobilie« als (vermeintlich) sichere Wertanlage aus.

Verändert hat sich in den letzten Jahren die strategische Ausrichtung der Kreditinstitute bei der Finanzierung von Immobilien – und diese Veränderungsprozesse sind aktuell noch nicht abgeschlossen. Dabei sind folgende Aspekte bedeutsam:

- Bei »normalen« Wohnungsbaufinanzierungen agiert eine große Zahl von Anbietern in einem funktionierenden Markt. Immobilien in einer mittleren bis guten Lage können gewöhnlich ohne Probleme finanziert werden. Voraussetzung ist eine angemessene Bonität des Schuldners, ausgedrückt in einem Einkommen, das die Bedienung des Kapitaldiensts aus Zinsen und Tilgung unter normalen Umständen zulässt, und fast immer der Einsatz von Eigenkapital. Mit diesem sollten die Erwerbsnebenkosten komplett und ein Teil des Kaufpreises (angestrebt werden mindestens 20 Prozent) finanziert werden.
- Der Immobilienmarkt ist nicht einheitlich. Prosperierenden Regionen stehen andere Plätze gegenüber, an denen Wohnimmobilien nur mit Preisabschlägen verwertet werden können. Das betrifft vor allem jene Gebiete Deutschlands, die aufgrund struktureller Schwächen mit einem Bevölkerungsrückgang und anderen demografischen Problemen (z. B. Überalterung) zu rechnen haben, was die Nachfrage nach Immobilien senkt. Hier werden Immobilien grundsätzlich vorsichtiger bewertet und die Anforderungen an das Eigenkapital und das laufende Einkommen der Kreditnehmer sind höher.

Die verschärften Eigenkapitalanforderungen an die Kreditinstitute nach Basel II und Basel III haben dazu geführt, dass die Finanzierung von Großprojekten schwieriger geworden ist. Banken versuchen teilweise, die Bilanzsummen zu reduzieren, und sind bei großvolumigen Krediten deshalb zurückhaltender geworden. Darüber hinaus ist festzustellen, dass sich ausländische Anbieter von Immobilienfinanzierungen teilweise wieder zurückgezogen haben.

1.2.3 Immobilien als Anlageklasse

Was im gewerblichen Bereich schon lange Usus ist, hat sich inzwischen auch im Privatbereich etabliert: Immobilien werden zunehmend als separate Anlageklasse wahrgenommen, sie gelten als krisensichere Geldanlage. Für den Investor geht es in diesem Fall nicht um die Nutzung der Immobilie, sondern um eine angemessene Rendite auf das eingesetzte Kapital. Verschiedenen Umfragen zufolge halten mehr als drei Viertel der Deutschen Häuser für eine ausgezeichnete Investition.

Argumente für diese Sichtweise sind unter anderem:

- Die Geldanlage ist langfristig.
- Der Investor kann mit einer Wertsteigerung rechnen.
- Immobilieninvestitionen bringen steuerliche Vorteile.

Diese Pro-Argumente beinhalten aber auch die jeweiligen Contra-Positionen:

- Eine Immobilieninvestition ist kaum liquid. Investiertes Kapital kann nicht einfach wieder abgezogen und an anderer Stelle investiert werden. Eine hohe Summe Kapital wird in einer einzigen Anlage gebunden.
- Die Wertsteigerung ist keinesfalls garantiert.
- Steuerliche Vorteile hängen immer von den individuellen Gegebenheiten ab. Das sind vor allem der persönliche Steuersatz und sonstige zu versteuernde Einkünfte.

Das Interesse an Immobilien als Geldanlage ist vor allem in der aktuellen Marktsituation begründet. Das gegenwärtige Zinsniveau liegt weit unter dem langjährigen Mittel.[16] Das führt einerseits dazu, dass die Belastung durch Zinsen auf das Fremdkapital niedrig ist und damit die Finanzierung von Immobilien erschwinglicher erscheint. Andererseits gibt es für einen Investor kaum andere risikoarme Anlagemöglichkeiten.

Wird die Immobilie als Geldanlage betrachtet, gibt es zwei grundsätzliche Entscheidungskriterien:

- die laufenden Mieteinnahmen und
- die Erwartung einer Wertsteigerung.

Der Mietertrag hängt entscheidend von der Zahlungsfähigkeit und vom Zahlungswillen des Mieters ab. Die Höhe der am Markt durchzusetzenden Miete ist wiederum eine Folge der Lage und der Ausstattung der Immobilie.

Mit der Annahme einer Wertsteigerung hofft man darauf, dass die Wertsteigerung der Immobilie die Inflationsrate schlagen wird. Unter diesem Gesichtspunkt sind Investoren bereit, auch relativ niedrige Anfangsrenditen in Kauf zu nehmen. Als Entscheidungsfaktor wird oft die Bruttomietrendite herangezogen.

$$\text{Bruttomietrendite} = \frac{\text{Jahreskaltmiete/m}^2}{\text{Kaufpreis/m}^2} \times 100$$

Arbeitshilfen online

ARBEITSHILFE ONLINE

Auf der Internetseite zum Buch finden Sie eine Formelsammlung, in der alle im Buch aufgeführten Formeln kompakt zusammengeführt wurden.

Als Zielgröße werden 4 bis 6 Prozent angenommen. Nur dann ist eine positive Nettomietrendite zu erwarten. In die Nettomietrendite gehen zusätzlich zum oben genannten Kaufpreis noch die einmalig anfallenden Erwerbsnebenkosten (hier ist mit etwa 10 Prozent des Kaufpreises zu kalkulieren), die nicht umlagefähigen Betriebskosten und vor allem die Finanzierungs-

16 Aktuell (2015) liegt der Hypothekenzinssatz bei zehnjähriger Zinsbindung in der Nähe von 2 Prozent jährlich.

kosten für das Fremdkapital ein. Eine gängige Berechnungsformel[17] für die Anfangsrendite lautet:

$$\text{Nettomietanfangsrendite} = \frac{\text{Jahreskaltmiete} - \text{nicht umlagefähige BWK} - \text{Zinsaufwand}}{\text{Nettokaufpreis} + \text{Erwerbskosten}} \times 100$$

Beides sind statische Kennzahlen, das heißt, dass etwaige Mietsteigerungspotenziale nicht berücksichtigt werden. Die Rechnung, mit der Immobilie eine mit anderen Anlagemöglichkeiten vergleichbar hohe Rendite zu erzielen, geht nur auf, wenn die tatsächliche Wertsteigerung bei ca. 1,5 bis 2 Prozent pro Jahr liegt.

Die steigende Nachfrage nach Immobilien mündet bei einem funktionierenden Markt in steigende Immobilienpreise. Hohe Einstandspreise reduzieren wiederum das Wertsteigerungspotenzial und verringern so die mögliche Rendite. In den letzten sechs Jahren (2010 bis 2015) war eine landesweite Steigerung der Immobilienpreise um rund 20 Prozent zu verzeichnen.[18] Die regionalen Unterschiede sind jedoch enorm. So müssen für ein normal ausgestattetes frei stehendes Einfamilienhaus in München rund 910.000 EUR bezahlt werden, in Sondershausen in Thüringen nicht einmal 100.000 EUR. Aber auch bei Städten vergleichbarer Größe gibt es Unterschiede. Die Preise liegen bei 350.000 EUR (Erfurt), 280.000 EUR (Dresden), 270.000 EUR (Hannover) und 220.000 EUR (Leipzig).[19]

Diese Entwicklung hat dazu geführt, dass vor allem in Metropolregionen ein erheblicher Teil der Bevölkerung einen Immobilienkauf nicht mehr realisieren kann.

17 Zu beachten ist, dass es für viele Kennzahlen keine verbindliche Definition gibt. Demzufolge ist immer die Berechnungsformel zu prüfen, wenn z. B. Vergleiche gezogen werden sollen.

18 Vgl. Frühauf 2015.

19 Vgl. hierzu Bundesgeschäftsstelle Landesbausparkassen (Hrsg.), Markt für Wohnimmobilien, 2015.

Aus dem Gesagten folgt, dass im Privatbereich Immobilien als Anlageklasse nur bedingt geeignet sind. Im gewerblichen Bereich sind sie jedoch weiterhin gefragt. Dazu beigetragen hat auch, dass Konstruktionen gefunden wurden, die es erleichtern, eine Immobilie wieder in liquide Mittel zu verwandeln. Dabei handelt es sich um sogenannte »Share Deals«, den Kauf von Teilen von oder auch ganzen Grundstücksgesellschaften (vgl. Kapitel 6). Ein weiterer Effekt liegt darin, dass diese Transaktionen preisgünstiger sind als der direkte Immobilienkauf. Bei Beachtung einiger Regeln, so darf z. B. maximal ein Anteil von weniger als 95 Prozent übertragen werden, fallen weder Grunderwerbsteuern noch Neueinträge im Grundbuch an.

2 Wertermittlung von Immobilien

2.1 Notwendigkeit der Wertermittlung

Eine Immobilie hat, wie jedes andere Wirtschaftsgut auch, einen Wert. Ohne diesen Wert zu kennen, ist es nicht möglich, wirtschaftliche Entscheidungen sinnvoll zu treffen. Die Besonderheit bei Gebäuden besteht einerseits darin, dass ihr Wert aufgrund des immobilen Charakters in hohem Maß von regionalen Faktoren (insbesondere der Lage des Objekts) abhängt.[20] Andererseits weisen sie im Regelfall einen in Relation zu anderen Gütern nicht unerheblichen Wert auf, weswegen der Wertbemessung besondere Beachtung zu widmen ist.

Die Wertbemessung ist jedoch mit Kosten verbunden. Auf privater Ebene entstehen Gutachterkosten. Aus unternehmerischer Sicht ist entweder ein speziell geschulter Mitarbeiter nötig oder ein Gutachter zu beauftragen. Die Kosten für Wertgutachten liegen für gewöhnliche Ein- und Mehrfamilienhäuser in der Regel zwischen 1.000 und 2.000 EUR. Bei gewerblichen Objekten variieren die Kosten erheblich.

Grundsätzlich gilt, dass die Kosten, die für die Wertermittlung entstehen, im Verhältnis zum Immobilienwert eher geringfügig sind. Für diesen Aufwand erhält der Beauftragende eine nachvollziehbare und objektive Bestimmung der Wertverhältnisse, weswegen eine Begutachtung prinzipiell zu befürworten ist, da sie vor unnötigen Kosten schützen kann.

Beispiel: Wertermittlungskosten !

Einer Zeitungsanzeige ist ein Immobilienangebot für ein Einfamilienhaus in ruhiger Lage und 150 m² Wohnfläche für 275.000 EUR zu entnehmen. Da der Käufer sich absichern will, beauftragt er einen Gutachter, der den Verkehrswert auf 250.000 EUR schätzt. Das Honorar hierfür beträgt 1.900 EUR. Die Kosten für das Gutachten entsprechen also lediglich 0,76 Prozent des ermittelten Werts.

20 Die besondere Relevanz der Lage einer Immobilie wird in Kapitel 2.2.2 näher ausgeführt.

Angenommen, beide Parteien einigen sich auf einen Kompromiss und als Kaufpreis wird der Mittelwert beider Beträge, also 262.500 EUR, vereinbart, hat der Käufer durch das Gutachten 10.600 EUR gespart.

Bei gerichtlichen Auseinandersetzungen sind Wertgutachten regelmäßig unvermeidbar, wohingegen sie beim Kauf bzw. Verkauf oder beim Bau eines Gebäudes rein rechtlich nicht benötigt werden. Der Käufer will möglichst wenig bezahlen und der Verkäufer will den höchstmöglichen Erfolg erzielen. Eine professionelle Einschätzung hilft, überteuerte bzw. zu günstige Angebote zu erkennen. Zwar befürworten Käufer im Regelfall sehr günstige Preise, aber es ist darauf zu achten, dass das Haus hinsichtlich der Qualität nicht zu beanstanden ist, was wiederum nicht zu jedem Preis möglich ist.

Die professionelle Wertermittlung ist in einer Vielzahl von Fällen denkbar. Zu diesen Fällen zählen unter anderem die Berechnung des Zugewinnausgleichs im Falle einer Scheidung, die Bestimmung von Erbschaftspflichtteilen, Investitionsentscheidungen, Vermögensaufstellungen, Entschädigungen aufgrund von Enteignungen und der Kauf bzw. Verkauf oder Bau einer Immobilie.

Immobilien werden regelmäßig über Kreditinstitute finanziert. Für sie dient das Finanzierungsobjekt als Kreditsicherheit, sodass im Falle der Zahlungsunfähigkeit des Schuldners der Kredit dennoch bedient werden kann. Folglich muss der Bank bekannt sein, bis zu welchem Betrag eine Finanzierung langfristig möglich ist. Auch aus Kundensicht ist dieser Betrag relevant. Wenn die Zinsbindungsfrist[21] ausläuft, ist eine Umschuldung notwendig. Fällt nun der Gebäudewert niedriger aus als der umzuschuldende Kreditbetrag, wird keine Bank bereit sein, den Kredit zu übernehmen bzw. zu verlängern.

21 Als Zinsbindungsfrist wird der Zeitraum bezeichnet, für den der Zinssatz unveränderlich festgeschrieben ist. Bei Immobilienfinanzierungen sind zehn Jahre üblich (siehe hierzu Kapitel 4).

2.2 Flächenberechnung und Lagekriterien

2.2.1 Flächendefinitionen

2.2.1.1 Grundlegendes

Die Fläche einer Immobilie ist ein entscheidender Faktor. Sie ist in vielen Fällen maßgeblich – so z. B. bei der grundlegenden Entscheidung für bzw. gegen eine Liegenschaft, bei der Umlage der Bewirtschaftungskosten, bei Flächenangaben im Mietvertrag oder bei der Berechnung von Kennzahlen. Allerdings ist Fläche nicht gleich Fläche. Es gibt viele voneinander abweichende Definitionen, die bei der Berechnung zu signifikanten Differenzen führen können.

Typische Unterschiede beziehen sich z. B. auf die Anrechnung von Terrassen und Balkonen, innenliegenden Gängen wie einem Flur, Aufzügen und auch Treppen.

Die in Deutschland üblicherweise verwendeten Vorschriften sind:

- Wohnungswirtschaftlicher Bereich
  - DIN 277 bzw. DIN 283
  - Zweite Berechnungsverordnung (II. BV)
  - Wohnflächenverordnung (WoFlV)
- Gewerblicher Bereich
  - MF/G und MF/V

Im angelsächsischen Raum ist hingegen der Code of Measuring Practice von der Royal Institution of Chartered Surveyors verbreitet.

Oftmals ist bei Höhenangaben die Begrifflichkeit lichte Höhe zu finden. Als lichte Höhe wird die Entfernung von der Oberkante des Fußbodens (einschließlich des Fußbodenbelags) zur Unterkante der Decke bezeichnet.

Hinweis !

Im Folgenden werden die Regelungen lediglich auszugsweise dargestellt. Für weitere Ausführungen siehe unter anderem das Buch »Wertermittlungsrichtlinien« aus dem Jahr 2016 von Wolfgang Kleiber.

2.2.1.2 DIN 277

In der DIN-Norm 277 werden Flächen- und Raummaße für den Hochbau geregelt. Das Gebäude ist in drei Bereiche zu gliedern:

1. überdeckt und allseitig in voller Höhe umschlossen,
2. überdeckt, aber nicht allseitig in voller Höhe umschlossen,
3. nicht überdeckt.

In der aktuellen Fassung aus dem Jahr 2005 sind die in Abbildung 3 dargestellten Flächenarten zu unterscheiden.

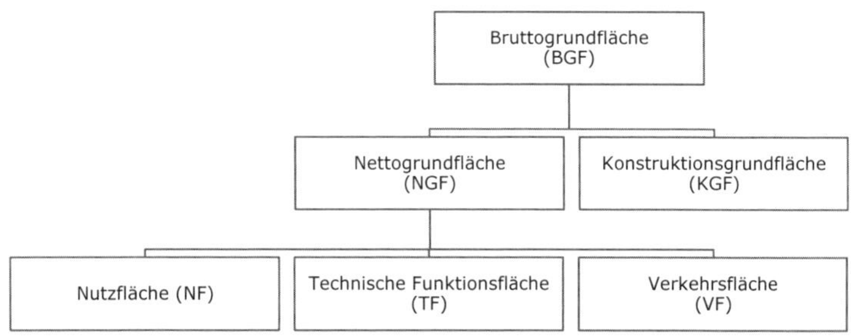

Abb. 3: Flächenarten nach DIN 277

Die Bruttogrundfläche (BGF) bezieht sich auf Außenmaße und ist die Summe der Grundflächen aller *nutzbaren* Grundrissebenen eines Bauwerks. So bilden unter anderem abgehängte Decken keine eigene Grundrissebene und sind folglich zu übermessen. Die Nettogrundfläche (NGF), unterteilt in Nutz-, Verkehrs- und technische Funktionsfläche (NF, VF und TF), gibt die korrespondierenden Innenflächen an. Die Differenz zwischen der Bruttogrundfläche und der Nettogrundfläche, die Konstruktionsgrundfläche (KGF), entspricht der Fläche der sogenannten aufgehenden Bauteile wie z. B. Wänden oder Grundflächen von Türöffnungen.

Die Nutzfläche – ehemals in Haupt- und Nebennutzfläche (HNF und NNF) gegliedert – ist der Teil der Nettogrundfläche, der der Gebäudebestimmung (Wohnen, Einzelhandel, Büro usw.) entsprechend genutzt wird. Als technische Funktionsfläche – ehemals Funktionsfläche (FF) – wird der Gebäudeteil bezeichnet, in dem die betriebstechnischen Anlagen wie Heiz-

oder Lüftungsanlagen untergebracht sind. Die Verkehrsfläche dient dem Zugang zu Räumen und dem Verkehr innerhalb des Bauwerks.

Es gibt jedoch nicht nur die Bruttogrundfläche nach DIN 277. In der Sachwertrichtlinie ist die Bruttogrundfläche ebenfalls ausführlich geregelt.

Hinweis !

Es ist wichtig, zwischen beiden Ermittlungsvarianten zu unterscheiden. Ein wesentlicher Unterschied ist, dass laut Sachwertrichtlinie konträr zu den Vorschriften der DIN 277 die nicht überdeckten Bereiche *nicht* zu berücksichtigen sind.

In der Praxis ist oftmals auch der Begriff der Brutto*geschoss*fläche zu finden. In Deutschland handelt es sich hierbei um eine fälschliche Vermischung der Brutto*grund*fläche mit der baurechtlich relevanten Geschossfläche. Zur Geschossfläche darf nur die Fläche von Vollgeschossen gezählt werden, deren Definition sich aus den jeweiligen Landesbauordnungen ergibt. Keller- und Dachgeschosse erfüllen oftmals die Voraussetzungen nicht (siehe hierfür Kapitel 2.4.3). In Österreich hingegen ist die Bruttogeschossfläche ein Synonym für die Bruttogrundfläche.

Neben den dargestellten Flächenmaßen sind in der DIN 277 auch Raummaße – namentlich der Bruttorauminhalt (BRI), der Nettorauminhalt (NRI) und der Konstruktionsrauminhalt (KRI) – geregelt. Sie können grundsätzlich ermittelt werden, indem die zugehörige Grundfläche (beim Bruttorauminhalt also die Bruttogrundfläche) mit der Höhe multipliziert wird.

Besondere Beachtung ist dem Bruttorauminhalt zu widmen. Er unterscheidet sich vom sogenannten umbauten Raum, einem Begriff der DIN 277 aus dem Jahr 1950. Der relevanteste Unterschied besteht in der Anrechnung von nicht ausgebauten Dachgeschossen. Sie sind beim umbauten Raum nur zu einem Drittel anzurechnen, beim Bruttorauminhalt hingegen in voller Höhe.

2.2.1.3 Wohnflächenberechnung

Der Begriff »Wohnfläche« ist gesetzlich nicht eindeutig definiert. Im preisgebundenen Wohnraum ist zwingend auf die Vorschriften der II. BV bzw. auf die der WoFlV zurückzugreifen. Diese Vorgaben sind jedoch im preisfreien Wohnraum nicht bindend. Allerdings sind sie laut BGH-Rechtsprechung grundsätzlich als stillschweigend vereinbart anzunehmen, falls nichts anderes geregelt ist, da sie einerseits zu sachgerechten Ergebnissen führen, ohnehin angewendet werden und andererseits auch die Vorschriften der DIN 283 im Wesentlichen mit den Verordnungen übereinstimmen.[22]

Obgleich die DIN 283 seit 1983 bzw. 1989 ersatzlos zurückgezogen ist, wird sie in der Praxis teilweise noch angewendet. Für die Flächenermittlung nach der II. BV sind die §§ 42–44 relevant. Diese Bestimmungen wurden am 01.01.2004 durch die WoFlV ersetzt.

! **Hinweis**

Grundsätzlich gilt, dass alle Räume *innerhalb* der abschließbaren Wohnung Wohnfläche sind. Außerhalb der Wohnung liegende Räume hingegen werden i. d. R. nicht als Wohnfläche angesehen.

Den drei Vorschriften ist gemein, dass Räume mit mehr als zwei Metern lichter Höhe voll und solche zwischen einem und zwei Metern zu 50 Prozent angerechnet werden. Wichtige Unterschiede sind insbesondere:

ARBEITSHILFE ONLINE

DIN 283	II. BV	WoFlV
25 Prozent bei Loggien, Balkonen und gedeckten Freisitzen	0 bis 50 Prozent bei Loggien, Balkonen, Dachgärten und gedeckten Freisitzen	0 bis 50 Prozent, i. d. R. 25 Prozent bei Loggien, Balkonen und Terrassen[23]

22 Siehe hierzu BGH, Urteil v. 24.03.2004, VIII ZR 44/03.

DIN 283	II. BV	WoFlV
50 Prozent bei nicht ausreichend beheizten Wintergärten	50 Prozent bei Wintergärten und Schwimmbädern	50 Prozent bei unbeheizten Wintergärten und Schwimmbädern

Tab. 1: Wohnflächenanrechnungsmöglichkeiten

2.2.1.4 MF/G und MF/V

Für die Mietfläche im gewerblichen Bereich gibt es keine gesetzliche Definition, die Vertragspartner können frei verhandeln. In der Praxis durchgesetzt haben sich jedoch insbesondere die Vereinbarung der Bruttogrundfläche als Mietfläche und die Vorschläge der Gesellschaft für Immobilienwirtschaftliche Forschung e. V. (gif), die im Jahr 2012 die Richtlinie zur Berechnung der Mietfläche für gewerblichen Raum (kurz: MF/G; Überarbeitung der MF-G aus dem Jahr 2004) herausgegeben hat (siehe Abbildung 4).

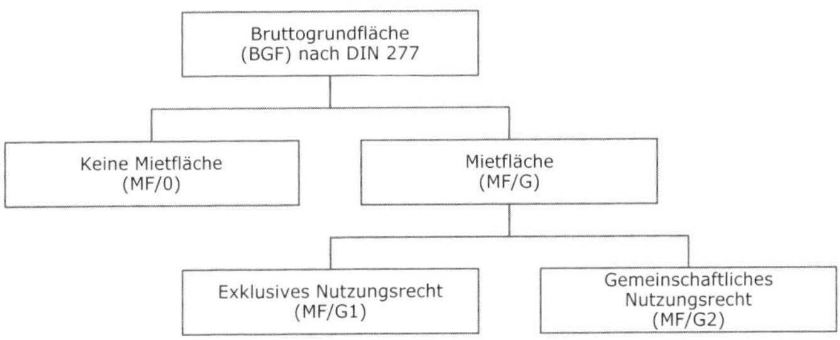

Abb. 4: Systematisierung der MF/G

Die Berechnung der Bruttogrundfläche wurde an anderer Stelle bereits ausgeführt (siehe Kapitel 2.2.1.2). Die MF/G besteht im Wesentlichen aus der Nutzfläche der jeweiligen Objektart (exklusive Stellplätze), Teilen der Verkehrsfläche (insbesondere Flure und Eingangshallen) und ausgewählten Elementen der Konstruktionsgrundfläche wie den Trennwänden oder

23 Der Begriff Terrasse ersetzt in der WoFlV den gedeckten Freisitz.

versetz- bzw. veränderbaren Konstruktionen. Der MF/0 hingegen sind die technische Funktionsfläche und die verbleibenden Teile der Nutzfläche, der Verkehrsfläche und der Konstruktionsgrundfläche zuzurechnen.

Die MF/V (Verkaufsfläche im Einzelhandel) ist grundsätzlich analog zur MF/G systematisiert. Der Hauptunterschied besteht in der Zusammensetzung der Nutzfläche. Die MF/V schließt viele Räumlichkeiten wie z. B. Büros, Lagerräume und Sanitärflächen als vermietbare Fläche aus. Die Vorschriften zur Konstruktionsgrundfläche und zur Verkehrsfläche ähneln sich.

2.2.1.5 Code of Measuring Practice

Der Code of Measuring Practice wurde von der Royal Institution of Chartered Surveyors nunmehr in der sechsten Auflage veröffentlicht. Es wird insbesondere zwischen folgenden Flächenmaßen unterschieden:

- Gross External Area (GEA),
- Gross Internal Area (GIA),
- Net Internal Area (NIA).

Zu beachten ist, dass die jeweilige Flächendefinition auch von der Art der Immobilie abhängt. Wohnhäuser werden folglich anders gewürdigt als z. B. Büroimmobilien. Bei der Gross External Area und der Gross Internal Area gibt es nur geringfügige Unterschiede zu den Definitionen der DIN 277. Die Gross External Area ist das Pendant zur Bruttogrundfläche, die Gross Internal Area das zur Nettogrundfläche.

Nennenswerte Unterschiede gibt es jedoch bei der Net Internal Area, die grundsätzlich das Pendant zur MF/G, also der vermietbaren Fläche im gewerblichen Bereich, darstellt. Sie ist definiert als

> **Code of Measuring Practice, S. 16, Ziffer 3.0**
> *... the usable area within a building to the internal face of the perimeter walls at each floor level.*

Sinngemäß übersetzt handelt es sich also um die innenliegend nutzbare Fläche eines Gebäudes innerhalb der die Räumlichkeiten umfassenden

Mauern je Etage. Den Berechnungsvorschriften sind unter anderem Raumarten zu entnehmen, die nicht berücksichtigt werden dürfen.

Im Vergleich zur MF/G werden in der Net Internal Area insbesondere Sanitärräume nicht berücksichtigt – was dem Vorgehen der MF/V entspricht. Analog hingegen zum Vorgehen der gif werden Treppenhäuser nicht zur Mietfläche gezählt.

2.2.1.6 Nutzflächenfaktor

Der Nutzflächenfaktor kann verwendet werden, um Flächenberechnungen auf Plausibilität zu überprüfen. Er wird wie folgt berechnet:

$$\text{Nutzflächenfaktor} = \frac{\text{Wohn- bzw. Nutzfläche}}{\text{Geschoss- bzw. Bruttogrundfläche}}$$

Die Höhe des Faktors ist unter anderem abhängig vom Baujahr und der Objektart des Gebäudes. Sehr hohen Einfluss auf den Wert hat auch der Ausbau des Dachgeschosses zu Wohnzwecken bzw. das Vorhandensein eines Kellergeschosses.

Beispiel: Nutzflächenfaktor !

Ein eingeschossiges Einfamilienhaus mit Flachdach hat Außenmaße von 10 x 10 Metern. Die Wohnfläche beträgt 80 m². Somit ergibt sich als Nutzflächenfaktor (Basis: Bruttogrundfläche) 80 : 100 = 0,8. 80 Prozent der Bruttogrundfläche sind also Wohnfläche. Angenommen, das Gebäude wäre vollständig unterkellert, würde der Nutzflächenfaktor (Basis: Bruttogrundfläche) auf 80 : 200 = 0,4 sinken.
Falls die Geschossfläche als Basis dient, bleibt der Faktor in beiden Fällen gleich, da das Kellergeschoss i. d. R. bei der Geschossfläche nicht zu berücksichtigen ist.[24] Im Wohnungsbau ist es üblich, die Geschossfläche als Vergleichsmaßstab zu verwenden.

24 Falls der Keller als Vollgeschoss anzusehen ist, müsste die Fläche dennoch berücksichtigt werden (siehe Kapitel 2.4.3).

Übliche Spannen (Wohnfläche/Geschossfläche) liegen bei 0,7 bis 0,8, wobei jüngere Gebäude grundsätzlich ein besseres Verhältnis aufweisen.

!

Hinweis

Es handelt sich um durchschnittliche Werte. Ein Nutzflächenfaktor von 0,65 oder 0,85 bedeutet nicht, dass die Flächenberechnung fehlerhaft ist. Vielmehr sollte er als ein Hinweis darauf verstanden werden, die Flächenberechnung auf ihre Richtigkeit hin zu überprüfen.

Stellenweise ist der Nutzflächenfaktor auch in reziproker Schreibweise (Geschossfläche/Wohnfläche) zu finden.

2.2.2 Lage

In der Immobilienbranche wird regelmäßig von drei Faktoren gesprochen, die den Wert einer Immobilie beeinflussen: der Lage, der Lage und – nicht zu vergessen – der Lage. An einer Immobilie kann nahezu alles geändert werden, aber nicht die Lage. Sie hat demnach immense Auswirkungen auf den Wert. Es wird unterschieden zwischen der sogenannten Makro- und der Mikrolage.

Makrolage (großräumige Lage)

Die Makrolage stellt die großräumigen bzw. überregionalen (Stadt, Region, Gemeinde usw.) Standortfaktoren dar. Ergo werden sowohl die Lage außerhalb der Region und die Region selbst betrachtet. Bei der Analyse der Makrolage sind unter anderem folgende Faktoren relevant:

- zentrale Bedeutung der Stadt/Region,
- Bevölkerungsentwicklung und -struktur,
- Arbeitsmarktsituation,
- Infrastruktur,
- klimatische Bedingungen,
- regional bedingte staatliche Fördermöglichkeiten,
- Kaufkraft und
- Gewerbestruktur.

Es sei angemerkt, dass die Aufzählung beliebig erweiterbar ist.

Die Relevanz der Makrolage wird, insbesondere von Privatpersonen und regionalen Investoren, tendenziell unterschätzt. So kann es vorkommen, dass in anderen Regionen höhere Renditen oder bessere Wohnlagen vorliegen. Zumeist wird aufgrund emotionaler Verbundenheit zu einem bestimmten Gebiet auf die Analyse der Makrolage verzichtet.

Mikrolage (kleinräumige Lage)
Die Mikrolage umfasst die Lage der Immobilie innerhalb einer Region, Stadt oder Gemeinde. Bei der Analyse der kleinräumigen Begebenheiten ist die Differenzierung zwischen gewerblicher Nutzung und Wohnnutzung von höherer Relevanz als bei großräumigen Untersuchungen. Es wird zwischen harten (objektiv mess- und bestimmbaren) und weichen (nicht objektiv mess- und bestimmbaren) Standortfaktoren unterschieden. Zu den harten Faktoren zählen unter anderem Erwägungen wie:

- Verkehrsanbindung (Bus, Straßenbahn usw.),
- Einkaufsmöglichkeiten im Umfeld (insbesondere täglicher Bedarf),
- öffentliche und private Dienstleistungen (z. B. Ärzte),
- Bildungs- und Kulturangebot und
- störende Einflüsse (Lärm, Gerüche, andere Emissionen usw.)

Die weichen Faktoren umfassen hingegen Aspekte wie:

- Prestige/Image des Standorts,
- Sozialstruktur im nahen Umfeld,
- nachbarschaftliche Verhältnisse und
- Entwicklung des Standorts

Es ist zu beachten, dass die Abgrenzung zwischen den weichen und harten Faktoren und der Makro- bzw. Mikrolage nicht eindeutig ist. So werden unter anderem Aspekte wie Verkehrsanbindungen oder Bildungseinrichtungen je nach Autor bzw. Quelle entweder den harten oder den weichen Faktoren zugerechnet.

Bezüglich der Differenzierung zwischen wohnungswirtschaftlicher und gewerblicher Nutzung ist zu beachten, dass sich die Lagekriterien teils erheblich unterscheiden können. So ziehen es viele Menschen vor, in ruhiger

Lage zu wohnen, für den Betreiber einer Bar oder eines Restaurants ist eine ruhige Lage jedoch meist kontraproduktiv. Die Lage ist also immer in Zusammenhang mit den Anforderungen der Immobilie zu untersuchen.

2.3 Gesetzliche Grundlagen und Wertbegriffe

2.3.1 Relevante Gesetze und Wertermittlungsverfahren im Überblick

Es gibt eine Vielzahl von gesetzlichen Regelungen, die für die Wertermittlung relevant sind, von denen hier jedoch nur eine geringe Zahl dargestellt werden kann, darunter:

ARBEITSHILFE ONLINE

Gesetz, Verordnung, Richtlinie	Kurzbeschreibung des Inhalts	Anwendungsbereich bzw. Zweck
Immobilienwertermittlungsverordnung (ImmoWertV)	Wertermittlungsverfahren und Grundsätze zur Vorgehensweise	Verkehrswertermittlung i. S. d. § 194 Baugesetzbuch (BauGB)
Vergleichs-, Sach-, Ertrags- und Bodenrichtwertrichtlinie (VW-RL, SW-RL, EW-RL, BRW-RL)	Konkretisierung der ImmoWertV hinsichtlich der Vorschriften zum Vergleichs-, Sach-, Ertrags- und Bodenrichtwert	Verkehrswertermittlung i. S. d. § 194 BauGB
Wertermittlungsrichtlinien 2006 (WertR)	Vorläufer zu den obigen Richtlinien (noch nicht vollständig ersetzt)	Anzuwenden, falls der Stichtag vor der Einführung der anderen Richtlinien liegt
Beleihungswertermittlungsverordnung (BelWertV)	Konkretisierung des Pfandbriefgesetzes hinsichtlich der Beleihungswertermittlung	Beleihungswertermittlung nach § 16 Pfandbriefgesetz (PfandBG)
Bewertungsgesetz (BewG)	Wertermittlungsvorschriften für steuerliche Zwecke	Insbesondere Ermittlung von Grunderwerb-, Erbschafts-, Grund- und Schenkungssteuer

Tab. 2: Ausgesuchte bewertungsrelevante Gesetze im Überblick

Die genannten Gesetzestexte dienen in der Hauptsache dazu, die Wertermittlung möglichst einheitlich zu gestalten und die Berechnungsverfahren hinsichtlich der Vorgehensweise und der Bestimmungsfaktoren zu definieren. Zudem soll die objektive Herangehensweise unterstützt werden. Die ImmoWertV löst die Wertermittlungsverordnung (WertV) von 1988 ab. Sie ist für die Verkehrswertermittlung nach dem Städtebaurecht und somit für Gutachterausschüsse verbindlich vorgeschrieben. Für freie Gutachter trifft sie rein rechtlich nicht zu. Da sie jedoch allgemein anerkannte Regelungen enthält, besteht eine faktische Anwendungsverpflichtung. Für die Richtlinien gilt dies nicht bzw. nur eingeschränkt. Eine Anwendungsverpflichtung besteht nur, wenn die Richtlinie von staatlicher Seite als verbindlich erklärt wird. Analog zur ImmoWertV sind hiervon freie Gutachter auch nicht betroffen. Die Richtlinien ersetzen die jeweiligen Regelungen der WertR 2006. Insbesondere der Abschnitt zu den Rechten und Belastungen (Ziffer 4 und Anlagen 12 ff.) der WertR 2006 wurde jedoch noch nicht überarbeitet.

Im Regelfall zielt ein Gutachten auf die Bestimmung des Verkehrswerts ab. Allerdings gibt es auch andere Wertbegriffe, die im folgenden Kapitel näher betrachtet werden. Die einzelnen Verfahren zur Wertbemessung lassen sich überblicksartig wie folgt darstellen:

ARBEITSHILFE ONLINE

Verfahren	**Ermittelbarer Wert**	**Übliches Anwendungsgebiet**
Vergleichswertverfahren	Verkehrs- und (theoretisch) Beleihungswert	Eigentumswohnungen, Bodenwertermittlung und Plausibilisierung
Ertragswertverfahren	Verkehrs- und Beleihungswert	Ertragserzielende bebaute Grundstücke, Plausibilisierung
Sachwertverfahren	Verkehrs- und Beleihungswert	Nicht ertragsorientierte Eigennutzung, Plausibilisierung
DCF-Verfahren	Verkehrswert	Sonderimmobilien
Abschlags-, Index- und Maklerverfahren	Verkehrswert (eingeschränkt, da überschlägige Verfahren)	(Un-)bebaute Grundstücke (lediglich zur groben Schätzung, Indexverfahren in der Versicherungsbranche üblich), Plausibilisierung

Verfahren	Ermittelbarer Wert	Übliches Anwendungsgebiet
Residualwert-verfahren	Bodenwert	Unbebaute Grundstücke, falls andere Verfahren nicht möglich

Tab. 3: Wertermittlungsverfahren im Überblick

2.3.2 Abgrenzung der einzelnen Wertbegriffe

2.3.2.1 Vorbemerkungen

Zunächst ist zwischen den Begriffen »Preis« und »Wert« zu unterscheiden. Als Preis wird in den Wirtschaftswissenschaften i. d. R. ein in Geldeinheiten *realisierter* Wert verstanden. Es handelt sich um den Betrag, zu dem ein Gut tatsächlich getauscht wird. Als Wert hingegen wird zumeist eine abstrakte Größe verstanden, die von subjektiven Nutzenvorstellungen abhängt. Jeder Marktteilnehmer weist einem Gut also einen anderen Wert zu. Der Preis ergibt sich sodann aus den Verhandlungen zwischen Käufer und Verkäufer und liegt zwischen den jeweiligen Wertspannen.

Einfacher und dennoch präzise drückt es der Investor Warren Edward Buffett – er zählt zu den weltweit erfolgreichsten Investoren – aus: »Price is what you pay – value is what you get.« (zu Deutsch: Der Preis ist das, was man bezahlt – der Wert das, was man bekommt.)

Aus Sicht der Wertermittlung ist insbesondere relevant, dass es sich bei dem Berechnungsergebnis immer um eine *Schätzung* handelt.

! **Hinweis**

Es ist sehr wichtig, diesen Umstand zu berücksichtigen. Die Aufgabe eines Gutachters ist es nicht, Richtlinien möglichst wörtlich umzusetzen oder recherchierte Zahlen möglichst präzise miteinander zu verrechnen. Ein Gutachter muss die Marktteilnehmer simulieren und das so gut wie möglich. Hieraus ergibt sich auch die wichtige Erkenntnis, dass das Endergebnis nicht auf mehrere Nachkommastellen genau sein kann. Eine *aussagekräftige* Wertermittlung kann selbstredend nicht genauer als der Markt sein, da sie eben diesen

nachahmt, also die Werteinschätzungen der Marktteilnehmer zu antizipieren versucht. Unschärfen in der Wertermittlung sind somit in ihr selbst begründet und unumgänglich.

2.3.2.2 Verkehrswert und Beleihungswert

Verkehrswert

Im Regelfall wird bei einem Gutachten der Verkehrswert ermittelt. Es ist daher unverzichtbar, mit der Definition dieses Begriffs vertraut zu sein.

Der Verkehrswert (auch als Marktwert bezeichnet) ergibt sich laut § 194 BauGB aus dem Preis, der

> **§ 194 BauGB**
> *... in dem Zeitpunkt, auf den sich die Ermittlung bezieht, im gewöhnlichen Geschäftsverkehr nach den rechtlichen Gegebenheiten und tatsächlichen Eigenschaften, der sonstigen Beschaffenheit und der Lage des Grundstücks oder des sonstigen Gegenstands der Wertermittlung ohne Rücksicht auf ungewöhnliche oder persönliche Verhältnisse zu erzielen wäre.*

Aus der Definition ergeben sich vier Prinzipien:

- **Stichtagsprinzip**
  Die Verkehrswertermittlung bezieht sich immer auf einen Zeitpunkt, sie ist stichtagsbezogen. Somit dürfen nur die Informationen, die zum maßgeblichen Zeitpunkt bekannt waren, berücksichtigt werden.
- **Normalitätsprinzip**
  Die Wertermittlung unterstellt den gewöhnlichen Geschäftsverkehr. Dieser liegt insbesondere vor, wenn die Marktteilnehmer nicht unter Not oder Zwang stehen und frei entscheiden können.
- **Realitätsprinzip**
  Bei der Wertermittlung sind ausschließlich die tatsächlichen Verhältnisse (Zustand, rechtliche Situation, Verträge usw.) zugrunde zu legen.

- **Objektivitätsprinzip**
  Ungewöhnliche und persönliche Verhältnisse müssen, soweit sie bei den Beteiligten selbst begründet sind, ausgeblendet werden. Hierzu zählen z. B. Kaufpreisvergünstigungen im Verwandtenkreis.
  Das international gebräuchliche inhaltliche Pendant zum Verkehrswert ist der Market Value.

Beleihungswert

Der Begriff »Beleihungswert« stammt aus der Kreditwirtschaft und ist im Gegensatz zum Verkehrswert nicht auf einen Zeitpunkt, sondern auf einen Zeitraum ausgelegt. § 16 Abs. 2 PfandBG definiert ihn wie folgt:

> **§ 16 Abs. 2 PfandBG**
> *Der Beleihungswert darf den Wert nicht überschreiten, der sich im Rahmen einer vorsichtigen Bewertung der zukünftigen Verkäuflichkeit einer Immobilie und unter Berücksichtigung der langfristigen, nachhaltigen Merkmale des Objekts, der normalen regionalen Marktgegebenheiten sowie der derzeitigen und möglichen anderweitigen Nutzungen ergibt. Spekulative Elemente dürfen dabei nicht berücksichtigt werden. Der Beleihungswert darf einen auf transparente Weise und nach einem anerkannten Bewertungsverfahren ermittelten Marktwert nicht übersteigen.*

Bei der Beleihungswertermittlung stehen die Nachhaltigkeit und die vorsichtige Bestimmung des Werts im Vordergrund. Er muss über den gesamten Beleihungszeitraum[25] erzielbar sein und darf nicht über dem Verkehrswert liegen. Des Weiteren muss er nach unten angepasst werden, falls der Verkehrswert im Zeitablauf niedriger als der Beleihungswert werden sollte. Aufgrund des Vorsichtsprinzips darf der Beleihungswert aber nicht wieder nach oben angepasst werden, falls der Verkehrswert steigt. Dies begründet sich dadurch, dass der Wert bereits einmal gesunken ist und folglich wieder sinken kann.

25 Hiermit wird der Zeitraum bezeichnet, in dem die Immobilie finanziert wird, also i. d. R. zwischen 20 und 25 Jahre.

Kritisch bei der Ermittlung des Beleihungswerts ist das allen Zukunftswerten inhärente Problem: Ohne die Zukunft zu kennen, ist es nicht möglich, den Wert den (gesetzlichen) Anforderungen entsprechend zu bestimmen. Seitens der Gesetzgebung besteht lediglich die Möglichkeit, das Verfahren an sich transparent zu gestalten und die Basisannahmen zu verifizieren. Wendlinger führt zum Beleihungswert aus, dass

> *... durch eine besonders konservative Annahme ein Wert ermittelt ... [wird] ..., der unter der Annahme von besonders ungünstigen zukünftigen Entwicklungen einen Wert am unteren Ende der möglichen rationalen Bewertungsbandbreite wiedergibt.*[26]

Der Beleihungs*wert* darf nicht mit der Beleihungs*grenze* verwechselt werden. Diese liegt gemäß § 14 PfandBG bei 60 Prozent des Beleihungswerts und ist für die Einstufung eines Kredits als Realkredit relevant. Diese Kredite gelten als besonders sicher, da sie einerseits maximal auf 60 Prozent des ohnehin konservativ ermittelten Beleihungswerts lauten, andererseits jedoch auch über Grundpfandrechte abgesichert sind und regelmäßige Wertüberprüfungen der zugrunde liegenden Immobilie durchgeführt werden müssen.

Ein sehr ähnlich klingender Wertbegriff, der sogenannte Belehnwert, ist das Pendant zum Beleihungswert in Österreich. Auf internationaler Ebene gibt es den sogenannten »Mortage Lending Value«, der inhaltlich auch weitestgehend mit dem Beleihungswert übereinstimmt.

2.3.2.3 Steuerliche Bewertungsterminologie

Im Steuerrecht sind verschiedene Begriffe im Hinblick auf das »steuerliche Grundvermögen« zu unterscheiden. Die hierfür notwendigen Vorgaben sind dem BewG zu entnehmen. Grundvermögen i. S. d. BewG (§§ 68 bis 94 BewG) liegt vor, wenn der betroffene Grundbesitz weder land- und

26 Wendlinger, Immobilienkennzahlen – Fundierte Immobilienanalyse in der Praxis, 2012, S. 200.

forstwirtschaftlichem Vermögen (§ 33 BewG) oder Betriebsvermögen (§ 99 BewG) zuzurechnen ist.

Als Bemessungsmaßstab dient – zumindest theoretisch – allen nachfolgenden Begriffen der sogenannte **gemeine Wert**, der gemäß § 9 Abs. 2 BewG dem Preis entspricht, der

> **§ 9 Abs. 2 BewG**
> *... im gewöhnlichen Geschäftsverkehr nach der Beschaffenheit des Wirtschaftsgutes bei einer Veräußerung zu erzielen wäre. Dabei sind alle Umstände, die den Preis beeinflussen, zu berücksichtigen. Ungewöhnliche oder persönliche Verhältnisse sind nicht zu berücksichtigen.*

! **Hinweis**

Trotz des teils unterschiedlichen Wortlauts stimmt der gemeine Wert rein definitorisch mit dem bereits ausgeführten Verkehrswert überein. Es gibt jedoch einen maßgeblichen Unterschied. Anders als bei der Verkehrswertermittlung wird im steuerlichen Bereich mit pauschalen Massenbewertungsverfahren gearbeitet, was zu Abweichungen vom Verkehrswert führt.

Die Systematik des BewG lässt sich wie folgt darstellen:

- **Einheitswert** nach den §§ 19 ff. BewG für die Grund- und Gewerbesteuer,
- **Grundbesitzwert** nach den §§ 138 ff. BewG für die Grunderwerbsteuer,
- **Grundbesitzwert** nach den §§ 157 und 176 ff. für die Erbschafts- und Schenkungssteuer.

Der Grundbesitzwert wird auch **Bedarfswert** genannt. Die steuerlichen Bemessungsgrundlagen werden durch das Finanzamt (in Form eines sogenannten Feststellungsbescheids) festgestellt. Zuständig ist das Finanzamt, in dessen Gebiet sich das Grundstück befindet (das sogenannte Lagefinanzamt). Die Datenbasis, auf die der Fiskus hierbei zurückgreift, ist jedoch durchaus als fragwürdig zu charakterisieren.

So erfolgte die erste Feststellung (die sogenannte Hauptfeststellung) zum Zwecke der Einheitswertermittlung im Jahr 1935 und sollte alle sechs Jahre wiederholt werden. Aufgrund der Widrigkeiten durch die Kriegsereignisse und den darauf folgenden Wiederaufbau wurden die nächsten Daten erst 1964 erhoben und waren auf die alten Bundesländer und Westberlin beschränkt. Für die restlichen Gebiete Deutschlands wurden bisher noch keine neuen Erhebungen vorgenommen und die Daten von 1935 werden unter Berücksichtigung von Zuschlägen nach § 133 BewG weiterhin verwendet.

Der Gesetzgeber ermöglicht dem Steuerpflichtigen jedoch den Nachweis eines niedrigen Steuerwerts, falls das Ergebnis der typisierten Bewertungsverfahren zu einer oberhalb des Verkehrswerts liegenden Bemessungsgrundlage führt. Es empfiehlt sich, den Feststellungsbescheid im Zweifel professionell (geeignete Ansprechpartner sind insbesondere Gutachter und Steuerberater) überprüfen zu lassen, da – trotz der für die dafür anfallenden Kosten – die Möglichkeit bestehen kann, Geld zu sparen. Am Beispiel der Grundsteuerschuld wird dies besonders deutlich. Sie wird wie folgt berechnet:

Einheitswert × Steuermesszahl = Grundsteuermessbetrag

Grundsteuermessbetrag × Grundsteuerhebesatz = Grundsteuerschuld

Wird nun der Einheitswert vom Finanzamt zu hoch angesetzt, muss der Steuerpflichtige vierteljährlich eine überhöhte Steuerzahlung leisten.

2.3.2.4 Sonstige Wertbegriffe

Beizulegender Wert und Teilwert

Der beizulegende Wert (auch: **beizulegender Zeitwert**, international als Fair Value bezeichnet) ist ein im Handelsrecht gebräuchlicher Begriff. Er entspricht gemäß § 255 Abs. 4 Handelsgesetzbuch (HGB) »... dem Marktpreis«. Der herrschenden Meinung folgend bedeutet das, dass der beizulegende Wert dem bereits ausgeführten Verkehrswert entspricht.

Der Teilwert ist das steuerrechtliche Pendant und entspricht gemäß § 10 BewG dem Betrag, den

§ 10 BewG

... ein Erwerber des ganzen Unternehmens im Rahmen des Gesamtkaufpreises für das einzelne Wirtschaftsgut ansetzen würde.« Eine ähnliche Definition findet sich in § 6 Abs. 1 Nr. 1 Satz 3 EStG. Beide Werte stimmen im Regelfall überein und sind für die betriebliche Bilanzierung relevant.

Versicherungswert

§ 88 Versicherungsvertragsgesetz (VVG) definiert den Versicherungswert als den Betrag,

§ 88 VVG

... den der Versicherungsnehmer zur Zeit des Eintritts des Versicherungsfalles für die Wiederbeschaffung oder Wiederherstellung der versicherten Sache in neuwertigem Zustand unter Abzug des sich aus dem Unterschied zwischen alt und neu ergebenden Minderwerts aufzuwenden hat.

Er dient im Grundsatz dazu, die versicherungsmathematisch korrekt berechneten Kosten zur Schadensregulierung abzudecken und wird im Regelfall nach dem Indexverfahren wie folgt ermittelt:

$$\text{heutiger Wert} = \frac{\text{ursprüngliche Herstellungskosten} \times \text{Indexwert}}{100}$$

Als Indexwert wird im Regelfall auf den vom Statistischen Bundesamt veröffentlichten Baupreisindex zurückgegriffen. Alternativ kann auf das sogenannte Abschlagsverfahren zurückgegriffen werden. Hierzu sind angemessene Herstellungskosten zu bestimmen und um Abschläge zu korrigieren. Banküblich Abschläge liegen für Einfamilienhäuser zwischen 10 und 15, für Mehrfamilienhäuser zwischen 15 und 20 und für Gewerbeimmobilien zwischen 25 und 40 Prozent. Die Höhe des Abschlags hängt unter anderem von der Vielseitigkeit des Objekts ab. Mit einer schwer umnutzbaren Immobilie ist ein höheres Risiko und damit ein höherer Abschlag verbunden.

Ebenfalls in der Versicherungsbranche verbreitet ist der sogenannte gleitende Neuwertfaktor (auch: Prämienfaktor), der vom Gesamtverband der

Deutschen Versicherungswirtschaft (GDV) ermittelt wird. Die Wertermittlung unter Zuhilfenahme von verschiedenen Faktoren wird in Kapitel 2.4.2 und 2.4.4 erklärt.

2.3.2.5 Zusammenfassung

Die dargestellten Begriffe lassen sich wie folgt zusammenfassen:

ARBEITSHILFE ONLINE

Wertbegriff	Kurzbeschreibung	Hauptanwendung
Verkehrs- bzw. Marktwert	Zeit*punkt*bezogener Immobilienwert	Gutachterliche Wertermittlung
Beleihungswert	Zeit*raum*bezogener Immobilienwert	Kreditwirtschaftliche Wertermittlung
Gemeiner Wert, Einheits- und Grundbesitzwert	Steuerliche Bemessungsgrundlagen	Grund-, Gewerbe-, Grunderwerb-, Erbschafts- und Schenkungssteuer
Beizulegender (Zeit-)Wert, Teilwert	Siehe Verkehrswert	Bilanzierung
Versicherungswert	Erwarteter Wert im Schadensfall	Versicherungsbranche

Tab. 4: Wertbegriffe im Überblick

2.4 Ausgewählte Wertermittlungsverfahren

2.4.1 Vorbemerkungen

Dieses Kapitel widmet sich insbesondere den in der ImmoWertV geregelten Wertermittlungsverfahren, den sogenannten normierten Wertermittlungsverfahren. In Kapitel 2.3.1 wurde bereits aufgezeigt, dass es zusätzlich zur ImmoWertV sogenannte Richtlinien gibt, die der Konkretisierung der ImmoWertV dienen.

Die Vorschriften der ImmoWertV sind sehr allgemein gehalten, weswegen sie in weiten Teilen einer entsprechenden Auslegung bedürfen. Dies wurde mit den Richtlinien (nur für Gutachterausschüsse verpflichtend, falls landesrechtlich angeordnet) von staatlicher Seite her versucht.

!

Hinweis

Dem Leser wird empfohlen, sich mit der ImmoWertV und den Richtlinien zu den jeweiligen Kapiteln vertraut zu machen. Die Richtlinien sollten jedoch, insbesondere unter Würdigung des Aspekts, dass sie zum Zwecke der *amtlichen* Wertermittlung erstellt wurden, die häufig von fachfremden Personen durchgeführt wird, hinterfragt werden. Diese Kritik trifft in besonderem Maße auf die SW-RL und die EW-RL zu, da beide faktisch eine »Wertermittlung« ohne Sachkenntnis ermöglichen.

ARBEITSHILFE ONLINE

Arbeitshilfen online

Die hier im Buch behandelten Gesetze und Richtlinien stehen für Sie auf der Internetseite zum Buch zum kostenlosen Download bereit.

In der Praxis driften die Auffassungen zu den Richtlinien teilweise erheblich auseinander. Während manche Gutachter ihre Verwendung vollständig ablehnen, gibt es auf der Gegenseite auch Gutachter, die die Richtlinien sogar noch »perfektionieren« wollen.

!

Hinweis

Unabhängig von der Vorgehensweise gilt, dass die *Richtigkeit* des Verkehrswerts gewährleistet sein muss. Hierzu gibt es verschiedene Urteile, im Regelfall ist die Grenze jedoch bei Abweichungen von +/– 20 bis 30 Prozent vom ermittelten Wert zum realisierten Preis zu ziehen.

2.4.2 Vergleichswertverfahren

Das in § 15 ImmoWertV geregelte Vergleichswertverfahren eignet sich – je nach Datenlage – zur Verkehrswertermittlung von sämtlichen bebauten und unbebauten Grundstücken. Ergänzende Hinweise gibt die VW-RL. Die BelWertV nennt zwar das Vergleichswertverfahren als Möglichkeit, um den

Beleihungswert zu ermitteln. Da aufgrund der Eingangsfaktoren jedoch die *aktuelle* Marktsituation – und nicht der langfristig beleihbare Wert – abgebildet wird, wird das Verfahren von Banken für die Beleihungswertermittlung zumeist abgelehnt.

Der Grundgedanke des Vergleichswertverfahrens ist, dass gleichartige Grundstücke auch gleichartig zu bewerten sind. Charakteristisch ist, dass die sogenannte »Marktanpassung« wegen der unmittelbaren Marktnähe der Eingangsfaktoren (Kaufpreise) in diesen bereits impliziert ist.[27]

An die Vergleichsdaten sind sowohl quantitative (ausreichende Anzahl) als auch qualitative (hinreichende Vergleichbarkeit) Anforderungen zu stellen. Beides bereitet in der Praxis oftmals Schwierigkeiten, wobei qualitative Aspekte zumindest bis zu einem gewissen Maß angepasst werden können.

Was als ausreichend anzusehen ist, ist nicht eindeutig definiert. Je nach Fachautor lassen sich Angaben zwischen 10 und 30 Kaufpreisen finden. Relevant ist insbesondere, inwieweit sich die Standardabweichung durch die Vergrößerung der Stichprobe ändert.[28]

Hinweis !

Diesen theoretischen Erwägungen kann in der Praxis jedoch, zumindest in wenig gehandelten Märkten, oftmals nicht entsprochen werden, da zu wenige (aussagekräftige) Preise vorhanden sind.

Wichtiger als die Anzahl der Preise ist insbesondere die Marktnähe der vorhandenen Vergleichsdaten. Wenn die Datenbasis ausreicht, um eine sinnvolle Schätzung vorzunehmen, können unter Wertermittlungsaspekten auch nur fünf Vergleichspreise ausreichend sein.

27 Mit der Marktanpassung (§ 14 ImmoWertV) sollen die allgemeinen Wertverhältnisse am Grundstücksmarkt erfasst werden. In den noch vorzustellenden Verfahren (Ertrags- und Sachwertverfahren) muss dies über besondere Faktoren geschehen.

28 Zur Berechnung und Interpretation der Standardabweichung siehe z. B. Bösch, Finanzwirtschaft – Investition, Finanzierung, Finanzmärkte und Steuerung, 2. Aufl., 2013.

Qualitative Anforderungen sind unter anderem Übereinstimmungen bei:[29]

- Entwicklungszustand (Kapitel 3.2.3),
- zeitliche Nähe,
- Art und Maß der baulichen Nutzung (Kapitel 3.2.1 und 2.4.3),
- Gebäudeausstattung (Einbauküche, Bodenbelag usw.),
- Grundstücksgröße und -zuschnitt usw.

Aus den Vergleichsdaten wird ein Durchschnittswert gebildet, der der Wertermittlung zugrunde gelegt wird.

!

Beispiel: Durchschnittswert aus Vergleichsdaten

Ein unbebautes Grundstück ist zu bewerten. Insgesamt konnten drei Vergleichspreise (47.000 EUR, 54.000 EUR und 55.000 EUR) recherchiert werden. Es wird vereinfachend unterstellt, dass sämtliche Merkmale hinreichend übereinstimmen.
Aus den Daten lässt sich errechnen, dass in diesem Marktsegment durchschnittlich 52.000 EUR für ein derartiges Grundstück bezahlt werden. Dieser Wert entspricht, gegebenenfalls nach einer Rundung auf 50.000 EUR, dem Verkehrswert.

Im obigen Beispiel waren keinerlei Anpassungen nötig, die Preise konnten direkt übernommen werden. In einem solchen – durchaus unwahrscheinlichen – Fall wird vom unmittelbaren Preisvergleich gesprochen. Weichen einzelne Merkmale voneinander ab, sind bis zu einem gewissen Maß Anpassungen (durch Zu- oder Abschläge) möglich. Aus dem unmittelbaren Preisvergleich wird ein mittelbarer Preisvergleich. Es gilt jedoch zu bedenken, dass es, wenn viele Anpassungen nötig sind, den Daten an Vergleichbarkeit mangelt und diese daher nicht als Maßstab angesetzt werden sollten. Als Datenquelle ist insbesondere die Kaufpreissammlung des örtlichen Gutachterausschusses zu nennen.

!

Hinweis

Bei den Anpassungen ist auf die korrekte Reihenfolge zu achten. Zeitliche Aspekte werden als Erstes angepasst, die restlichen Merkmale erst im Nachgang.

29 Siehe Abschnitt 1 der ImmoWertV bzw. Ziffern 3 bis 5 der VW-RL.

Um das Datum eines älteren Kaufpreises vergleichbar zu machen, ist laut § 11 ImmoWertV auf Indexreihen zurückzugreifen.

Exkurs: Rechnen mit Indices

Indexreihen geben immer die Wertentwicklung zu einem bestimmten Zeitpunkt im Verhältnis zum Basiszeitpunkt an. Der Indexwert wird im Basiszeitpunkt immer mit 100 fixiert, sodass Entwicklungen abgelesen werden können. Steht der Index zum 31.12.2013 bei 100 und zum 31.12.2015 bei 110 ist ersichtlich, dass in diesem Zeitraum ein Anstieg von 10 Prozent stattgefunden hat.

In der Wertermittlung müssen Kaufpreise häufig hinsichtlich ihres Datums an den Wertermittlungsstichtag angepasst werden. Oftmals ist es jedoch so, dass die ausgewiesenen Indices nicht mit dem Wertermittlungsstichtag übereinstimmen. Aus den obigen Indexwerten ist nicht ersichtlich, welcher Wert zum 01.07.2014 vorlag. Um dennoch Umrechnungen vornehmen zu können, gibt es zwei Verfahren, namentlich die Extrapolation und die Interpolation. Für die nachfolgenden Beispiele wird folgender Index, jeweils zum 31.12, angenommen:

Jahr	2011	2012	2013	2014	2015
Index	100	103	108	112	115

Tab. 5: Beispielindex

Extrapolieren

Die vorhandenen Daten müssen extrapoliert (fortgeschrieben) werden, wenn der gesuchte Wert aus Sicht der Indices in der Zukunft liegt.

Es sei der Indexwert für den 01.07.2016 gesucht. Zunächst ist die Wertentwicklung der Vergangenheit zu analysieren. In den letzten fünf Jahren hat sich der Wert durchschnittlich um (115 – 100) : 5 = 3 Prozent pro Jahr bzw. um 3 : 12 = 0,25 Prozent pro Monat erhöht. Zwischen dem letzten Indexwert (31.12.2015) und dem gesuchten Datum liegen sechs volle Monate. Wird die Entwicklung der Vergangenheit nun fortgeschrieben, steigt der Index in dieser Zeitspanne um 6 x 0,25 = 1,50 Prozent an, was einem Indexstand von 115 x 1,015 = 116,725 entspricht.

Interpolieren

Wird der Wert zwischen zwei bekannten Werten gesucht, können die sogenannten Zwischenwerte interpoliert (bestimmt) werden. Am häufigsten kommt hierbei die lineare Interpolation zur Anwendung, die eine gleichläufige Entwicklung zwischen beiden Werten unterstellt. Es gibt mehrere Berechnungswege. Angenommen, es ist der Wert am 01.07.2015 gesucht. Zwischen den bekannten Daten aus den Jahren 2014 und 2015 liegt ein Anstieg von 115 – 112 = 3 Punkten, der sich auf zwölf Monate bezieht. Der gesuchte Wert ist sechs Monate vom Datensatz aus dem Jahr 2014 entfernt und liegt somit bei 112 + (3 x 6 : 12) = 113,5, was einem monatlichen Anstieg von 0,25 Punkten entspricht.

Alternativ kann auf folgende Formel zurückgegriffen werden:

$$y = y_0 + (x - x_0) \times \frac{y_1 - y_0}{x_1 - x_0}$$

Der Wert y gibt in der Formel den Indexstand und x das korrespondierende Jahr an. Hinsichtlich der Berechnung ist zu beachten, dass die aktuelleren Werte als x_1 bzw. y_1 gelten. Der für x einzusetzende Wert ergibt sich wie folgt: Der gesuchte Wert liegt sechs Monate vom 31.12.2014 entfernt. Zwischen dem 31.12.2014 und dem 31.12.2015 liegen insgesamt zwölf Monate. X wird demnach wie folgt berechnet: 2014 + (6 : 12), was als Ergebnis 2014,5 zur Folge hat.

Grundsätzlich wäre es auch möglich, den Wert für 2014 aus den Daten der Vergangenheit zu extrapolieren. Da allerdings der bereits bekannte Wert für 2015 dann außer Acht gelassen werden müsste, wäre das Ergebnis weniger aussagekräftig, da eine bekannte Entwicklung ignoriert würde.

Es ist immer der Index zu wählen, der die ortsüblichen Verhältnisse darstellt. Am besten ist es also, wenn der Gutachterausschuss entsprechende Zahlen veröffentlicht hat. In der Praxis ist das jedoch nicht immer der Fall, weswegen mangels Alternativen vor allem auf Erhebungen des Statistischen Bundesamts zurückgegriffen wird.

!

Beispiel: Anpassen der Preise aus einer Kaufpreissammlung

Es soll der Vergleichswert für eine Eigentumswohnung mit einer Wohnfläche von 80 m² am 31.12.2015 ermittelt werden. Die nachstehenden fünf Preise konnten der Kaufpreissammlung entnommen werden und wurden bereits in EUR/m² Wohnfläche umgerechnet. Vereinfachend wird unterstellt, dass hinreichende Vergleichbarkeit in allen Punkten außer der zeitlichen Nähe besteht.

Datum	Preis (Kaufpreissammlung)	Indexstand	Preis (Angepasst)
31.12.2013	1.000 EUR/m²	100	1.100 EUR/m²
31.12.2014	1.100 EUR/m²	105	1.152 EUR/m²
31.12.2014	1.150 EUR/m²	105	1.205 EUR/m²
31.12.2014	1.250 EUR/m²	105	1.310 EUR/m²
31.12.2015	1.750 EUR/m²	110	1.750 EUR/m²

Zunächst sind die Preise aus der Kaufpreissammlung auf das heutige Datum anzupassen. Am Beispiel des zweiten Preises sieht die Rechnung wie folgt aus: 1.100 EUR/m² : 105 x 110 = 1.152 EUR/m². Als Nächstes ist das arithmetische Mittel (der Durchschnittswert) der angepassten Preise zu bestimmen. Es liegt zweckmäßig gerundet bei 1.300 EUR/m² und kann grundsätzlich verwendet werden, um den Vergleichswert der Eigentumswohnung zu berechnen. Er liegt bei 80 m² x 1.300 EUR/m² = 104.000 EUR und sollte auf 100.000 EUR gerundet werden.

Das obige Beispiel ist stark vereinfacht. In der dargestellten Rechnung wurde vernachlässigt, dass die zugrunde gelegten Werte auf Ausreißer, also auf Werte, die durch persönliche oder ungewöhnliche Verhältnisse beeinflusst sind, hin überprüft werden müssen, um die Aussagekraft zu gewährleisten.

Hierfür stehen verschiedene Methoden zur Verfügung. Am leichtesten ist es, eine Grenze festzulegen, um die der berechnete Mittelwert schwanken darf. Werte, die außerhalb dieser Spanne liegen, sind als Ausreißer auszuschließen und nicht zur Bewertung zu verwenden. Praxisüblich ist ein Intervall von +/– 30 Prozent um den arithmetischen Mittelwert.

! **Beispiel: Ausschließen von Ausreißern**

Die im obigen Beispiel verwendeten Daten sind auf Ausreißer zu überprüfen. Abweichungen bis zu 30 Prozent werden akzeptiert. Die Spanne liegt demnach zwischen 1.300 x 1,3 = **1.690 EUR/m²** und 1.300 x 0,75 = **910 EUR/m²**, was zur Folge hat, dass der fünfte Preis (1.750 EUR/m²) auszuschließen ist. Mit den verbleibenden Werten ist ein neuer Mittelwert zu bilden, der als Grundlage für die Bewertung dienen soll. Er liegt bei etwa 1.190 EUR, was einen Vergleichswert der Eigentumswohnung von 80 EUR/m² x 1.190 EUR = 95.200 EUR zur Folge hat. Eine Rundung auf 95.000 EUR ist angemessen.
Zum Vergleich: Ohne die Ausreißererkennung lag der Wert (vor Rundung) bei 104.000 EUR. Bezogen auf die nun ermittelten 95.200 EUR ist das gleichbedeutend mit einer Abweichung von etwa 9,25 Prozent.

In der Praxis ebenfalls verbreitet ist die sogenannte Zwei-Sigma-Regel. Auch bei dieser Methode wird ein Intervall (auch Konfidenzintervall genannt) festgelegt. Es bezieht sich jedoch auf die sogenannte Standardabweichung, die die durchschnittliche Abweichung der einzelnen Preise vom Stichprobendurchschnitt zum Ausdruck bringt. Schwankungen, die das Zweifache der Standardabweichung übersteigen, werden nach diesem Verfahren ausgeschlossen.[30]

Im Unterschied zum unbebauten Grundstück wurde bei der Eigentumswohnung nicht direkt mit Preisen gerechnet, sie wurden ins Verhältnis zur Wohnfläche gesetzt. In der Literatur ist für das Vorgehen im ersten Beispiel stellenweise der Begriff »Vergleichs*preis*verfahren« und für den zweiten Fall die Bezeichnung »Vergleichs*faktor*verfahren« zu finden.

Vergleichsfaktoren (§ 13 ImmoWertV) lassen sich – je nach Bezugsgröße – in Gebäudefaktoren (Flächen- oder Raumeinheit) und Ertragsfaktoren (Ertragsgröße, i. d. R. auf Jahresebene) unterscheiden.[31]

---

30 Wird die Gaußsche Normalverteilung unterstellt, umfasst das Intervall somit 95,45 Prozent der Stichprobenwerte. Alternativ wird häufig auf das 1,96-fache (95 Prozent) oder das 1-fache (68,27 Prozent) zurückgegriffen.

31 Der im Beispiel der Eigentumswohnung verwendete Gebäudefaktor, EUR/m² Wohnfläche, ist in der Praxis, stellenweise auch mit der Bruttogrundfläche als Bezugsgröße, weitverbreitet. Ertragsfaktoren werden in Kapitel 2.3.3.5 behandelt.

Unter theoretischen Gesichtspunkten ist das Vergleichswertverfahren das zuverlässigste und präziseste Verfahren, da es den Grundstückswert direkt aus dem Markt bezieht. Die Schätzqualität hängt selbstredend erheblich von den zur Verfügung stehenden Daten ab. Dies stellt auch das größte Problem des Verfahrens dar. Ausreichende Daten sind in aller Regel nur für Eigentumswohnungen, seltener für Reihen- und Doppelhäuser, verfügbar.

Hinweis !

Das mit den Vergleichsdaten berechnete Ergebnis ist gemäß § 8 ImmoWertV abschließend immer auf seine Aussagefähigkeit hin zu überprüfen und gegebenenfalls entsprechend anzupassen.

2.4.3 Bodenwertermittlung

Bodenwerte sollen nach § 16 der ImmoWertV vorrangig im Vergleichswertverfahren ermittelt werden. In der Praxis kann dieser Forderung im Regelfall nicht – zumindest nicht in Form des unmittelbaren Preisvergleichs – entsprochen werden, da nicht ausreichend Vergleichsdaten für unbebaute Grundstücke vorhanden sind. Üblicherweise wird der Bodenwert über sogenannte Bodenrichtwerte ermittelt. Die die ImmoWertV ergänzenden Hinweise zur Ableitung können der BRW-RL entnommen werden.

> **Ziffer 2 BRW-RL**[32]
> *Der Bodenrichtwert ... ist der durchschnittliche Lagewert des Bodens für eine Mehrheit von Grundstücken innerhalb eines abgegrenzten Gebiets (Bodenrichtwertzone), die nach ihren Grundstücksmerkmalen ... weitgehend übereinstimmen und für die im Wesentlichen gleiche allgemeine Wertverhältnisse ... vorliegen.*

Die Wertverhältnisse lauten auf EUR/m² (inhaltlich handelt es sich also um ein Vergleichsfaktorverfahren) und werden von Gutachterausschüssen in der Regel in zweijährigem Turnus veröffentlicht und können gebühren-

32 Siehe auch § 10 ImmoWertV.

pflichtig, teilweise auch gebührenfrei oder per Internet eingesehen werden und hängen von einer Vielzahl von Faktoren, den lagetypischen Merkmalen, ab. Hierzu zählen unter anderem: [33]

- Art und Maß der baulichen Nutzung (Kapitel 3.2.1 und nachfolgend),
- Entwicklungszustand (Kapitel 3.2.3),
- abgabenrechtlicher Zustand[34] usw.

!

Hinweis

Der Bodenwert eines Grundstücks ist grundsätzlich so zu ermitteln, als wäre es unbebaut. Dies verhindert die sogenannte »Bodenwertdämpfung«, ein steuerlich motivierter Abschlag auf den Bodenwert, um höhere Beträge absetzen zu können. Ausnahmen sind in § 16 ImmoWertV geregelt.

Die Merkmale der Bodenrichtwerte stimmen häufig nicht mit dem Bewertungsgrundstück überein. Die relevantesten Anpassungsmaßnahmen beziehen sich hierbei unter anderem auf Stichtagsumrechnungen, die im vorhergehenden Kapitel eingehend dargestellt wurden und auf baurechtliche Festsetzungen, darunter insbesondere:

Grundflächenzahl (GRZ)

> **§ 19 Abs. 1 Baunutzungsverordnung (BauNVO)**
> *Die Grundflächenzahl gibt an, wieviel Quadratmeter Grundfläche je Quadratmeter Grundstücksfläche ... zulässig sind.*

Die Grundstücksfläche ergibt sich grundsätzlich aus der im Bauland liegenden Fläche des Baugrundstücks. Einzelheiten sind § 19 BauNVO zu entnehmen. Die Grundflächenzahl gibt also vor, wie viel der insgesamt vorhandenen Fläche für bauliche Zwecke genutzt werden darf.

33 Siehe Anlage 2 der BRW-RL.

34 Der abgabenrechtliche Zustand bezieht sich auf sogenannte Erschließungsbeiträge, die für den Anschluss an das öffentliche Ver- und Entsorgungsnetz (Strom, Gas usw.) an die Kommune zu entrichten sind. Die Abkürzung ebf steht für erschließungsbeitragsfrei und ebp für erschließungsbeitragspflichtig. Im Regelfall sind Bodenrichtwerte in erschließungsbeitragsfreiem Zustand angegeben.

Beispiel: Grundflächenzahl !

Für ein 500 m² großes Grundstück ist eine Grundflächenzahl von 0,4 vorgegeben. Demnach dürfen maximal 500 m² x 0,4 = 200 m² für bauliche Zwecke genutzt werden.

Geschossflächenzahl (GFZ)

§ 20 Abs. 2 BauNVO

Die Geschossflächenzahl gibt an, wieviel Quadratmeter Geschossfläche je Quadratmeter Grundstücksfläche … zulässig sind.

Die Grundstücksfläche bemisst sich hierbei nach § 19 BauNVO, weitere Einzelheiten zur Geschossflächenzahl sind § 20 BauNVO zu entnehmen.

Beispiel: Geschossflächenzahl !

Ein 750 m² großes Grundstück weist eine Geschossflächenzahl von 0,8 auf. Infolgedessen dürfen maximal 750 m² x 0,8 = 600 m², z. B. aufgeteilt auf zwei Geschosse à 300 m², entstehen.

Bei der Berechnung der Geschossflächenzahl muss der Umstand berücksichtigt werden, dass sie sich nur auf sogenannte Vollgeschosse bezieht. Was genau das ist, hängt von landesrechtlichen Bestimmungen – der Landesbauordnung – ab, die sich von Bundesland zu Bundesland unterscheiden können. So gilt in Thüringen nach § 92 Abs. 2 der Thüringer Bauordnung ein Geschoss als Vollgeschoss, wenn seine Deckenoberkante im Mittel mehr als 1,40 Meter über die Geländeoberfläche hinausragt und es über mindestens zwei Drittel seiner Grundfläche eine lichte Höhe von mindestens 2,30 Metern hat. In Sachsen-Anhalt hingegen muss gemäß § 87 Abs. 2 der Bauordnung des Landes Sachsen-Anhalt die Deckenoberkante im Mittel mehr als 1,60 Meter über die Geländefläche hinausragen. Die Bestimmungen zur lichten Höhe stimmen überein.

Aufgrund der baulichen Besonderheiten von Keller- und Dachgeschossen sind diese oftmals nicht als Vollgeschosse zu interpretieren.

! **Hinweis**

Die Grundflächenzahl und die Geschossflächenzahl sind nicht isoliert, sondern immer im Zusammenhang zu sehen, da beide Vorgaben die bauliche Nutzung limitieren und eingehalten werden müssen.

! **Beispiel: Zusammenhang Grundflächen- und Geschossflächenzahl**

Für ein 500 m² großes Grundstück ist als Grundflächenzahl 0,5 und als Geschossflächenzahl 0,7 vorgegeben. Somit dürfen maximal 500 m² x 0,5 = 250 m² der Grundstücksfläche bebaut werden. Soll nun die Geschossflächenzahl voll ausgenutzt werden (500 m² x 0,7 = 350 m²), muss ein mehrgeschossiges Gebäude, z. B. mit zwei Geschossen à 175 m², errichtet werden.

Aus Sicht der Wertermittlung ist zu bedenken, dass die Grundflächenzahl und die Geschossflächenzahl des Bodenrichtwertgrundstücks häufig vom zu bewertenden Grundstück abweichen und angepasst werden müssen. Grundsätzlich gilt hierbei, dass eine höhere Geschossflächenzahl bzw. Grundflächenzahl auch einen höheren Bodenwert bedingt, da eine intensivere bauliche Nutzung möglich ist. Dieser Werteinfluss ist nach § 12 ImmoWertV mithilfe von Umrechnungskoeffizienten zu berücksichtigen.

Es sollten immer die marktnähesten Umrechnungskoeffizienten gewählt werden, um ortsspezifische Unterschiede berücksichtigen zu können. Gutachterausschüsse veröffentlichen stellenweise entsprechende Daten. Die Umrechnung erfolgt sodann wie folgt:

$$\text{Wert}_{\text{Eigen}} = \text{Wert}_{\text{Vergleich}} \times \frac{\text{Koeffizient}_{\text{Eigen}}}{\text{Koeffizient}_{\text{Vergleich}}}$$

! **Beispiel: Bodenwertermittlung mit Umrechnungskoeffizienten**

Das 500 m² große Wertermittlungsgrundstück habe eine Geschossflächenzahl von 1,5 (Umrechnungskoeffizient = 1,24), das Bodenrichtwertgrundstück eine Geschossflächenzahl von 1,2 (Koeffizient = 1,1). Der Bodenrichtwert betrage 250 EUR/m² zum Wertermittlungsstichtag. Für das Bewertungsgrundstück lautet der zweckmäßig gerundete Richtwert demnach:

$$\text{Wert}_{\text{Eigen}} = 250\ \text{EUR/m}^2 \times \frac{1{,}24}{1{,}1} = 282\ \text{EUR/m}^2$$

Somit ergibt sich ein Bodenwert von 282 EUR/m² x 500 m² = 141.000 EUR, der auf 140.000 EUR gerundet werden sollte.

Sollten keine lokalen Daten vorliegen, ist mangels Alternativen auf anderweitige Veröffentlichungen zurückzugreifen. In Anlage 1 der VW-RL sind Umrechnungsfaktoren angegeben, die die der WertR 2006 ersetzt haben. In der Praxis ist ihre Anwendung jedoch – insbesondere aufgrund der Modellfehler – umstritten und nicht weit verbreitet. Im obigen Beispiel wurden die Umrechnungskoeffizienten der WertR 2006 verwendet. Diese Werte basieren auf einer statistischen Auswertung bezogen auf Daten von Mehrfamilienhäusern aus Essen von 1970. Sie beruhen auf folgender Formel:

$$\mathit{Umrechnungskoeffizient} = 0{,}6 \times \sqrt{GFZ} + 0{,}2 \times GFZ + 0{,}2$$

Die Koeffizienten in Anlage 1 der VW-RL beziehen sich jedoch nicht auf die Geschossflächenzahl, sondern auf die sogenannte wertrelevante Geschossflächenzahl (WGFZ). Dieser liegt der Gedanke zugrunde, dass es auch Nicht-Vollgeschosse gibt, die wirtschaftlich genutzt werden können und in der Geschossflächenzahl nicht berücksichtigt sind. Dieses Defizit soll ausgeglichen werden, indem der Nutzungsvorteil in die wertrelevante Geschossflächenzahl eingerechnet wird. Theoretisch wäre ein Aufmaß von jedem einzelnen Gebäude nötig, um die entsprechende wertrelevante Geschossflächenzahl abzubilden. In Ziffer 6 Abs. 6 der BRW-RL ist jedoch eine Vereinfachung zu finden. Demnach wird ein Dachgeschoss mit 75 Prozent des darunterliegenden Geschosses und ein Kellergeschoss mit 30 Prozent des darüberliegenden Vollgeschosses angerechnet.

!

Hinweis

Der Werteinfluss der Nicht-Vollgeschosse wurde auch vor der Einführung der wertrelevanten Geschossflächenzahl von den Marktteilnehmern – in Form eines Zuschlags – berücksichtigt. Die Annahme, es sei nötig, Konstrukte wie die wertrelevante Geschossflächenzahl zu bilden, um präzisere Wertermittlungsergebnisse zu erzielen, ist widersinnig. Die subjektiven Werteinschätzungen von Käufer und Verkäufer benötigen keine wertrelevante Geschossflächenzahl, um ausgedrückt werden zu können. Aus diesem Grund unterliegt diese Kenngröße auch enormer Kritik seitens vieler Gutachter.

Insbesondere im gewerblichen Bereich ist es üblich, nicht auf die erläuterten Koeffizienten zurückzugreifen. Häufig wird eine lineare Anpassung vorgenommen. Eine Verdopplung der Geschossflächenzahl führt also zu einer Verdopplung des Grundstückswerts. Im vorherigen Beispiel würde der Bodenrichtwert um 25 Prozent steigen, der Bodenwert folglich auf etwa 155.000 EUR. Das entspricht einer Differenz von etwa 11 Prozent. Die bereits angegebene Formel ist für die Berechnung wie folgt anzupassen:

$$\text{Wert}_{\text{Eigen}} = \text{Wert}_{\text{Vergleich}} \times \frac{\text{GFZ}_{\text{Eigen}}}{\text{GFZ}_{\text{Vergleich}}}$$

!

Hinweis

In den bisherigen Beispielen wurde immer die Geschossflächenzahl angepasst. Soll die Grundflächenzahl eines Grundstücks angepasst werden, erfolgt die Rechnung analog. Da jedoch die Geschossflächenzahl einen höheren Werteinfluss hat, ist es üblich, diese umzurechnen. Beide Größen werden im Regelfall nicht angepasst. Es sei darauf hingewiesen, dass eine Vielzahl an weiteren Angleichungsmaßnahmen denkbar ist, unter anderem für die Tiefe oder den abgabenrechtlichen Zustand des Grundstücks. Auch hier gilt, dass nicht zu viele Anpassungen vorgenommen werden sollten.

§ 10 ImmoWertV ist zu entnehmen, dass Bodenrichtwerte auch mithilfe deduktiver oder anderweitig geeigneter Verfahren, sogenannter Hilfs- bzw. Ersatzverfahren, ermittelt werden können. Unter anderem zählen hierzu:[35]

- die deduktive Bodenwertermittlung und
- das Residualwertverfahren.

Deduktive Bodenwertermittlung – Bruchteilsmethode

Mit dem Verfahren können unterschiedliche Entwicklungszustände (Kapitel 3.2.3) anhand von pauschalen Erfahrungswerten preislich überschlägig angeglichen werden. Übliche Spannen sind:

Entwicklungszustand	% von baureifem Land (100 %)
Bauerwartungsland	10–50 %
Rohbauland	40–80 %

Tab. 7: Wertansätze bei der Bruchteilsmethode

Residualwertverfahren (Extraktionsverfahren)

Das Residualwertverfahren wird im Regelfall von Projektentwicklern angewendet und kennt eine Vielzahl an verschiedenen Ausprägungen. Der Grundgedanke ist jedoch simpel. Durch Berechnung eines mutmaßlichen Überschusses, des sogenannten Residuums, wird ermittelt, wie viel der Boden maximal kosten darf.

Beispiel: Residualwertverfahren !

Für ein Bauprojekt soll Bauland gekauft werden. Für das Grundstück sind jedoch keine Richtwerte oder ähnliche valide Daten verfügbar. Gesucht ist der Wert, den der Boden unter wirtschaftlichen Gesichtspunkten maximal haben darf. Der Projektentwickler schätzt, das geplante Gebäude für 250.000 EUR verkaufen zu können. Betriebsinterne Kalkulationen ergeben, dass Gesamtkosten samt Gewinnspanne in Höhe von 200.000 EUR für das Projekt anfallen. Somit verbleiben maximal 50.000 EUR für den Boden.

An diesem – stark vereinfachten – Beispiel wird deutlich, dass das Potenzial für Ungenauigkeiten beim Residualwertverfahren sehr hoch ist. Für gutachterliche Zwecke wird es deshalb selten genutzt. Eine »bessere« Ausprägung des Verfahrens zielt auf die Aufspaltung des Jahresreinertrags in

35 Der interessierte Leser sei für eine vollständige Auswahl der möglichen Verfahren auf Kleiber, Verkehrs-wertermittlung von Grundstücken - Kommentar und Handbuch zur Ermittlung von Marktwerten (Verkehrswerten) und Beleihungswerten sowie zur steuerlichen Bewertung unter Berücksichtigung der ImmoWertV, 7. Aufl., 2014 hingewiesen.

Boden- und Gebäudeanteil ab, die aus didaktischen Gründen jedoch erst in Kapitel 2.4.4 vorgestellt wird.

2.4.4 Ertragswertverfahren

Das Ertragswertverfahren ist in den §§ 17 bis 20 ImmoWertV geregelt. Ergänzende Hinweise zur Wertermittlung gibt die EW-RL.

! **Hinweis**

Da die EW-RL erst vor Kurzem (12.11.2015) eingeführt wurde, bleibt abzuwarten, inwiefern sie von der Praxis akzeptiert wird. Es steht jedoch zu vermuten, dass sie vom Gros der Gutachter abgelehnt wird, da sie – wie die SW-RL – Bewertungsmodelle enthält, die eine Wertbestimmung (nahezu) ohne Sachkenntnis ermöglichen, und zudem den Handlungsspielraum des Sachverständigen erheblich einschränkt.

Das Verfahren ermöglicht die Ermittlung des Verkehrs- und Beleihungswerts bebauter Grundstücke. Der Grundgedanke ist hierbei, dass sich der Wert einer Immobilie aus ihren Erträgen heraus bestimmen lässt.

Finanzmathematische Grundlagen

Aus finanzmathematischer Sicht ist der Ertragswert eine besondere Form des sogenannten Kapitalwerts, auch Net Present Value (NPV) genannt. Dieser wiederum setzt sich aus einzelnen Barwerten zusammen.

$$\text{Barwert} = \frac{Z_n}{(1+i)^n} \quad \text{bzw. Kapitalwert} = \sum_{T=1}^{t=n} \frac{Z_t}{(1+i)^t}$$

Z steht für den jeweiligen Zahlungsüberschuss, t bringt den zeitlichen Aspekt – gemessen in n, der Anzahl der Jahre – zum Ausdruck und i ist der zugrunde gelegte Diskontierungszinssatz.

Hinweis !

In der Praxis wird stellenweise – selbst von Fachleuten – der Begriff »Barkapitalwert« als Synonym für den Kapitalwert verwendet. Der Begriff sollte jedoch vermieden werden, da er eine verwirrende Vermischung der beiden Termini »Barwert« und »Kapitalwert« darstellt, die keine Zusatzerkenntnisse liefert.

Ein Barwert ist das *gegenwärtige* Äquivalent einer in der Zukunft liegenden Zahlung. 100 EUR in einem Jahr entsprechen nicht 100 EUR zum heutigen Zeitpunkt. Der Grund hierfür ist, dass mit dem Geld im Zeitablauf Zinsen vereinnahmt werden können. Zukünftige Geldbeträge sind demnach zum heutigen Zeitpunkt weniger wert. Je weiter eine Zahlung in der Zukunft liegt, desto geringer ist ihr gegenwärtiger Wert.

Beispiel: Barwertberechnung !

In fünf Jahren soll ein neues Kraftfahrzeug angeschafft werden. Es wird damit gerechnet, dass es zum zukünftigen Zeitpunkt 10.000 EUR kosten wird. Gesucht ist nun der Betrag, der *heute* angelegt werden muss, um das Auto in fünf Jahren bezahlen zu können. Für die Rechnung werden 10 Prozent Zinsen angenommen.
Es müssen 10.000 EUR : $(1 + 0{,}1)^5$ = 6.209 EUR (gerundet) angelegt werden.

In der Fachsprache wird das Vorgehen in der obigen Rechnung »Diskontierung« (Abzinsung) genannt. Zudem gibt es den Begriff der »Kapitalisierung«. Letzterer bedeutet, dass einzelne diskontierte Zahlungen addiert werden. Ein kapitalisierter Wert ist also die Summe von diskontierten Zahlungen – es handelt sich in anderen Worten um den Kapitalwert.

Beim Kapitalwert (seltener: Gegenwartswert) muss außerdem zwischen einer sogenannten Zeitrente und der ewigen Rente unterschieden werden. Rente bedeutet im finanzmathematischen Sinn gleichbleibende Zahlung. Oftmals ist auch der Begriff »Annuität« (vom lateinischen annum, Jahr) zu lesen, der ein Synonym für Rente ist. Für die weiteren Ausführungen sind folgende Begriffe zu differenzieren:

Begrifflichkeit	Bedeutung
Kapitalwert einer *Zeitrente*	Heutiger Wert von zeitlich *begrenzten* zukünftigen Zahlungen
Kapitalwert einer *ewigen Rente*	Heutiger Wert von zeitlich *unbegrenzten* zukünftigen Zahlungen

Tab. 8: Wichtige finanzmathematische Begriffe

Bei einer Zeitrente wird unterstellt, dass ein bestimmter Betrag (z. B. 2.500 EUR) für einen bestimmten Zeitraum (z. B. 40 Jahre) wiederkehrend und in gleichbleibenden Abständen (i. d. R. jährlich) gezahlt wird. Der Kapitalwert einer Rente kann einerseits über die angegebene Kapitalwertformel berechnet werden. Hierfür muss jede einzelne Zahlung diskontiert und sodann die Summe gebildet werden. Andererseits kann, zumindest für die Zwecke des Ertragswertverfahrens, auf eine Vereinfachung, den sogenannten nachschüssigen Rentenbarwertfaktor, zurückgegriffen werden.[36] Dieser errechnet sich nach folgender Formel:

$$\text{Rentenbarwertfaktor}_{\text{nachschüssig}} = \frac{q^{n-1}}{q^{n \times i}}$$

Das q steht für (1 + i). Der Kapitalwert ergibt sich sodann durch Multiplikation der jährlichen Zahlung mit dem berechneten Vervielfältiger, auch Kapitalisierungsfaktor genannt. Die Faktoren können auch Anlage 1 der ImmoWertV entnommen werden.

!

Beispiel: Kapitalwertberechnung bei bekannter Zeitrente

Der heutige Gegenwert einer 40 Jahre laufenden Zeitrente (2.500 EUR) soll bei einem Zinssatz von 5 Prozent berechnet werden.

36 Der interessierte Leser sei für weitere Informationen zu finanzmathematischen Aspekten z. B. auf Kleiber, Verkehrswertermittlung von Grundstücken – Kommentar und Handbuch zur Ermittlung von Marktwerten (Verkehrswerten) und Beleihungswerten sowie zur steuerlichen Bewertung unter Berücksichtigung der ImmoWertV, 7. Aufl., 2014 oder Bösch, Finanzwirtschaft – Investition, Finanzierung, Finanzmärkte und Steuerung, 2. Aufl., 2013 verwiesen.

$$\text{Kapitalwert} = 2.500\ \text{EUR} \times \frac{(1 + 0{,}05)^{40} - 1}{(1 + 0{,}05)^{40} \times 0{,}05} = 42.897\ \text{EUR}$$

Bei einer ewigen Rente wird stattdessen angenommen, dass das Geld auf unbegrenzte Zeit, also »auf ewig«, gezahlt wird. Der Kapitalwert ergibt sich, indem die Zahlung durch den Zinssatz geteilt wird.

Beispiel: Kapitalwertberechnung bei ewiger Rente !

Die bekannte Zeitrente sei nun eine ewige Rente.

$$\text{Kapitalwert} = \frac{2.500\ \text{EUR}}{0{,}05} = 50.000\ \text{EUR}$$

Die ImmoWertV unterscheidet drei verschiedene Ausprägungen des Ertragswertverfahrens, das allgemeine Ertragswertverfahren, das vereinfachte Ertragswertverfahren und das Ertragswertverfahren auf der Grundlage periodisch unterschiedlicher Erträge.

Allgemeines Ertragswertverfahren

Das allgemeine (auch: zweigleisige) Ertragswertverfahren kommt am häufigsten zur Anwendung. Charakteristisch ist, dass eine Aufteilung in Gebäude- und Bodenanteil vorgenommen wird. Dies begründet sich durch die unterschiedliche Nutzungsdauer beider Elemente. Während der Boden als unvergänglich, und somit als ewig nutzbar gilt, sind dem Gebäude zeitliche Grenzen gesetzt.

Das Verfahren lässt sich in einer Formel wie folgt darstellen:

Jahresreinertrag – Bodenwertverzinsungsbetrag × Vervielfältiger + Bodenwert + boG

Der Jahresreinertrag entspricht gemäß § 18 ImmoWertV der Differenz aus dem Jahresrohertrag und den Bewirtschaftungskosten (BWK) i. S. d. § 19 ImmoWertV. Der jährliche Rohertrag bemisst sich nach den marktüblichen Erträgen, die bei zulässiger Nutzung und ordnungsgemäßer Bewirtschaftung erzielbar sind. Der Ertragsbegriff ist hierbei umfassend zu interpretieren und umfasst nicht nur die reguläre Miete, sondern *alle* Grundstückseinnahmen.

! **Hinweis**

In der WertV aus dem Jahr 1988 (Vorgänger der ImmoWertV) wurde in § 16 der *nachhaltig* erzielbare Jahresreinertrag unterstellt. Die nunmehr *marktüblich* zu ermittelnde Miete bedeutet nur eine begriffliche Abkehr hiervon: Es ist die Miete relevant, die der gewöhnliche Marktteilnehmer ansetzen würde. Sie ist also aus seiner Sicht mit hinreichender Sicherheit über die Restnutzungsdauer zu erzielen.

Vom Jahresrohertrag sind nur nicht umlagefähige Bewirtschaftungskosten abzuziehen. Insgesamt umfassen die Bewirtschaftungskosten:

- **Verwaltungskosten (*nicht* umlagefähig)**
  Hierzu zählen insbesondere die Kosten, die durch die mit der Verwaltung betrauten Personen verursacht werden, allen voran der (Haus-)Verwalter.
- **Instandhaltungskosten (*nicht* umlagefähig)**
  Als Instandhaltungskosten werden die Kosten angesehen, die zur Erhaltung des ursprünglich zugrunde gelegten Ertragsniveaus aufgewendet werden. Maßnahmen, die über dieses Niveau hinausgehen (Modernisierungsmaßnahmen) sind *nicht* zu berücksichtigen.
- **Mietausfallwagnis (*nicht* umlagefähig)**
  Mit dem Mietausfallwagnis sollen das Risiko von Ertragsminderungen (Rückstände) und die Kosten der entsprechenden Rechtsverfolgung eingepreist werden.
- **Betriebskosten (in Teilen umlagefähig)**

  § 1 BetrKV
  Betriebskosten sind die Kosten, die dem Eigentümer ... durch das Eigentum ... am Grundstück oder durch den bestimmungsgemäßen Gebrauch des Gebäudes ... laufend entstehen.

  Hierunter fallen z. B. laufende öffentliche Lasten (Grundsteuer) oder Kosten der Sach- und Haftpflichtversicherung. Im wohnungswirtschaftlichen Bereich richtet sich die Umlagefähigkeit nach der Betriebskostenverordnung (BetrKV).

Kostenart	Übliche Werte im Wohnbereich
Verwaltungskosten	250–280 EUR je Wohnung
Instandhaltungskosten	8–14 EUR/m²
Mietausfallwagnis	2–3 Prozent des Jahresrohertrags

Tab. 9: Übliche Ansätze für nicht umlagefähige Bewirtschaftungskosten

In Summe sind Bewirtschaftungskosten zwischen 10 und 20 Prozent des Jahresrohertrags im wohnungswirtschaftlichen Bereich üblich.

Hinweis !

Eine Besonderheit sind sogenannte Leerstandskosten. Stehen einzelne Einheiten leer, ist es gesetzlich nicht erlaubt, die für diese Einheit dennoch anfallenden Kosten auf andere Mieter umzulegen. In der Bewertung wird diesem Umstand dadurch Rechnung getragen, dass die Bewirtschaftungskosten für die entsprechende Einheit um 2 bis 3 EUR/m² erhöht werden, da dem Eigentümer höhere Kosten entstehen.

Obgleich Abschreibungen im Regelfall zu den Bewirtschaftungskosten gezählt werden, dürfen sie im Ertragswertmodell nicht explizit angesetzt werden, da sie – eine korrekte Anwendung des Ertragswertmodells unterstellt – über den Liegenschaftszinssatz abgegolten sind.

Der Bodenwertverzinsungsbetrag ergibt sich durch Multiplikation des Bodenwerts mit dem sogenannten Liegenschaftszinssatz. Die Bodenwertermittlung wurde bereits in Kapitel 2.4.3 dargestellt. Es ist darauf zu achten, nur den Teil des Bodens anzusetzen, der auch der Ertragserzielung dient. Selbstständig nutzbare Teilflächen dürfen hierbei nicht angesetzt werden.

§ 17 Abs. 2 Satz 2 ImmoWertV

Eine selbstständig nutzbare Teilfläche ist der Teil eines Grundstücks, der für die angemessene Nutzung der baulichen Anlagen nicht benötigt wird und selbstständig genutzt oder verwertet werden kann.

!

Beispiel: Bodenwertverzinsungsbetrag

Eine Immobilie, die auf einem 1.000 m^2 großen Grundstück steht, ist zu bewerten. Für das Gebäude sind nur 40 Prozent der Fläche nötig, als Liegenschaftszinssatz sind 5 Prozent, als Bodenrichtwert 250 EUR/m^2 anzunehmen. Der Bodenwertverzinsungsbetrag beträgt demnach:

1.000 m^2 × 0,4 × 250 EUR/m^2 × 0,05 = 5.000 EUR

Inhaltlich ist der Bodenwertverzinsungsbetrag eine ewige Rente. Es ist also der Betrag, der auf ewig jährlich erwirtschaftet wird und entnommen werden kann. Daher ist er vom Jahresrohertrag abzuziehen, der ja nur auf eine bestimmte Zeit erwirtschaftet werden kann.

!

Beispiel: Ewige Rente

Wenn 10.000 EUR zu 10 Prozent angelegt werden, können jedes Jahr 10.000 EUR x 0,1 = 1.000 EUR entnommen werden, da der Kapitalstock, also die 10.000 EUR, erhalten bleibt.

Der bereits angesprochene Liegenschaftszinssatz (LSZ) ist

> *... der Zinssatz, mit dem der Verkehrswert von Liegenschaften bestimmter Grundstücksart im Durchschnitt marktüblich verzinst wird.*[37]

Er ist aus Kaufpreisen abzuleiten. Näherungsweise kann der Liegenschaftszinssatz wie folgt berechnet werden:[38]

$$\text{Liegenschaftszinssatz} = \frac{\text{Jahresreinertrag}}{\text{Kaufpreis}}$$

37 Kleiber, Verkehrswertermittlung von Grundstücken – Kommentar und Handbuch zur Ermittlung von Marktwerten (Verkehrswerten) und Beleihungswerten sowie zur steuerlichen Bewertung unter Berücksichtigung der ImmoWertV, 7. Aufl., 2014, S. 1204

38 Es gibt zur Ableitung vielfältige Methoden, die zu unterschiedlichen Ergebnissen führen. Deren Erläuterung geht über den Rahmen dieses Buchs hinaus. Der interessierte Leser sei auf Kleiber, Verkehrswertermittlung von Grundstücken – Kommentar und Handbuch zur Ermittlung von Marktwerten (Verkehrswerten) und Beleihungswerten sowie zur steuerlichen Bewertung unter Berücksichtigung der ImmoWertV, 7. Aufl., 2014 verwiesen.

Hinweis !

Bei der Ermittlung des Beleihungswerts muss der Liegenschaftszinssatz mindestens 5 Prozent betragen.

Der um den Bodenwertverzinsungsbetrag gekürzte Jahresreinertrag, also der Reinertragsanteil der baulichen Anlagen, ist mit dem bereits dargestellten Vervielfältiger (nachschüssiger Rentenbarwertfaktor) zu multiplizieren, um den vorläufigen Ertragswert der baulichen Anlagen (auch Gebäudeertragswert genannt) zu erhalten. Der Vervielfältiger hängt einerseits vom Liegenschaftszinssatz ab. Andererseits wird er von der Restnutzungsdauer des Gebäudes beeinflusst.

Hinweis !

Es ist die *wirtschaftliche* Restnutzungsdauer angesprochen, nicht die *technisch* mögliche. Letztere wird Lebensdauer genannt.

Zur Ermittlung der wirtschaftlichen Restnutzungsdauer verweist die Ertragswertrichtlinie auf die Sachwertrichtlinie.[39] In der Praxis sind im Regelfall Werte zwischen 50 und 60 Jahren üblich. Nun ist noch der Bodenwert zu berücksichtigen. Dabei ist der *gesamte* Bodenwert zu addieren, also auch der Teil von selbstständig nutzbaren Teilflächen. Daraus resultiert der vorläufige Ertragswert (auch Grundstücksertragswert genannt).

Abschließend sind die sogenannten besonderen objektspezifischen Grundstücksmerkmale (boG) zu berücksichtigen. Hierzu zählen die Korrektur des Ertragswerts, der unter der *Annahme von Vollvermietung* ermittelt wurde, um Leerstände oder um zu hohe bzw. zu niedrige Mietansätze, da der Ertragswert mit marktüblichen und nicht mit den tatsächlichen Mieten berechnet wird, oder im Grundbuch (Kapitel 3.3) eingetragene Rechte und Belastungen.[40]

39 Die Methodik wird in Kapitel 2.4.5 dargestellt.

40 Ziffer 11 EW-RL sind einige weitere Beispiele für besondere objektspezifische Grundstücksmerkmale zu entnehmen. Deren Erörterung geht jedoch über den Rahmen dieses Buchs hinaus. Der interessierte Leser sei z. B. auf Kleiber, Verkehrswertermittlung von Grundstücken – Kommen-

! **Beispiel: Grundstücksertragswert**

Ein Mehrfamilienhaus (vier Einheiten, insgesamt 300 m^2 Wohnfläche) ist zu bewerten. Die monatliche Miete beträgt 10 EUR/m^2, Bewirtschaftungskosten können vereinfachend mit 15 Prozent angenommen werden. Die Miete ist marktüblich. Als Zinssatz sind 5 Prozent und als Restnutzungsdauer 50 Jahre anzunehmen. Der vollständig benötigte Boden hat einen Wert von 100.000 EUR. Es liegen keine besonderen objektspezifischen Grundstücksmerkmale vor.

Der Jahresreinertrag beträgt 300 m^2 x 10 EUR/m^2 x 12 x 0,85 = 30.600 EUR. Er ist um die Bodenwertverzinsung in Höhe von 100.000 x 0,05 = 5.000 EUR zu korrigieren. Die verbleibenden 25.600 EUR sind mit dem Vervielfältiger für 50 Jahre bei einem Zinssatz von 5 Prozent zu multiplizieren.

$$25.600\text{ EUR} \times \frac{(1+0{,}05)^{50} - 1}{(1+0{,}05)^{50} \times 0{,}05} = 467.351\text{ EUR}$$

Anschließend ist der Bodenwert (100.000 EUR) zu addieren, was zu einem Grundstücksertragswert von 567.351 EUR, der auf 565.000 EUR gerundet werden kann, führt. Annahmegemäß liegen keine besonderen objektspezifischen Grundstücksmerkmale vor. Dieser Wert ist auf seine Aussagekraft hin zu überprüfen. Kann sie bejaht werden, entsprechen die 565.000 EUR dem Verkehrswert der Immobilie.

Vereinfachtes Ertragswertverfahren

Der maßgebliche Unterschied des vereinfachten (auch: eingleisigen) Ertragswertverfahrens zum allgemeinen Ertragswertverfahren besteht in der Anrechnung des Bodenwerts. Im vereinfachten Verfahren wird der Jahresreinertrag *nicht* um den Bodenwertverzinsungsbetrag gekürzt. Der gesamte Jahresreinertrag wird mit einem Zeitrentenvervielfältiger multipliziert. Im Anschluss daran wird allerdings nicht der gesamte Bodenwert addiert. Lediglich der abgezinste Bodenwert ist zu berücksichtigen. Als Formel lässt sich das vereinfachte Verfahren wie folgt darstellen:

tar und Handbuch zur Ermittlung von Marktwerten (Verkehrswerten) und Beleihungswerten sowie zur steuerlichen Bewertung unter Berücksichtigung der ImmoWertV, 7. Aufl., 2014 verwiesen.

$$\text{Ertragswert} = \text{Jahresreinertrag} \times \text{Vervielfältiger} + \text{Bodenwert} \times \frac{1}{(1+i)^n} + \text{boG}$$

Die Verfahren unterscheiden sich lediglich in ihrer Herangehensweise, nicht aber hinsichtlich des Ergebnisses.

Beispiel: Grundstücksertragswert !

Die obige Immobilie ist im vereinfachten Ertragswertverfahren zu bewerten. Der Jahresreinertrag ist mit dem Vervielfältiger zu multiplizieren.

$$30.600 \text{ EUR} \times \frac{(1+0{,}05)^{50}-1}{(1+0{,}05)^{50} \times 0{,}05} = 558.631 \text{ EUR}$$

Anschließend ist der diskontierte Bodenwert zu addieren. Somit ergibt sich ein Grundstücksertragswert von

$$558.631 \text{ EUR} + 100.000 \text{ EUR} \times \frac{1}{(1+0{,}05)^{50}} = 567.351 \text{ EUR}$$

Das Ergebnis ist ebenfalls zweckmäßig auf 565.000 EUR zu runden.

Hinweis !

Für die Beleihungswertermittlung ist das vereinfachte Verfahren nicht geeignet, da eine Unterscheidung zwischen Gebäude und Boden gefordert wird.

Besondere Beachtung ist beim vereinfachten Ertragswertverfahren der korrekten Berücksichtigung von selbstständig nutzbaren Teilflächen zu widmen. Der abgezinste Bodenwert bezieht sich nur auf die benötigte Teilfläche, der Wert der selbstständig nutzbaren Fläche ist gesondert zu addieren.

Beispiel: Berücksichtigung von selbstständig nutzbaren Teilflächen !

Für das bekannte Mehrfamilienhaus wird angenommen, dass nur 50 Prozent des Bodens benötigt werden. Es ergibt sich eine selbstständig nutzbare Teilfläche mit einem Gegenwert von 50.000 EUR. Im allgemeinen Verfahren ist der Jahresreinertrag somit nur noch um 2.500 EUR zu korrigieren, was zu einem Gebäudeertragswert von

$$28.100 \text{ EUR} \times \frac{(1+0{,}05)^{50}-1}{(1+0{,}05)^{50} \times 0{,}05} = 512.991 \text{ EUR}$$

führt. Anschließend ist wieder der *gesamte* Bodenwert zu addieren. Der Grundstücksertragswert beträgt somit 612.991 EUR. Eine Rundung auf 610.000 EUR ist angemessen.
Im vereinfachten Verfahren sind zunächst die 30.600 EUR wie bereits gezeigt zu kapitalisieren. Es ergeben sich 558.631 EUR. Hinzuzurechnen ist nun der abgezinste Bodenwert des *benötigten* Bodens. Es müssen also 50.000 EUR abgezinst werden.

$$558.631 \text{ EUR} + 50.000 \text{ EUR} \times \frac{1}{(1+0{,}05)^{50}} = 562.991 \text{ EUR}$$

Hinzuzurechnen ist abschließend die bisher nicht berücksichtigte selbstständig nutzbare Teilfläche (50.000 EUR), was ebenfalls zu einem Grundstücksertragswert von 612.991 EUR führt. Eine Rundung auf 610.000 EUR ist zweckmäßig.

Dem aufmerksamen Leser mag auffallen, dass sich der Wert insgesamt erhöht hat. Das ist darauf zurückzuführen, dass im ursprünglichen Beispiel die gesamte Fläche nötig war. Durch die neu getroffene Annahme wurde das Grundstück um eine weitere werthaltige Fläche – zumindest rechnerisch – erweitert.

Periodisch unterschiedliche Erträge

Das dritte gemäß ImmoWertV zulässige Verfahren ist das Ertragswertverfahren auf der Grundlage periodisch unterschiedlicher Erträge. Es basiert darauf, dass – für einen bestimmten Zeitraum – jedes Jahr einzeln berechnet wird. In der Regel sind dies 10 bis 15 Jahre. Die restlichen Jahre werden sodann als Zeitrente kapitalisiert. Im Grunde handelt es sich um die Normierung des international üblichen Discounted-Cashflow-Verfahrens (DCF-Verfahren). Auch hier gilt, dass das Ergebnis mit dem der anderen Verfahren übereinstimmen muss. Aufgrund der geringen Praxisrelevanz dieses Verfahrens unterbleibt die nähere Ausführung.[41]

41 Der interessierte Leser sei auf Kleiber (2014) verwiesen.

Residualwertverfahren

In Kapitel 2.4.3 wurde das Residualwertverfahren bereits angesprochen und auf das Ertragswertkapitel verwiesen. Da nun die finanzmathematischen Grundlagen bekannt sind, kann eine weitere Form des Residualwertverfahrens vorgestellt werden. Der Jahresreinertrag wird hierfür in zwei Teile aufgespalten: einen Boden- und einen Gebäudeanteil. Der Gebäudeanteil wird berechnet, indem die Herstellungskosten der baulichen Anlagen durch den bereits bekannten Vervielfältiger geteilt werden.[42] Dieser wird vom Jahresreinertrag abgezogen – es verbleibt der Ertragsanteil von Grund und Boden. Wird dieser abschließend durch den Liegenschaftszinssatz geteilt, ist bekannt, wie hoch der Bodenwert maximal sein darf.

Beispiel: Maximal tragbarer Bodenwert !

Der Jahresreinertrag beträgt 150.000 EUR, als Herstellungskosten werden 2.250.000 EUR angenommen. Der Vervielfältiger (i = 0,05, n = 50) lautet 18,26 (Anlage 1 ImmoWertV).
Der Ertragsanteil der baulichen Anlagen beträgt 2.250.000 EUR : 18,26 = 123. 220 EUR und ist vom Jahresreinertrag abzuziehen. Es verbleiben 26.780 EUR, die durch den Liegenschaftszinssatz (5 Prozent) zu teilen sind. Als (maximal tragbarer) Bodenwert ergeben sich somit 26.780 EUR : 0,05 = 535.600 EUR, eine Rundung auf 535.000 EUR ist angemessen.

Maklerverfahren

Das Maklerverfahren (auch: Maklermethode) dient Maklern dazu, den erzielbaren Verkaufspreis einer Immobilie zu schätzen. Verfahrenstechnisch handelt es sich um ein Vergleichsfaktorverfahren in Form eines Ertragsfaktors. Der Ertragswert wird wie folgt berechnet:

Ertragswert = Ertragsgröße × Vervielfältiger

Zur Messung des Ertrags ist sowohl der Jahresroh- als auch der Jahresreinertrag denkbar. Folglich gibt es auch mehrere denkbare Vervielfältiger: Roh- und Reinertragsfaktoren.[43] Im Regelfall beläuft sich die Maklermethode

42 Die Herstellungskosten sind Gegenstand von Kapitel 2.4.5.
43 Ein möglicher Faktor (der Mietenmultiplikator) wird in Kapitel 5.2.3.3 behandelt.

auf Roherträge. Das hat den Vorteil, dass die Vervielfältiger nicht von den Bewirtschaftungskosten verzerrt werden. Bei übermäßigen Abweichungen von den dem Faktor zugrunde liegenden Daten müssen sodann jedoch Ab- bzw. Zuschläge vorgenommen werden.

Die Multiplikatoren können aufgrund zurückliegender Verkaufsfälle einerseits von Fachkräften eigenständig berechnet werden. Andererseits kann auf Veröffentlichungen von Maklerhäusern oder Immobilienverbänden zurückgegriffen werden. Hierbei ist darauf zu achten, dass jeder Verband die Rechengrößen anders definiert und folglich die Faktoren untereinander nicht kompatibel sind. Die eigenen Daten müssen also auf die jeweiligen Annahmen hin angepasst werden.

Letztlich ist auch denkbar, den Jahresreinertrag mit dem Vervielfältiger nach ImmoWertV zu multiplizieren, um den Ertragswert zu errechnen.

!

Hinweis

Bei sämtlichen soeben genannten Methoden handelt es sich nach deutscher Auffassung lediglich um grobe Schätzungen, die der Plausibilisierung und dem ersten Überblick dienen sollten. Im angelsächsischen Bereich (Kapitel 2.4.6) hingegen ist ein solch vereinfachter Ansatz als »reguläres« Verfahren anerkannt.

2.4.5 Sachwertverfahren

Das Sachwertverfahren ist in den §§ 21 bis 23 ImmoWertV geregelt. Ergänzende Hinweise zur Wertbestimmung gibt die SW-RL. Es eignet sich zur Ableitung des Verkehrs- und Beleihungswerts von bebauten Grundstücken bei nicht ertragsorientierter Eigennutzung. Der Sachwert setzt sich zunächst aus dem Bodenwert, dem Sachwert der baulichen Anlagen und dem Sachwert der baulichen Außenanlagen und sonstigen Anlagen zusammen.

Sachwert der baulichen Anlagen

Der Sachwert der baulichen Anlagen ist getrennt vom Sachwert der baulichen Außenanlagen und der sonstigen Anlagen zu ermitteln. Maßgeblich hierfür ist einerseits die Bruttogrundfläche nach SW-RL, *nicht* nach DIN 277 (siehe Kapitel 2.2.1.2). Die Bruttogrundfläche ist mit den sogenannten Normalherstellungskosten 2010 (NHK 2010) zu multiplizieren, um die Herstellungskosten zu erhalten. Bei diesen Kosten handelt es sich *nicht* etwa um Baukosten. Es sind schematische Kostenkennwerte, die über oder unter den Baukosten liegen können.

Hinweis !

Mit den Normalherstellungskosten lassen sich also auch nicht die Baukosten des Objekts berechnen! Es wird hingegen ein modellhafter theoretischer Wert bestimmt, der erst durch den sogenannten Sachwertfaktor wieder einen Bezug zur Realität erhält.

Die Normalherstellungskosten umfassen die Kostengruppen 300, 400, 730 und 771 der DIN 276 (Kosten im Hochbauwesen), also die Kosten für Baukonstruktionen, technische Anlagen, Architekten- und Ingenieurleistungen und Teile der Baunebenkosten (Prüfungen, Genehmigungen, Abnahmen). In den Kennwerten ist die Umsatzsteuer berücksichtigt.

Die Normalherstellungskosten sind in Anlage 1 zur SW-RL differenziert nach Gebäudeart und Standardstufe (auch: Gebäudestandard, Anlage 2 zur SW-RL) aufgelistet. Mit der Standardstufe soll insbesondere die Ausstattungsqualität zum Ausdruck gebracht werden.

Beispiel: Herstellungskosten !

Die Herstellungskosten für ein frei stehendes Einfamilienhaus (Kellergeschoss, Erdgeschoss, voll ausgebautes Dachgeschoss) mit 300 m² Bruttogrundfläche sollen zum 31.12.2015 berechnet werden.
Das Objekt entspricht dem Gebäudetyp 1.01 der Anlage 1 zur SW-RL.
Nach sachverständiger Würdigung sind die Objekteigenschaften wie folgt einzuteilen:

Bauteil	Standardstufe					Gewichtung
	1	2	3	4	5	
Außenwände				1		23 %
Dächer				0,5	0,5	15 %
Außentüren und Fenster					1	11 %
Innenwände und -türen				0,5	0,5	11 %
Deckenkonstruktion und Treppen					1	11 %
Fußböden				0,5	0,5	5 %
Sanitäreinrichtungen		1				9 %
Heizung				0,6	0,4	9 %
Sonstige technische Ausstattung		0,5	0,5			6 %

	Standardstufe				
	1	2	3	4	5
NHK für Gebäudetyp 1.01 (angegeben in EUR/m² BGF)	655	725	835	1.005	1.260

Tab 6: Berechnung der objektspezifischen Normalherstellungskosten

Die Normalherstellungskosten für das Objekt werden nach der Formel

HK = Standardstufenabhängige NHK × Stufenanteil×Gewichtung

berechnet und betragen etwa 1.077 EUR/m² Bruttogrundfläche.[44]
Die ermittelten Normalherstellungskostenwerte beziehen sich auf das Jahr 2010. Zur Umrechnung auf den Wertermittlungsstichtag ist der vom Statistischen Bundesamt veröffentlichte Baupreisindex zu verwenden. Für das

44 Die Rechnung sieht am Beispiel der Dächer wie folgt aus: (1.005 EUR/m² Bruttogrundflä-che x 0,5 x 0,15) + (1.260 EUR/m² Bruttogrundfläche x 0,5 x 0,15) = 170 EUR/m² Bruttogrundfläche (gerundet).

vierte Quartal 2015 beträgt der Index 111,6.[45] Die Normalherstellungskosten sind also um 11,6 Prozent zu erhöhen und belaufen sich zweckmäßig gerundet auf 1.077 EUR/m² Bruttogrundfläche x 1,116 = 1.200 EUR/m² Bruttogrundfläche. Es ergeben sich somit Herstellungskosten in Höhe von 1.200 EUR/m² x 300 m² = 360.000 EUR.

Hinweis !

Bei der Berechnung ist insbesondere zu bedenken, dass Scheingenauigkeiten hervorgerufen werden können.

Der so ermittelte Betrag ist noch um die Alterswertminderung zu korrigieren. Diese erfolgt linear, also in gleichen Jahresbeträgen. Hierfür ist zunächst die Gesamtnutzungsdauer (GND) der Immobilie nach Anlage 3 der SW-RL zu ermitteln. Bei Einfamilienhäusern ist die Gesamtnutzungsdauer von der Standardstufe abhängig.

Beispiel: Standardstufen !

Das bekannte Wertermittlungsobjekt entspricht weitestgehend der Standardstufe 4, was einer Gesamtnutzungsdauer von 75 Jahren entspricht. Theoretisch könnte auch die exakte Standardstufe ermittelt werden (1.077 EUR/m² Bruttogrundfläche sind geringfügig oberhalb der Standardstufe 4, die 1.005 EUR/m² Bruttogrundfläche entspricht). Derartige Genauigkeiten kann die Verkehrswertermittlung aber nicht leisten. Die exakte Berechnung wäre folglich widersinnig und erzeugt Scheingenauigkeiten.

Nun ist die Restnutzungsdauer (RND) unter Berücksichtigung des Gebäudealters und der Modernisierungsmaßnahmen zu korrigieren.

Beispiel: Anpassung der Restnutzungsdauer !

Für das bereits bekannte Einfamilienhaus wird 1990 als Baujahr unterstellt. Zum Wertermittlungsstichtag (31.12.2015) ist es folglich 25 Jahre alt. Anlage 3 der SW-RL ist als Gesamtnutzungsdauer 75 Jahre zu entnehmen. Die Rest-

45 Siehe https://www.destatis.de/DE/ZahlenFakten/Indikatoren/Konjunkturindikatoren/Preise/bpr110.html (Stand: Februar 2016).

nutzungsdauer beträgt somit grundsätzlich 50 Jahre. Allerdings sind noch Modernisierungsmaßnahmen zu berücksichtigen. Folgende Arbeiten wurden durchgeführt:

Modernisierungselemente	**Punkte**
Dacherneuerung inklusive Verbesserung der Wärmedämmung	4/4
Modernisierung der Fenster und Außentüren	0/2
Modernisierung der Leitungssysteme (Strom, Gas, Wasser, Abwasser)	0/2
Modernisierung der Heizungsanlage	0/2
Wärmedämmung der Außenwände	4/4
Modernisierung von Bädern	0/2
Modernisierung des Innenausbaus, z. B. Decken, Fußböden, Treppen	0/2
Wesentliche Verbesserung der Grundrissgestaltung	0/2
Summe (Modernisierungsgrad)	**8/20**

Die Restnutzungsdauer ist aufgrund der Modernisierungspunkte gemäß Anlage 4 der SW-RL um zwei Jahre zu erhöhen. Das Gebäude wird demnach fiktiv um zwei Jahre verjüngt – das sogenannte fiktive Baujahr ist also 1992. Es sind demnach nicht 25 Jahre, sondern nur 23 Jahre abzuschreiben. Nach der Abschreibung verbleiben 360.000 EUR : 75 x (75 – 23) = 249.600 EUR als Sachwert der baulichen Anlagen.

! **Hinweis**

Die vom Gesetzgeber vorgegebene Verteilung der Modernisierungspunkte hält einer Überprüfung aus wirtschaftlicher Sicht nicht stand. Die Unterstellung, dass Außenwanddämmungen eine höhere Wertrelevanz als die gesamten Leitungssysteme des Gebäudes haben, ist widersinnig. Allerdings können Modernisierungsmaßnahmen auch ohne die Vorgaben der SW-RL berücksichtigt werden. Folgende Formel dient der Bestimmung des fiktiven Baujahres, das für die Restnutzungsdauer entscheidend ist:

$$\text{Baujahr}_{\text{fiktiv}} = \frac{\text{Baujahr}_{\text{Gebäude}} \times \text{Fläche} + \text{Jahr}_{\text{Modernisierung}} \times \text{(Teil-)Fläche}}{\text{Gesamtfläche}}$$

Als Flächenbezugsgrößen sind insbesondere die Bruttogrundfläche und die Wohnfläche zu nennen.

Sachwert der baulichen Außenanlagen und sonstigen Anlagen

Analog zur DIN 276 unterscheidet die SW-RL zwischen baulichen und nicht baulichen (»sonstigen«) Außenanlagen. Zu Ersteren zählen z. B. Befestigungen, Wege und dergleichen, zu Letzteren werden im Regelfall Gartenanlagen und ähnliche nicht bauliche Dinge gezählt, die nicht bereits über den Bodenwert berücksichtigt sind.

Hinsichtlich der Wertermittlung besteht die Möglichkeit, Pauschalansätze oder gewöhnliche Herstellungskosten zu wählen. Der Wertrelevanz ist mit der ersten Variante Genüge getan. Erfahrungssätze liegen – je nach Umfang der Außenanlagen – zwischen 3 und 8 Prozent des Sachwerts der baulichen Anlagen. Dieses Vorgehen hat den Vorteil, dass die Außenanlagen selbst nicht wertgemindert werden müssen, da sie sich auf eine bereits wertgeminderte Größe beziehen

Beispiel: Einbeziehung von Außenanlagen !

Die Außenanlagen für das bereits bekannte Einfamilienhaus sind noch nicht berücksichtigt. Ortsüblich ist ein Ansatz von 5 Prozent, dem aufgrund der Objektgegebenheiten auch gefolgt werden kann.
Der Sachwert der baulichen Anlagen ist somit um 5 Prozent auf 249.600 EUR x 1,05 = 262.080 EUR zu erhöhen. Der so ermittelte Wert wird *Gebäudesachwert* genannt.

Bodenwert

Zum Gebäudesachwert ist noch der Bodenwert zu addieren, um den vorläufigen Sachwert zu bestimmen. Die Bodenwertermittlung wurde bereits in Kapitel 2.4.3 ausgeführt.

Beispiel: Vorläufiger Sachwert !

Der Bodenwert der Beispielimmobilie betrage 50.000 EUR. Der vorläufige Sachwert beläuft sich demnach auf 262.080 EUR + 50.000 EUR = 312.080 EUR.

Der Sachwert ist vorläufig, da er noch der sogenannten Marktanpassung zu unterziehen ist. Hierfür kommt der Sachwertfaktor nach § 14 Abs. 2 Nr. 1 ImmoWertV zum Einsatz.

Marktanpassung über den Sachwertfaktor

Eingangs wurde bereits erwähnt, dass mit den Normalherstellungskosten keine Baukosten, sondern nur modelltheoretische Kosten ermittelt werden können. Um diese auf das tatsächliche Marktgeschehen anzupassen bedarf es eines Umrechnungsfaktors – Sachwertfaktor genannt. Dieser ist vom Gutachterausschuss aus Kaufpreisen abzuleiten.

! **Hinweis**

Der Faktor vom Gutachterausschuss kann nur zur Bewertung verwendet werden, wenn das eigene Sachwertmodell (z. B. der Ansatz von Außenanlagen oder die Ermittlung der Restnutzungsdauer) mit dem des Gutachterausschusses übereinstimmt, also »Modellkonformität« vorliegt.

! **Beispiel: Sachwertfaktor**

Der örtliche Gutachterausschuss hat für vergleichbare Einfamilienhäuser einen Sachwertfaktor von 1,1 veröffentlicht. Der Sachwert beträgt also 312.080 EUR x 1,1 = 343.288 EUR und sollte zweckmäßig auf 340.000 EUR gerundet werden.

Berücksichtigung von besonderen objektspezifischen Grundstücksmerkmalen und Beleihungswertermittlung

Nach der Marktanpassung sind noch besondere objektspezifische Grundstücksmerkmale (Ziffer 6 SW-RL) wie Baumängel bzw. Bauschäden oder im Grundbuch (Kapitel 3.3) eingetragene Rechte und Belastungen zu berücksichtigen.

! **Hinweis**

Es ist wichtig, die besondern objektspezifischen Grundstücksmerkmale erst nach der Marktanpassung zu berücksichtigen, da sich der Sachwertfaktor sonst auf eine falsche Basis bezieht.

Soll der Beleihungswert ermittelt werden, gibt es insbesondere bei der Herleitung der Herstellungswerte des Gebäudes Unterschiede.

Die Darstellung beider Sachverhalte geht jedoch über den Rahmen des Buchs hinaus.[46]

2.4.6 Angelsächsische Verfahren im Überblick

Auch im angelsächsischen Raum erfolgt eine Unterteilung in Vergleichs-, Sach- und Ertragswertverfahren. Die Verfahren differieren nicht in der prinzipiellen Herangehensweise, sondern im Detail.[47]

Comparative Method

Die Comparative Method (auch Direct Value Comparison Approach) ist das Äquivalent zum Vergleichswertverfahren. Wie auch in Deutschland wird auf Vergleichsobjekte (Comparables) zurückgegriffen, aus deren Preis sich der Wert des zu bewertenden Grundstücks ermitteln lässt. Ein wesentlicher Unterschied besteht jedoch im Anwendungsgebiet des Verfahrens. Während in Deutschland Einfamilienhäuser im Regelfall nach dem Sachwertverfahren bewertet werden, wird im angelsächsischen Raum dem Vergleichswertverfahren ein höherer Stellenwert beigemessen.

Investment Method

Die Investment Method (auch Income Approach) ist mit dem Ertragswertverfahren vergleichbar. Der zukünftig zu erzielende Überschuss aus der Immobilie wird finanzmathematisch auf den Wertermittlungsstichtag umgerechnet, um den Ertragswert zu bestimmen. Der wichtigste Unterschied zum deutschen Ertragswertverfahren ist, dass bei der Investment Method mit einer ewigen Rente und nicht mit einer Zeitrente gerechnet wird. Zudem wird der Bodenwert nicht beachtet. Vom Grundsatz entspricht das

46 Der interessierte Leser sei zudem auf Kleiber, Verkehrswertermittlung von Grundstücken – Kommentar und Handbuch zur Ermittlung von Marktwerten (Verkehrswerten) und Beleihungswerten sowie zur steuerlichen Bewertung unter Berücksichtigung der ImmoWertV, 7. Aufl., 2014 verwiesen.

47 Die Verfahren im Detail zu erläutern geht über den Rahmen des Buchs hinaus. Der interessierte Leser wird auf Kleiber, Verkehrswertermittlung von Grundstücken – Kommentar und Handbuch zur Ermittlung von Marktwerten (Verkehrswerten) und Beleihungswerten sowie zur steuerlichen Bewertung unter Berücksichtigung der ImmoWertV, 7. Aufl., 2014 und Bone-Winkel/Schulte (Hrsg.), Handbuch Immobilienprojektentwicklung, 3. Aufl., 2008 verwiesen.

Vorgehen somit der Maklermethode. Das Pendant zum Liegenschaftszinssatz wird als All Risks Yield (ARY; stellenweise auch All Risk Yield) bezeichnet (siehe Kapitel 5.1.4.4). Es ist also der Zinssatz, der alle Risiken berücksichtigt. Dies trifft grundsätzlich auch auf den Liegenschaftszinssatz zu. Trotz der inhaltlichen Nähe stimmen beide nicht überein. Dies liegt einerseits an dem differierenden zeitlichen Horizont. Andererseits wird der Bodenwert vernachlässigt. Der Liegenschaftszinssatz ist aus den genannten Gründen daher *niedriger.* Diese Differenz nimmt insbesondere mit zunehmender Restnutzungsdauer ab. Ist die All Risks Yield bekannt, kann der Rentenbarwertfaktor (englisch: Year's Purchase) abgeleitet werden. Da es sich um eine ewige Rente handelt, ist das der Kehrwert des Zinssatzes.

!

Beispiel: Rentenbarwertberechnung

Die aus dem Ertragswertkapitel bekannte Immobilie (Jahresreinertrag = 30.600 EUR) soll anhand der Investment Method ermittelt werden.[48] Relevant hierfür ist insbesondere der Zinssatz, der aus Marktdaten gewonnen werden kann.[49] Da der Verkehrswert der Immobilie jedoch bekannt ist, kann wie folgt gerechnet werden:

30.600 EUR × Year's Purchase = Verkehrswert (567.351 EUR)

$$\text{Year's Purchase} = \frac{1}{\text{All Risks Yield}}$$

Durch Umstellen ergeben sich etwa 5,4 Prozent (*vorher: 5 Prozent*), was einem Faktor von ca. 18,54 gleicht. 30.600 EUR x 18,54 = 567.324 EUR – der Unterschied ist auf Rundungsdifferenzen zurückzuführen.

Cost Approach

Der Cost Approach (auch Contractor's Method oder Depreciated Replacement Cost Approach, kurz: DRC-Approach) entspricht hinsichtlich der Methodik grundsätzlich dem Sachwertverfahren. Gebäude- und Bodenwert sind getrennt zu ermitteln. Das Pendant zu den Normalherstellungskosten, die sogenannten Depreciated Replacement Cost, sind um Abschreibungen

48 Der Jahresreinertrag darf streng genommen nicht ohne Anpassungen übernommen werden. Aus Vereinfachungsgründen wurde dies jedoch vernachlässigt (siehe Kapitel 5.1.4.4).

49 Daten aus Deutschland sind nicht geeignet, da das Verfahren hierzulande nicht verbreitet ist. Passende Daten gibt es aber im angelsächsischen Raum.

unter Berücksichtigung des Gebäudezustands und -alters zu korrigieren. Hinsichtlich des Anwendungsgebiets bestehen jedoch deutliche Unterschiede zum Sachwertverfahren in Deutschland. Das Verfahren wird im angelsächsischen Raum möglichst gemieden. In Deutschland gibt es jedoch viele Gutachter, die dem Sachwertverfahren einen hohen Stellenwert beimessen, obgleich die Tendenz zu erkennen ist, dass auch in Deutschland das Sachwertverfahren an Bedeutung verliert.

2.5 Grundlegendes zur Portfoliobewertung

Als Portfolio (auch: Portefeuille) wird aus finanzieller Sicht eine Mehrzahl von Vermögensgegenständen bezeichnet, die sich insbesondere dadurch charakterisieren, dass sie eine Gemeinsamkeit wie einen einheitlichen Eigentümer aufweisen.

Die nachfolgenden Ausführungen sollen es dem Leser ermöglichen, einen Einblick in die komplexe Materie zu erlangen und ein Grundverständnis für die mit einem Portfolio verbundenen Probleme zu schaffen.

Ein entscheidender Faktor, den es zu berücksichtigen gilt, ist, dass das Gesamtrisiko eines Portfolios nicht der Summe der einzelnen Bestandteile entspricht.[50] Ursächlich hierfür ist die gegenseitige Beeinflussung der einzelnen Investitionstitel. Hier ist insbesondere das sogenannte Klumpenrisiko (auch: Klumprisiko) zu nennen, das immer dann vorliegt, wenn Ausfallwahrscheinlichkeiten mehrerer Einzelinvestitionen übereinstimmend oder vergleichbar, z. B. aufgrund von regionalen oder personellen Begebenheiten, korreliert sind.

Beispiel: Klumpenrisiko !

Es wird angenommen, dass 90 Prozent der Immobilien einer Wohnungsgesellschaft im selben Stadtteil liegen. Bezüglich der Einzelbewertung der Gebäude

50 Diese Erkenntnis beruht auf der Portfolio-Selection-Theorie des US-amerikanischen Ökonomen Harry Max Markowitz, die er ausführlich in dem erstmals 1959 veröffentlichten Werk »Portfolio Selection« dargelegt hat.

ist auf die bereits beschriebenen Verfahren, insbesondere auf das Ertragswertverfahren, zurückzugreifen. Das mit den Investitionen verbundene Risiko wird hier über den Liegenschaftszinssatz zum Ausdruck gebracht. Auf das Gesamtengagement können die Einzelwerte jedoch nicht ohne Anpassungen übertragen werden. Es muss berücksichtigt werden, dass z. B. bei wirtschaftlichen Einbrüchen, die den Stadtteil bzw. die Region betreffen, nahezu das gesamte Einnahmepotenzial der Gesellschaft gefährdet ist. Wären die Immobilien örtlich großflächiger verteilt, würde das Risiko abnehmen und wirtschaftliche Einbrüche an einer Stelle könnten ggf. andernorts kompensiert werden. Ein Investor, der lediglich 20 Prozent seiner Immobilien in der betreffenden Region hält, ist einem geringeren Gesamtrisiko ausgesetzt, obgleich sich die Einzelrisiken der Immobilien nicht unterscheiden.

Aus dem Beispiel folgt eine weitere Erkenntnis: Diversifikation minimiert Risiken.[51] Diversifikation meint das Aufteilen der Gesamtinvestition auf sich voneinander unterscheidende Einzelteile. Am Beispiel der Wohnungsgesellschaft bedeutet das, dass das Risiko geringer ausfallen würde, wenn die Immobilien sich auf mehrere Städte verteilen würden.

Des Weiteren gilt es bei einem Portfolio, die Bewirtschaftungskosten besonders zu berücksichtigen. Bei homogenen Beständen sinken die Bewirtschaftungskosten pro Einheit (in der betriebswirtschaftlichen Literatur ist dieser Umstand als Fixkostendegression bekannt). So kann ein Hausmeister mehrere Objekte betreuen. Die so entstandenen Kosten müssen nun nicht mehr auf nur ein Objekt umgelegt werden, sie verteilen sich auf eine größere Grundgesamtheit.

Bezüglich des Leerstands muss berücksichtigt werden, dass einzelne leerstehende Einheiten mit zunehmender Bestandsgröße aus finanzieller Sicht grundsätzlich an Bedeutung verlieren.[52] Stehen bei einer Gesamtanzahl von zehn Wohneinheiten zwei leer, entfallen die Einnahmen von 20 Prozent der Wohnungen. Bei einem Bestand von 1.000 Wohneinheiten wären das ledig-

51 Siehe hierzu ebenfalls »Portfolio Selection« von Markowitz.

52 Dies gilt nur für Absolutwerte, also z. B. Anzahl an leerstehenden Wohneinheiten. Quotale Betrachtungen, wie die in Kapitel 5.1.2.3 dargestellte Leerstandsquote, verlieren hingegen nicht an Bedeutung.

lich 0,2 Prozent. Das bedeutet nicht, dass Leerstand bei großen Beständen ignoriert werden kann. Die Kompensation fehlender Einnahmen ist jedoch einfacher tragbar.

Zusammenfassend kann festgehalten werden, dass besonders auf die Aufteilung der Immobilien und auf die gegenseitige Beeinflussung zu achten ist. Insbesondere muss bedacht werden, dass Einzelrisiken in einem Portfolio sowohl sinken als auch steigen können.

3 Ausgewählte juristische Aspekte

3.1 Bedeutung rechtlicher Gegebenheiten

Neben wirtschaftlichen und technischen Fragestellungen sind juristische Belange ein weiterer Hauptpunkt in Bezug auf Immobilien. So geht z. B. die besondere rechtliche Stellung von Wohnraum bereits aus Art. 13 des Grundgesetzes (GG) hervor, der die Unverletzlichkeit der Wohnung regelt.

Nahezu jeder Aspekt über den Lebenszyklus hinweg erfordert das Abschließen von Verträgen, bei denen eine Vielzahl an Gesetzen zu befolgen ist. Oftmals liegt ihnen ein schützender Charakter zugrunde. So sollen die Kündigungsschutzregeln des Mietrechts Mieter davor bewahren, willkürlich gekündigt zu werden.

Aber nicht nur für Mieter und Vermieter spielen die Gesetzesnormen eine Rolle. Auch für Investoren und Finanziers sind sie von besonderer Bedeutung. Einerseits ist eine stabile Rechtslage notwendig, um langfristige Investitions- oder Finanzierungsentscheidungen, wie sie bei Immobilien üblich sind, treffen zu können.

Andererseits werden Nutzungs- und Bebauungsmöglichkeiten von Gebäuden und Grundstücken von staatlicher Seite durch das Baurecht reguliert. So gilt in Deutschland der Grundsatz der Genehmigungspflicht von Baumaßnahmen. Nur in gesetzlich geregelten Ausnahmefällen kann davon abgesehen werden.

Die Einhaltung baurechtlicher Vorschriften ist für Bauherren von besonderem Interesse. Beispielhaft sei der sogenannte »Schwarzbau«, also der Bau ohne Baugenehmigung, zu nennen, der dazu führen kann, dass die bauliche Maßnahme rückgängig zu machen ist.

Die nachfolgenden Ausführungen stellen nur einen Überblick über die komplexe juristische Materie dar. Dabei ist es das Ziel der Autoren, die für eine Einführung in die Thematik relevanten Gebiete in der nötigen Tiefe darzustellen.

3.2 Öffentliches Grundstücksrecht

3.2.1 Bauplanungsrecht

Das Bauplanungsrecht dient im Wesentlichen dazu, Grundstücke der baulichen Nutzung zuzuführen. Der Gesetzgeber legt hierbei einerseits fest, *was* gebaut werden darf (Wohngebäude, gewerbliche Bauten usw.). Andererseits wird auch definiert, *wo* die jeweiligen Vorhaben gestattet sind. Das Bauplanungsrecht ist stets *gebietsbezogen*. Es werden also keine Vorgaben für eine einzelne Immobilie getroffen, sondern für ein räumlich abgegrenztes Gebiet. Als relevante Gesetze sind insbesondere das BauGB und die BauNVO zu nennen.

Die Konkretisierung der Vorgaben obliegt der sogenannten Bauleitplanung, deren Aufgabe es ist,

> **§ 1 BauGB**
> *... die bauliche und sonstige Nutzung der Grundstücke in der Gemeinde ... vorzubereiten und zu leiten.*

Als Planungsinstrumente sind der Flächennutzungsplan und der Bebauungsplan zu nennen.

Zulässigkeit von Bauvorhaben
Ob ein Bauvorhaben zulässig ist, hängt maßgeblich vom örtlich geltenden Baurecht ab.

> **!** **Hinweis**
> **Ganz Deutschland ist bauplanungsrechtlich in drei Gebiete unterteilt. Den Innenbereich (§ 34 BauGB), den Außenbereich (§ 35 BauGB) und das Bebauungsplangebiet (§ 30 BauGB).**

Hat eine Gemeinde keinen Bebauungsplan aufgestellt, ist das Gebiet entweder dem Innen- oder dem Außenbereich zuzuordnen. Der Gesetzgeber hat dafür Sorge getragen, dass es keine Gebiete ohne Regelungen geben kann – er hat die gemeindliche Planung ersetzt. Daher werden Außen- und Innenbereiche auch oft als Ersatzplanung bezeichnet.

Im Innenbereich ist ein Vorhaben zulässig, wenn

> **§ 1 BauGB**
> *... es sich nach Art und Maß der baulichen Nutzung, der Bauweise und der Grundstücksfläche, die überbaut werden soll, in die Eigenart der näheren Umgebung einfügt und die Erschließung gesichert ist.*

Im Gesetz wird nicht von Innenbereich, sondern von im Zusammenhang bebauten Ortsteilen gesprochen.

Hinweis !

Zusammenhang i. S. d. § 34 BauGB bedeutet nicht, dass die Gebäude aneinander gebaut sein müssen. Es muss lediglich der Eindruck von Geschlossenheit entstehen.

Im Außenbereich hingegen herrscht grundsätzlich ein Bebauungsverbot. In § 35 BauGB sind einige Ausnahmen hierzu, z. B. für land- oder forstwirtschaftliche Betriebe, geregelt.

Will eine Gemeinde selbst bestimmen, welche Bauvorhaben wo zulässig sind, muss sie einen Bebauungsplan aufstellen, der der Ersatzplanung des Gesetzgebers vorrangig ist.

Dem Bebauungsplan geht im Regelfall der sogenannte Flächennutzungsplan (auch vorbereitender Bauleitplan genannt) voraus. Im Flächennutzungsplan (§§ 5 BauGB ff.) wird die allgemeine Flächennutzung (Wohnen, Gewerbe usw.) für das *gesamte* Gemeindegebiet festgelegt. Aus den Vorgaben des Flächennutzungsplans wird sodann der Bebauungsplan (auch verbindlicher Bauleitplan genannt) entwickelt, der die allgemeine Flächennutzung in die sogenannte besondere Flächennutzung differenziert. Der Bebauungsplan bezieht sich nicht auf das gesamte Gemeindegebiet, sondern auf einzelne Teile.

! **Hinweis**

Der Bebauungsplan ist im Gegensatz zum Flächennutzungsplan rechtsverbindlich!

Es sind drei verschiedene Bebauungspläne zu unterscheiden:

- der qualifizierte Bebauungsplan (§ 30 Abs. 1 BauGB),
- der einfache Bebauungsplan (§ 39 Abs. 3 BauGB),
- der vorhabenbezogene Bebauungsplan (§ 12 BauGB).

Ein qualifizierter Bebauungsplan liegt vor, wenn der Bebauungsplan *mindestens* Vorgaben zu Art und Maß der baulichen Nutzung, den überbaubaren Grundstücksflächen und den örtlichen Verkehrsflächen enthält. Im Geltungsbereich eines solchen Bebauungsplans richtet sich die Zulässigkeit von Vorhaben *nur* nach dem Bebauungsplan. Fehlt einer der Mindestinhalte, liegt ein einfacher Bebauungsplan vor und die Zulässigkeit richtet sich nach dem Bebauungsplan und – hinsichtlich der fehlenden Festsetzungen – nach den ersatzplanerischen Maßgaben.

Der vorhabenbezogene Bebauungsplan (auch Vorhaben- und Erschließungsplan genannt) wird im Regelfall erstellt, um konkrete Vorhaben (z. B. ein Einkaufszentrum) im Außenbereich zu ermöglichen, und wird in Abstimmung zwischen Gemeinde und Bauherr erstellt. Die Zulässigkeit richtet sich nach den planerischen Festsetzungen.

Art und Maß der baulichen Nutzung

Von der Vielzahl der in einem Bebauungsplan festsetzbaren Aspekte (§ 9 BauGB) werden nachfolgend lediglich die die Art und das Maß der baulichen Nutzung betreffenden Festsetzungen und die überbaubaren Grundstücksflächen dargestellt. Die Art der baulichen Nutzung richtet sich nach den §§ 1 bis 15 BauGB.

ARBEITSHILFE ONLINE

Gebiet	Kategorie	Kürzel	§	Plan
Wohnbauflächen	allgemeine Flächennutzung	W	1	Flächennutzungsplan
gemischte Bauflächen		M	1	
gewerbliche Bauflächen		G	1	
Sonderbauflächen		S	1	
Kleinsiedlungsgebiete	besondere Flächennutzung (bN) Wohnbauflächen	WS	2	Bebauungsplan
reine Wohngebiete		WR	3	
allgemeine Wohngebiete		WA	4	
besondere Wohngebiete		WB	4a	
Dorfgebiete	bN gemischte Bauflächen	MD	5	
Mischgebiete		MI	6	
Kerngebiete		MK	7	
Gewerbegebiete	bN Gewerbe	GE	8	
Industriegebiete		GI	9	
Sondergebiete	bN Sonderbau	SO	10/11	

Tab. 11: Arten der baulichen Nutzung nach BauNVO

Hinsichtlich der Frage, welche Objekte in welchem Gebiet zulässig sind, wird auf die Paragrafen der BauNVO verwiesen. Die Vorgaben zum Maß der baulichen Nutzung sind den §§ 16 bis 23 BauNVO zu entnehmen. Festgesetzt werden kann:

- Geschossflächenzahl,
- Grundflächenzahl,
- Baumassenzahl (BMZ),
- Höhe der baulichen Anlagen,
- Anzahl der Vollgeschosse.

Die Geschossflächenzahl und die Grundflächenzahl wurden bereits in Kapitel 2.4.3 behandelt. Die Baumassenzahl gibt an,

§ 21 BauNVO
... wie viele Kubikmeter Baumasse je Quadratmeter Grundstücksfläche ... zulässig sind.

Im wohnungswirtschaftlichen Bereich ist die Baumassenzahl kaum von Relevanz. Von Interesse ist sie jedoch insbesondere bei Logistikimmobilien, vor allem hinsichtlich des Lagerraums.

Zudem kann festgesetzt werden, wie hoch ein Gebäude maximal sein darf. Die Anzahl der Vollgeschosse ist mit der Geschossflächenzahl vergleichbar, sie ist jedoch keine Verhältniszahl. Sind beide Größen vorgegeben, ist die numerisch vorgegebene Höchstzahl als Grenze zur Geschossflächenzahl zu verstehen.

Überbaubare Grundstücksfläche
§ 23 BauNVO nennt die Möglichkeit, Bebauungslinien, -grenzen und -tiefen zu bestimmen. Ist eine Bebauungslinie vorgegeben, so muss auf dieser Linie gebaut werden. Eine Bebauungsgrenze bzw. -tiefe darf hingegen nicht überschritten werden.

3.2.2 Bauordnungsrecht

Im Gegensatz zum Bauplanungsrecht ist das Bauordnungsrecht *objektbezogen*. Geregelt werden also Vorschriften, die einzelne Immobilien betreffen. Hierzu zählen z. B. Vorgaben zur Statik und zum Brand- oder Schallschutz. Zudem werden mit dem Bauordnungsrecht verfahrensrechtliche Aspekte (Baugenehmigungsverfahren) geregelt.

Die gesetzliche Basis bilden die jeweiligen Landesbauordnungen, die sich – wie bereits bei der Erläuterung der Geschossflächenzahl (Bestimmungen zu Vollgeschossen) gezeigt wurde – in der Regel voneinander unterscheiden.

Bauvorhaben sind grundsätzlich genehmigungspflichtig. Die Landesbauordnungen enthalten Ausnahmen hierzu, sogenannte genehmigungsfreie Vorhaben. Das Baugenehmigungsverfahren dient der Erteilung der Baugenehmigung, also der Ermöglichung baulicher Maßnahmen. Für den Bürger zuständig ist die sogenannte »untere Bauaufsichtsbehörde«, die meist bei Landratsämtern oder – bei kreisfreien Städten – im Rathaus der jeweiligen Stadt angesiedelt ist. Diese prüft den Bauantrag und muss die Genehmigung erteilen, wenn keine rechtlichen Bestimmungen entgegenstehen.

Insbesondere im wohnungswirtschaftlichen Bereich wird auf Verfahrensvereinfachungen zurückgegriffen. Das heißt, dass der Prüfungsumfang eingeschränkt ist, was das Genehmigungsverfahren beschleunigt.

Hinweis !

Es ist daran zu denken, dass dennoch sämtliche Vorschriften eingehalten werden müssen! Entsprechen Gebäude nicht den rechtlichen Vorgaben, kann von behördlicher Seite als Ultima Ratio (also als letztes Mittel) sogar der Abriss gefordert werden. Als milderes Mittel wäre an eine Nutzungsuntersagung zu denken.

Bauordnungsrechtliche Bestimmungen sollten also genau geprüft werden!

3.2.3 Entwicklungszustand

Ein weiterer relevanter rechtlicher Aspekt ist der Entwicklungszustand von Grund und Boden. Eine einfache Methode zur Wertbemessung, die sogenannte Bruchteilsmethode, wurde bereits in Kapitel 2.4.3 vorgestellt. Folgende Entwicklungszustände sind zu unterschieden:

Flächen der Land- und Forstwirtschaft
Dies sind Flächen, die

> **§ 5 Abs. 1 ImmoWertV**
> *... ohne Bauerwartungsland, Rohbauland oder baureifes Land zu sein, land- oder forstwirtschaftliche nutzbar sind.*

Bauerwartungsland
Hierzu werden Flächen gezählt, die

> **§ 5 Abs. 2 ImmoWertV**
> *... nach ihren weiteren Grundstücksmerkmalen ... eine bauliche Nutzung aufgrund konkreter Tatsachen mit hinreichender Sicherheit erwarten lassen.*

Hierzu zählt insbesondere die Darstellung im Flächennutzungsplan.

Rohbauland
Als Rohbauland werden solche Flächen bezeichnet, die

> **§ 5 Abs. 3 ImmoWertV**
> *... nach den §§ 30, 33 und 34 des Baugesetzbuchs für eine bauliche Nutzung bestimmt sind, deren Erschließung aber noch nicht gesichert ist oder die nach Lage, Form oder Größe für eine bauliche Nutzung unzureichend gestaltet sind.*

Baureifes Land
Hierbei handelt es sich um Flächen, die

> **§ 5 Abs. 4 ImmoWertV**
> *... nach öffentlich-rechtlichen Vorschriften und den tatsächlichen Gegebenheiten baulich nutzbar sind.*

Hierbei handelt es sich um den *einzigen* Entwicklungszustand, der zur baulichen Nutzung geeignet ist. Baureifes Land kann sowohl erschließungsbeitragspflichtig (niedrigerer Wert) als auch erschließungsbeitragsfrei (höherer Wert) sein.

3.3 Grundbuch

3.3.1 Grundlegendes und Aufbau

Das Grundbuch ist ein bei den Amtsgerichten (Grundbuchamt) geführtes amtliches Register. Mit Abschluss der Grundbuchamtsreform am 31.12.2017 gilt dies auch für Baden-Württemberg. Derzeit obliegt dort die

Führung den örtlichen Notaren. Relevante Gesetzestexte sind die Grundbuchordnung (GBO) und die Grundbuchverfügung (GBV).

BGH, Beschluss v. 06.03.1981
Das Grundbuch ist der Spiegel der privaten dinglichen Rechte an Grundstücken und hat die Aufgabe, über die das Grundstück betreffenden Rechtsverhältnisse möglichst erschöpfend und zuverlässig Auskunft zu geben.

Der Kern ist also der Ausweis von Eigentum und sonstigen Rechten am Grundstück. Hierfür wird für jedes Grundstück ein eigenes Grundbuchblatt angelegt.

Grundbuchblätter sind wie folgt gegliedert:

- Aufschrift (auch Titel- oder Deckblatt genannt): allgemeine Angaben (Amtsgericht, Blattnummer usw.),
- Bestandsverzeichnis: Herrschvermerk[53] (auch Aktivvermerk genannt) und Katasterangaben (Gemarkung, Flur bzw. Flurstück, Lage, Art und Größe),
- Abteilung I: Eigentumsverhältnisse,
- Abteilung II: Belastungen und Grunddienstbarkeiten,
- Abteilung III: Grundpfandrechte.

Einsicht in das Grundbuch und die zugehörigen Grundakten[54] kann jeder nehmen, der ein berechtigtes Interesse nachweist. Was »berechtigtes Interesse« bedeutet, ist auslegungsfähig, liegt jedoch beim Eigentümer und allen dinglich Berechtigten – also bei allen, die Rechte im Grundbuch haben – eindeutig vor. Die berechtigten Personen können anderen (insbesondere Gutachtern) wiederum eine Vollmacht ausstellen.

53 Ein Herrschvermerk zeigt an, welches Recht an einem *anderen* Grundstück zugunsten des eigenen eingetragen ist.
54 Eine Grundakte enthält alle Unterlagen zu den jeweiligen Eintragungen im Grundbuch und erhöht folglich die Nachvollziehbarkeit.

Zudem genießt das Grundbuch öffentlichen Glauben. Was im Grundbuch steht, gilt also als richtig – selbst wenn die eigentliche rechtliche Situation eine andere ist.

!

Hinweis

In diesem Zusammenhang ist insbesondere die sogenannte Buchersitzung (auch Tabularersitzung genannt) von Relevanz. Es ist möglich, als fälschlicherweise eingetragener Eigentümer tatsächlicher Eigentümer zu werden. Das Eigentum wird unter den Voraussetzungen von § 900 BGB nach 30 Jahren »ersessen«.

Eintragungen in das Grundbuch werden nur auf Antrag der berechtigten Person vorgenommen und sind kostenpflichtig. In aller Regel ist deren Basis ein notariell beglaubigter oder beurkundeter Vertrag. Besonders entscheidend ist der Zeitpunkt der Antragstellung, da ein Rangplatz vergeben wird, der sich nach diesem Zeitpunkt richtet.

Hierbei ist zwischen dem Locusprinzip (nach dem Ort, lateinisch locus) und dem Tempusprinzip (nach der Zeit, lateinisch tempus) zu unterscheiden. Ersteres hat zur Folge, dass bei mehreren Eintragungen die optische Reihenfolge (von oben nach unten) über den Rangplatz entscheidet. Liegen abteilungsübergreifende Eintragungen vor, kann das Locusprinzip nicht mehr sinnvoll angewendet werden. Es kommt sodann das Tempusprinzip zur Anwendung, wonach das Eintragungsdatum maßgeblich ist.

Löschungen sind durch rote Unterstreichung der Eintragung zu erkennen, damit die Historie eines Grundstücks nachvollziehbar bleibt. Mit der Einführung des elektronischen Grundbuchs sind farbige Hervorhebungen weitestgehend hinfällig geworden, da die EDV-gestützte Erfassung in monochrom erfolgt. Löschungen sind in den EDV-Auszügen schwarz unterstrichen oder zur Verdeutlichung durchgestrichen.

3.3.2 Erste Abteilung

In Abteilung I des Grundbuchs ist/sind der/die Eigentümer des Grundstücks eingetragen. Obgleich umgangssprachlich oft gleichgesetzt, sind Eigentum und Besitz *nicht* dasselbe. Eigentum meint die *rechtliche* Verfügungsgewalt über eine Sache, Besitz hingegen die *tatsächliche* Verfügungsgewalt.

Um Eigentümer eines Grundstücks zu werden, bedarf es verschiedener Voraussetzungen. Ein Kaufvertrag über ein (un-)bebautes Grundstück bedarf gemäß § 311b Abs. 1 BGB der notariellen Beurkundung. Diese erfüllt dabei folgende Funktionen:[55]

- **Warn- und Schutzfunktion**
  Die Parteien haben die Möglichkeit, dem Notar alle noch offenen Fragen zu stellen, die dieser rechtskundig und unvoreingenommen beantworten muss.
- **Beweisfunktion**
  Durch die Beurkundung kann der Vertragsinhalt und Vertragsschluss jederzeit nachgewiesen werden.
- **Gewährsfunktion**
  Ziel der Beurkundung ist es außerdem, sicherzustellen, dass der Wille der Vertragsparteien rechtswirksam, richtig und vollständig zum Ausdruck gekommen ist.

Weitere relevante Voraussetzungen sind insbesondere die Auflassung nach § 925 BGB und die Eintragung in das Grundbuch. Als Auflassung wird die Einigung zwischen Käufer und Verkäufer bezeichnet, die für den Eigentumsübergang benötigt wird. Im Regelfall ist sie Bestandteil des Kaufvertrags und kann durch einen Passus wie »Die Vertragsteile sind sich über den in Ziffer X bezeichneten Eigentumsübergang einig.« zum Ausdruck gebracht werden.

Der Eigentumsübergang ist erst mit der Eintragung ins Grundbuch beendet. Das Grundbuch hat also konstitutive (rechtsbegründende/rechtsauf-

55 Vgl. Schulte/Kühling/Servatius/Stellmann (Hrsg.), Immobilienökonomie II, Band 2: Rechtliche Grundlagen, 3. Aufl., 2013, S. 166.

hebende) Wirkung.[56] Damit das Grundbuchamt die Eintragung vornehmen darf, muss unter anderem die finanzielle Unbedenklichkeitsbescheinigung des Finanzamts vorliegen. Sie wird erst ausgestellt, wenn die Grunderwerbsteuer abgeführt wurde.

! **Hinweis**

Aufgrund der vielen formalen Anforderungen kann es mehrere Monate dauern, bis die Eigentumsverschaffung an einem Grundstück beendet ist.

Aus der ersten Abteilung ist ebenfalls ersichtlich, warum der Eigentumsübergang erfolgt ist. Zusätzlich zur Auflassung kommen hier z. B. Erbschaft oder Zwangsversteigerung in Betracht. Liegt Wohnungs- bzw. Teileigentum vor, wird der Miteigentumsanteil am Gemeinschaftseigentum in Bruchform und das Sondereigentum ausgewiesen, das sich aus der sogenannten Teilungserklärung bzw. aus dem Aufteilungsplan ergibt.[57]

! **Beispiel: Miteigentumsanteil und Sondereigentum**

250/1000 Miteigentumsanteil an dem Grundstück Mustergrundstück, verbunden mit Sondereigentum an der im Aufteilungsplan mit Nr. 2 bezeichneten Wohnung im Erdgeschoss und dem im Aufteilungsplan mit Nr. 4 bezeichneten Pkw-Stellplatz.

Wichtige Begriffe

Hinsichtlich des Eigentums an Grundstücken gibt es einige wichtige juristische Begriffe, die noch der Erläuterung bedürfen, darunter:

- wesentliche Bestandteile,
- Scheinbestandteile und
- Zubehör.

Wesentliche Bestandteile eines Grundstücks sind gemäß § 94 BGB alle mit dem Grund und Boden fest verbundenen Sachen – hierzu sind insbeson-

56 Das Pendant hierzu ist die deklaratorische Wirkung, die eine bestimmte rechtliche Situation nur feststellt.

57 Wohnungs- und Teileigentum werden in Kapitel 4.2.4 näher betrachtet.

dere Gebäude zu zählen – und eingefügte Sachen, die der Herstellung des Gebäudes dienen.

Hinweis !

Die feste Verbindung setzt kein Fundament voraus. Vielmehr geht es darum, dass die Sache durch Entfernung weder zerstört noch erheblich beschädigt werden darf bzw. ein im Verhältnis unwirtschaftlicher Aufwand entsteht.

Der Eigentümer des Grundstücks ist gemäß § 946 BGB somit automatisch auch der Eigentümer des aufgebauten Gebäudes.[58] Zu den zur Herstellung notwendigen eingefügten Sachen zählen z. B. Ziegel, Fenster und Heizungen. Aber auch die Einbauküche *kann* hierunter subsumiert werden. Anzusetzender Maßstab wäre hier der Grad an Spezialanfertigungsmerkmalen der Küche – es ist im Streitfall also eine Einzelfallprüfung nötig.

Hinweis !

Somit ist es theoretisch möglich, durch das Einfügen einer Einbauküche das Eigentum an ihr zu verlieren. Plant ein Mieter den Einbau einer solchen Küche, sollte dies nur nach Rücksprache mit dem Vermieter und vertraglicher Eigentumsregelung geschehen.

Scheinbestandteile sind gemäß § 95 BGB solche Bestandteile, die nur temporär, also zu einem vorübergehenden Zweck, mit dem Grundstück verbunden sind. Dies gilt auch für eingefügte Sachen. Scheinbestandteile werden *vertraglich* begründet. Hierzu zählt z. B. ein Baugerüst oder – im Regelfall – eine selbst eingebaute Einbauküche.

Als Zubehör werden gemäß § 97 BGB bewegliche Sachen bezeichnet, die nicht Bestandteil der Hauptsache sind, dem wirtschaftlichen Zweck dieser jedoch zu dienen bestimmt sind. Im Einzelfall kann das schwer festzuma-

58 Das Erbbaurecht (siehe Kapitel 3.4) und das Wohnungs- bzw. Teileigentum (siehe Kapitel 4.2.4) sind Ausnahmen von diesem Grundsatz.

chen sein. Beispiele für Zubehör: Heizölvorrat, Armaturen im Badezimmer, Rasenmäher für den Garten usw.

3.3.3 Zweite Abteilung

In Abteilung II werden alle Lasten und Beschränkungen mit Ausnahme der Grundpfandrechte vermerkt. Aus Sicht der Wertermittlung ist diese Abteilung von besonderer Bedeutung, da die Eintragungen als besondere objektspezifische Grundstücksmerkmale den Wert der Immobilie erheblich beeinflussen können. Mögliche Lasten bzw. Beschränkungen sind unter anderem:

- Vormerkungen (§§ 883 ff. BGB),
- Grunddienstbarkeiten (§§ 1018 ff. BGB) und
- beschränkt persönliche Dienstbarkeiten (§§ 1090 ff. BGB).

Vormerkungen dienen dazu, den Anspruch auf Übertragung bzw. Aufhebung eines Rechts an einem Grundstück zu sichern. Die in der Praxis relevanteste Vormerkung ist die Auflassungsvormerkung (auch Eigentumsverschaffungsvormerkung genannt), die den schuldrechtlichen Eigentumsübertragungsanspruch aus dem notariell beurkundeten Grundstückskaufvertrag absichert.

! **Hinweis**

Die Auflassungsvormerkung erwirkt keine Grundbuchsperre. Es kann also trotz der Vormerkung eine andere Person als Eigentümer eingetragen werden. Allerdings kann dieser aufgrund der Eigentumsverschaffungsvormerkung wieder ausgetragen werden, wenn die Person, zu deren Gunsten die Vormerkung eintragen ist, dies fordert.

Vormerkungen werden zudem häufig für die Bestellung bzw. Aufhebung von Grundpfandrechten eingetragen.

Grunddienstbarkeiten sind dadurch gekennzeichnet, dass sie Belastungen eines Grundstücks zugunsten des Eigentümers eines Nachbargrundstücks darstellen. Beschränkt persönliche Dienstbarkeiten hingegen können zugunsten von jedermann eingetragen werden. Jedermann umfasst im juristischen Sinne natürliche und juristische Personen. Die Inhalte solcher Dienstbarkeiten sind vielfältig. Grunddienstbarkeiten können in Benutzungsdienstbarkeiten (Wege- und Fahrtrecht, Leitungs- und Kanalisationsrechte usw.), Unterlassungsdienstbarkeiten (Bau- und Benutzungsbeschränkungen, Wettbewerbs- und Verkaufsbeschränkungen usw.) und Ausschlussdienstbarkeiten unterteilt werden. Inhalt von Letzteren kann unter anderem der Verzicht auf Einwirkungsrechte (z. B. zu duldender Notweg) oder der Ausschluss von Ausgleichsansprüchen (z. B. Schadenersatzverzicht) sein.

Die tiefer gehende Darstellung der Eintragungen geht über den Rahmen dieses Buchs hinaus.[59]

Ein oftmals vorzufindendes Nutzungsrecht an einem Grundstück, der sogenannte Nießbrauch, wird aus didaktischen Gründen erst in Kapitel 7.2.2 erläutert.

Das öffentlich-rechtliche Pendant zu Grunddienstbarkeiten sind sogenannte Baulasten. Wirksamkeit erlangen Baulasten durch Eintragung in das Baulastenverzeichnis, in das Einsicht genommen werden kann, falls der Nachweis eines berechtigten Interesses erfolgt ist. In Bayern und Brandenburg gibt es jedoch (derzeit) kein Baulastenverzeichnis – die Eintragungen sind stattdessen üblicherweise der Abteilung II zu entnehmen. In Brandenburg wurde das Verzeichnis 1994 abgeschafft. Die dortigen Eintragungen sind nicht ins Grundbuch umgeschrieben worden, weswegen die Einsichtnahme in das Baulastenverzeichnis dennoch nötig sein kann.

Ein wesentlicher Unterschied ist die Löschung einer Baulast. Grunddienstbarkeiten können jederzeit vertraglich aufgehoben werden. Die Löschung einer Baulast hingegen erfordert den Verzicht seitens der Bauaufsichtsbehörde.

59 Der interessierte Leser sei auf Kleiber, Verkehrswertermittlung von Grundstücken – Kommentar und Handbuch zur Ermittlung von Marktwerten (Verkehrswerten) und Beleihungswerten sowie zur steuerlichen Bewertung unter Berücksichtigung der ImmoWertV, 7. Aufl., 2014 oder Kröll/Hausmann/Rolf, Rechte und Belastungen in der Immobilienbewertung, 5. Aufl., 2015 verwiesen.

! **Hinweis**

Die Eintragungen in Abteilung II sehen in der Regel vor, dass der Begünstigte eine Zahlung als Ausgleich für die Gewährung des Rechts an denjenigen, der das Recht erteilt hat, zu leisten hat.

3.3.4 Dritte Abteilung

In Abteilung III werden bestimmte Sicherungsabreden, die sogenannten Grundpfandrechte, eingetragen, die der Absicherung von Forderungen dienen und primär von kreditgebenden Banken genutzt werden.

Kommt ein Schuldner seinen vertraglichen Pflichten (Zinszahlung und Tilgung) nicht nach, ist es dem Gläubiger mithilfe der Grundpfandrechte möglich, seine Forderung unabhängig und vor den Rechten Dritter aus dem Pfand zu bedienen, also eine Zwangsvollstreckung einzuleiten. Es sind drei Arten von Grundpfandrechten zu unterscheiden. Diese sind:

- Rentenschuld (§§ 1199 bis 1203 BGB),
- Hypothek und (§§ 1113 bis 1190 BGB),
- Grundschuld (§§ 1191 bis 1198 BGB).

Rentenschulden sind Grundstücksbelastungen, die dazu führen, dass eine definierte Geldsumme wiederkehrend zu zahlen ist. Rentenschulden sind als Sicherungsmittel zur Immobilienfinanzierung nicht geeignet, weswegen sie nicht eingehend behandelt werden. Infrage kommen allerdings die Hypothek und die Grundschuld, wobei Grundschulden am häufigsten genutzt werden.

Das Bestehen von Hypotheken ist an das Bestehen eines anderen Rechts – die zu sichernde Forderung – gebunden. Sie sind *akzessorisch*. Erlischt die zugrunde liegende Forderung – z. B., weil sie erfüllt, der geschuldete Betrag also zurückgezahlt, wurde – so erlischt auch die Hypothek. Grundschulden hingegen sind *fiduziarisch*, also nicht an das Bestehen eines anderen Rechts gebunden. Demnach bleiben sie auch nach vollständiger Kreditrückzahlung bestehen und können zur Sicherung eines weiteren Kredits desselben Gläubigers (z. B. für eine Autofinanzierung) eingesetzt werden, da das Grundstück weiterhin als Pfand dient.

Allerdings lassen sich Grundschulden durch eine sogenannte Zweckbestimmungserklärung an eine Forderung binden. In dieser Erklärung wird vertraglich vereinbart, für welche Forderung (z. B. Immobilienkredit) die Grundschuld als Sicherheit dient. Liegt eine solche Erklärung nicht vor, dient die Grundschuld als Sicherheit für sämtliche Forderungen der Bank, zu deren Gunsten sie eingetragen ist. Grundschulden sind folglich flexibler einsetzbar und werden Hypotheken in der Regel vorgezogen.

Es muss zwischen einer Buch- und einer Briefgrundschuld unterschieden werden. Eine Buchgrundschuld ist im Grundbuch eingetragen und *nicht* verbrieft. Es gibt also keine Urkunde, stattdessen ist einzig die Eintragung in Abteilung III maßgebend. Bei Briefgrundschulden richtet sich die Grundschuld nach den Angaben im Grundschuldbrief. Gläubiger der Briefgrundschuld ist immer derjenige, der das Dokument hat, auch wenn er nicht der eigentlich berechtigte Gläubiger ist. Mit der Briefgrundschuld sind folglich höhere Risiken (Abhandenkommen der Urkunde) verbunden, weswegen Buchgrundschulden häufiger genutzt werden.

Diese haben allerdings den Nachteil, dass jede Änderung der Bedingungen im Grundbuch eingetragen werden muss und folglich Kosten nach sich zieht. Wird also für die Anschlussfinanzierung der Kreditgeber, der den Kredit ebenfalls erstrangig besichern will, gewechselt, muss der alte Grundschuldgläubiger im Grundbuch durch den neuen ersetzt werden.

Hinweis !

Es empfiehlt sich, die Kosten in Kauf zu nehmen, da dann ein eindeutiger Nachweis der Rechtslage vorliegt. Eine nicht im Grundbuch eingetragene Abtretung von Bank A an Bank B ist im Streitfall faktisch wertlos – was im Grundbuch steht, gilt als richtig.

Besonders entscheidend ist der Rangplatz des Grundpfandrechts. Kreditgeber sind an einer erstrangigen Grundschuld bzw. Hypothek interessiert, da zweit- oder höherrangige Eintragungen eventuell nicht (vollständig) bedient werden können.

! **Beispiel: Bedeutung des Rangplatzes eines Grundpfandrechts**

Eine im Grundbuch erstrangig eingetragene Grundschuld lautet auf 250.000 EUR, eine zweitrangige auf 100.000 EUR. Die Zwangsversteigerung des besicherten Grundstücks erbringt nach Abzug aller Kosten 275.000 EUR. Hiervon erhält der Gläubiger der erstrangigen Grundschuld 250.000 EUR, für den zweitrangigen Gläubiger verbleiben 25.000 EUR. Ihm bleibt eine offene Forderung in Höhe von 75.000 EUR, die anderweitig eingetrieben werden muss.

Wie bereits erwähnt, ermöglichen die Grundpfandrechte das Einleiten einer Zwangsvollstreckung, falls der Schuldner seinen Pflichten nicht nachkommt. Von amtlicher Seite hierfür zuständig sind Amtsgerichte, relevante Gesetze sind insbesondere die Zivilprozessordnung (ZPO) und das Gesetz über die Zwangsversteigerung und Zwangsverwaltung (ZVG).

Die Vollstreckung erfolgt auf Antrag des Berechtigten und bedarf eines Titels. Grundsätzlich stellt eine eingetragene Grundschuld keinen Titel dar, sodass ein Gerichtsverfahren durchzuführen ist, bei dem die Berechtigung festgestellt wird. Um diesen Aufwand zu umgehen, werden in der Praxis sogenannte Vollstreckungsunterwerfungserklärungen in die Grundschuldbestellungsurkunde inkludiert, da sie eine Vollstreckung *ohne* ein gesondertes Gerichtsverfahren ermöglichen.

Dem Gläubiger obliegt die Auswahl der Vollstreckungsart, also Zwangsversteigerung oder Zwangsverwaltung. Letztere zielt darauf ab, den Gläubiger aus den laufenden Einnahmen der Immobilie des Schuldners zu befriedigen und wird in der Praxis selten genutzt.

Hypotheken und Grundschulden umfassen nicht nur die Immobilie an sich, sondern auch das Zubehör. Dieses kann jedoch veräußert werden. Erlaubt ist das allerdings nur *vor* der Anordnung der Zwangsvollstreckung.

Üblicherweise wird in Abteilung II des Grundbuchs ein Zwangsvollstreckungsvermerk eingetragen, um kenntlich zu machen, dass sich das Grundstück in einem Zwangsvollstreckungsverfahren befindet.

3.4 Erbbaurecht

In Kapitel 3.3.2 wurde gezeigt, dass es grundsätzlich nicht möglich ist, Eigentümer eines Gebäudes zu sein, ohne auch Eigentümer des Grundstücks zu sein. Das Erbbaurecht bildet eine Ausnahme zu diesem Grundsatz – es ist grundstücksgleiches Recht. Die rechtliche Basis bildet das Erbbaurechtsgesetz (ErbbauRG).

§ 1 Abs. 1 ErbbauRG
Ein Grundstück kann in der Weise belastet werden, daß demjenigen, zu dessen Gunsten die Belastung erfolgt, das veräußerliche und vererbliche Recht zusteht, auf oder unter der Oberfläche des Grundstücks ein Bauwerk zu haben (Erbbaurecht).

Hinweis !

Bauliche Maßnahmen können auch im Rahmen von anderen Rechten wie z. B. Grunddienstbarkeiten oder Nießbrauch gewährt werden. Der Unterschied besteht darin, dass das Bauwerk nur beim Erbbaurecht auch im Eigentum des Berechtigten ist.

Erbbaurechte werden langfristig vergeben (i. d. R. zwischen 75 und 99 Jahren) und im Grundbuch in Abteilung II als Belastung des Grundstücks *erstrangig* eingetragen. Außerdem wird ein gesondertes, das sogenannte Erbbaugrundbuch, angelegt, das hinsichtlich des Aufbaus mit dem »normalen« Grundbuch (Kapitel 3.3) übereinstimmt.

Der Erbbauberechtigte muss als Gegenleistung dem Grundstückseigentümer den sogenannten Erbbauzins zahlen. Dieser wird als Belastung in Abteilung II des Erbbaugrundbuchs eingetragen. Bei einer wirtschaftlich sinnvollen Kalkulation des Grundstückseigentümers gleicht er dem eigentlichen Kaufpreis des Grundstücks, verrechnet mit eventuell vorhandenen Erwerbsrechten. Für den Berechtigten besteht der Vorteil darin, dass der Grundstückswert peu à peu gezahlt werden kann und somit die Kreditsumme geringer ausfällt, was sich insbesondere bei Beginn einer Immobilienfinanzierung positiv auswirkt. Regelmäßig ist der Berechtigte auch für die Instandhaltung und Instandsetzung verantwortlich.

Das Erbbaurecht wird durch Vertrag begründet. Üblich sind insbesondere Regelungen zu:

- **Heimfall**
  Heimfall bedeutet, dass ein Recht auf den ursprünglichen Eigentümer *vor Zeitablauf* rückübertragen wird. Verletzt der Erbbauberechtigte seine vertraglichen Pflichten schuldhaft, verliert er das Erbbaurecht bereits vor Ablauf der vertraglich geregelten Dauer. Die Folge hiervon wäre eigentlich, dass er den ursprünglichen Zustand (unbebautes Grundstück) herstellen muss. Um dies zu umgehen – es wäre aus wirtschaftlicher Sicht widersinnig – wird anstelle des Bauwerkabrisses geregelt, welche Entschädigung ihm der Eigentümer des Grundstücks für die Bauten zu zahlen hat, die ja auf dem Grundstück verbleiben und nun dem Grundstückseigentümer gehören. Regelmäßig handelt es sich hierbei um einen Anteil des Verkehrswerts.
- **Entschädigung**
  Wenn das Erbbaurecht durch Zeitablauf erlischt, sind vergleichbare Regelungen zu treffen. Da auch in diesem Fall der Rückbau der baulichen Anlagen wirtschaftlich nicht sinnvoll ist, wird vereinbart, welche (i. d. R. höhere) Entschädigung der Eigentümer zahlen muss. Häufig wird festgelegt, dass der Grundstückseigentümer eine Verlängerung des Rechts offerieren kann. Wird die Verlängerung abgelehnt, fällt die Entschädigung zumeist geringer aus.
- **Erwerbsrecht**
  Es ist üblich, dem Erbbauberechtigten die Möglichkeit zu bieten, das Grundstück vor Ablauf des Erbbaurechts zu erwerben. Ein Rechtsanspruch auf eine solche Regelung besteht jedoch nicht. Die Kaufmodalitäten (z. B. Kaufpreis und -zeitpunkt) sind vertraglich zu regeln.
- **Bauwerksnutzung**
  Dem Grundstückseigentümer ist es möglich, dem Erbbauberechtigten bestimmte Nutzungen zu versagen. Hierzu zählt z. B. das Betreiben eines Gewerbes.

3.5 Vertragliche Besonderheiten

3.5.1 Bauträgervertrag

Als Bauträger wird bezeichnet, wer

> *... gewerbsmäßig auf Grundstücken, die nicht dem Erwerber, sondern dem Bauträger selbst gehören, Gebäude im eigenen Namen [und auf eigene Rechnung] errichtet und sich gleichzeitig verpflichtet, Grundstück und Gebäude an den Erwerber nach Fertigstellung des Gebäudes zu übertragen.*[60]

Im Falle des Erbbaurechts ist das Grundstück nicht im Eigentum des Bauträgers. Die Tätigkeit von Bauträgern bedarf einer besonderen Genehmigung laut § 34c der Gewerbeordnung (GewO).

Es sind zwei verschiedene Geschäftsmodelle zu unterscheiden: der Vorratsbau und der Treuhand- bzw. Bestellbau. Bei Ersterem errichtet der Bauträger die Immobilien *ohne* finanzielle Mittel von Abnehmern, bei Letzterem sind diese bereits vertraglich gebunden und müssen entsprechende Zahlungen leisten. Die Bauleistungen werden in beiden Fällen regelmäßig nicht vom Bauträger selbst erbracht. Dieser greift entweder auf sogenannte Generalunternehmer (GU) oder auf Generalübernehmer (GÜ) zurück. Außerdem kann er einen sogenannten Baubetreuer mit der Erledigung der Arbeiten beauftragen.

Generalunternehmer sind Baufirmen, die einen maßgeblichen Anteil der baulichen Arbeiten übernehmen und den Rest an sogenannte Subunternehmen (auch Subs genannt) vergeben. Diesen ist es freigestellt, ebenfalls Subunternehmen (auch Sub-Subs genannt) mit einzelnen Bauleistungen zu beauftragen.

60 Schulte/Kühling/Servatius/Stellmann (Hrsg.), Immobilienökonomie II, Band 2: Rechtliche Grundlagen, 3. Aufl., 2013, S. 235.

Generalübernehmer charakterisieren sich dadurch, dass sie selbst keine baulichen Arbeiten erbringen, sondern diese lediglich koordinieren und in eigenem Namen und auf eigene Rechnung an Bauunternehmen vergeben.

Will der Bauträger die Gewinnmarge des Generalunternehmers bzw. des Generalübernehmers einsparen, kann er die Koordination und Vertragsabwicklung auch selbst übernehmen (Einzelgewerkvergabe). Regelmäßig wird hiermit ein Baubetreuer beauftragt, der im Namen und auf Rechnung des Bauherrn das Bauvorhaben überwacht und koordiniert.

Beim Kauf einer Immobilie von einem Bauträger muss die Wissensasymmetrie bedacht werden. Die meisten Erwerber kaufen nur einmal im Leben eine Immobilie, wohingegen das für den Bauträger zum Tagesgeschäft gehört. Die Grundlage für den Erwerb ist der Bauträgervertrag, für den es seitens des Gesetzgebers einige Schutzmechanismen gibt, die – aufgrund der angesprochenen Asymmetrie des Fachwissens – den Verbraucher (auch Enderwerber genannt) schützen sollen.

Zu diesem Zweck hat der Gesetzgeber die MaBV erlassen. Außerdem muss auch der Bauträgervertrag notariell beurkundet werden – es liegt also ein weiteres Schutzinstrument vor (siehe Kapitel 3.3.2).

Für den Bauträgerkauf sind insbesondere die §§ 3 und 7 der MaBV relevant. Bevor der Bauträger Zahlungen des Enderwerbers entgegennehmen darf, muss unter anderem die Baugenehmigung erteilt, eine Auflassungsvormerkung zugunsten des Käufers eingetragen und der Bauträgervertrag rechtsgültig zustande gekommen sein.

Zudem ist festgelegt, bei welchem Baufortschritt der Bauträger Zahlungen des Enderwerbers entgegennehmen darf. Zusätzliche Geldleistungen sind nur MaBV-konform, wenn die Ansprüche des Käufers auf Rückgewähr der Anzahlungen gesichert sind. Dies geschieht mittels eines Avals (Bankbürgschaft). Scheitert das Bauvorhaben, erhält der Endverbraucher grundsätzlich sämtliche geleisteten Anzahlungen von der bürgenden Bank zurück.

Für Einzelheiten und weitere Regelungen wird auf §§ 3 und 7 MaBV und auf Kapitel 5.2.2 verwiesen.

3.5.2 Mietvertrag

3.5.2.1 Wohnraummiete

Das Mietrecht beruht in Deutschland auf den §§ 535 bis 580a BGB. Miete wird dabei als die temporäre Gebrauchsüberlassung einer Sache gegen Entgelt verstanden.

Miete ist in Wohnraum- und Gewerberaummiete zu unterscheiden, was anhand des Willens der Vertragsparteien – und nicht aufgrund der Objektart oder dergleichen – geschieht:

> *Mietet beispielsweise ein Landkreis Unterkünfte an, um darin Asylanten unterzubringen, ist im Verhältnis des Landkreises zum Vermieter gewerbliches Mietrecht anwendbar. Der Mietzweck liegt schließlich in der Weitergabe der Mietsache an Dritte.*[61]

Der Vermieter verpflichtet sich, während der Mietzeit die Nutzung der Mietsache in dem *vertragsgemäß vereinbarten* Zustand zu ermöglichen und diesen auch zu erhalten. Der Mieter hingegen ist einerseits zur Zahlung des Mietzinses und zum sorgsamen Umgang mit der Mietsache verpflichtet. Andererseits hat er dem Vermieter auftretende Mängel anzuzeigen, da er andernfalls für daraus entstehende Schäden haftbar gemacht werden kann.

Hinweis !

Grundsätzlich ist festzustellen, dass im deutschen Mietrecht eine Asymmetrie herrscht – Mieter werden im Regelfall auf Kosten der Vermieter bevorzugt. Dies ist unter anderem an der Vielzahl von Mieterschutzklauseln zu erkennen. Aber auch die Rechtsprechung ist regelmäßig mieterorientiert.

61 Schulte/Kühling/Servatius/Stellmann (Hrsg.), Immobilienökonomie II, Band 2: Rechtliche Grundlagen, 3. Aufl., 2013, S. 391.

So ist bei Zahlungsverzug des Mieters insbesondere zu unterscheiden, wie häufig die Zahlungen ausfallen. Bei einmaliger Nichtzahlung hat der Vermieter grundsätzlich keine besonderen Handlungsmöglichkeiten. Rein rechtlich bedarf es keiner Mahnung (der Mieter ist automatisch im Verzug), trotzdem sollte die Mahnung nicht unterbleiben. Die Möglichkeit, dass die Zahlung ohne ernsthafte Zahlungsverweigerung vergessen wurde, kann hiermit ausgeschlossen werden. Zudem kann die Nichtzahlung auch ein Hinweis auf das Vorliegen von Mängeln sein. Nicht jeder Mieter kommt seiner Informationspflicht nach.

Häufen sich die Zahlungsrückstände oder werden die Mietzahlungen gänzlich eingestellt, bleibt die Möglichkeit der fristlosen Kündigung. Hierfür muss der Mieter entweder

- mit mindestens zwei aufeinanderfolgenden Mieten vollständig im Rückstand sein,
- mit einem »nicht unerheblichen Teil« (in Summe mindestens einer Monatsmiete) der Miete für mindestens zwei zusammenhängende Zahlungstermine rückständig sein oder
- über mehr als zwei Monate hinweg mit mehr als zwei Monatsmieten im Rückstand sein (die Monate müssen hierfür nicht zusammenhängend sein).

Auch fristgerechte Kündigungen sind gesetzlich eingeschränkt, denn der Vermieter bedarf grundsätzlich eines berechtigten Interesses. Somit kann festgestellt werden, dass – obgleich sich die Immobilie im Eigentum des Vermieters befindet – er nicht so darüber verfügen kann, wie es für Eigentum üblich ist.

Der Mieterschutzgedanke ist nicht nur im Bereich des Kündigungsschutzes vorherrschend. So gibt es auch eine Vielzahl von Regelungen, die Mieterhöhungen sowohl der Art als auch der Höhe nach regulieren. So ist bei Bestandsvermietungen eine Mieterhöhung grundsätzlich auf maximal 20 Prozent in drei Jahren begrenzt. Die einzelnen Erhöhungsmöglichkeiten und -grenzen werden jedoch aus didaktischen Gründen erst in Kapitel 7.2.1 vorgestellt.

Zusätzlich zu diesen – im BGB geregelten – Aspekten ist noch auf § 5 Wirtschaftsstrafgesetz (WiStrG) zu achten, der für die sog Mietpreisüberhöhung relevant ist. Diese liegt demnach vor, wenn die Miete um *mehr* als 20 Prozent von der ortsüblichen Vergleichsmiete abweicht bzw. ein geringes Angebot an vergleichbaren Wohnräumen ausgenutzt wird. Letzteres liegt vor, wenn der Leerstand entsprechender Wohnungen kleiner als 5 Prozent ist.[62] Die 20 Prozent können allerdings überschritten werden, falls dies für die Deckung von laufenden Aufwendungen auf Vermieterseite notwendig ist. Hierbei ist jedoch darauf zu achten, dass kein auffälliges Missverhältnis zwischen Leistung und Gegenleistung entsteht, da ansonsten laut § 291 Strafgesetzbuch (StGB) Wucher vorliegt.

Ein solches Missverhältnis entsteht, wenn die ortsübliche Vergleichsmiete um mehr als 50 Prozent überschritten wird.[63]

Ein weiterer regulierter Aspekt bei Mietverträgen ist die Mietsicherheit, auch Kaution genannt. Sie darf

> **§ 551 Abs. 1 BGB**
> *... höchstens das Dreifache der auf einen Monat entfallenden Miete ohne die als Pauschale oder als Vorauszahlung ausgewiesenen Betriebskosten betragen.*

Der Mieter ist berechtigt, die Kaution auf drei gleiche Monatszahlungen aufzuteilen, wobei die erste Zahlung zu Beginn des Mietverhältnisses fällig ist.

62 Vgl. hierzu Schulte/Kühling/Servatius/Stellmann (Hrsg.), Immobilienökonomie II, Band 2: Rechtliche Grundlagen, 3. Aufl., 2013, S. 399.
63 Vgl. hierzu Schulte/Kühling/Servatius/Stellmann (Hrsg.), Immobilienökonomie II, Band 2: Rechtliche Grundlagen, 3. Aufl., 2013, S. 399.

! **Hinweis**

Auch wenn dem Mieter rein rechtlich die Aufteilung zusteht, gilt es zu bedenken, dass sich ein solches Begehren nur auf einem Mietermarkt – also einem Markt, auf dem es mehr Mieter als Vermieter gibt – durchsetzen lässt, da der Vermieter die Wohnung demjenigen zusprechen wird, der sich am entgegenkommendsten verhält.

Die Mietsicherheit ist vom Vermieter getrennt von seinem Vermögen zu einem üblichen Zinssatz anzulegen, wobei die so erzielten Erträge dem Mieter zustehen.

Für Käufer einer vermieteten Immobilie gilt es den Grundsatz »Kauf bricht nicht Miete« des § 566 BGB zu bedenken – bestehende Mietverhältnisse bleiben vom Eigentumswechsel unberührt.

3.5.2.2 Gewerberaummiete

Es gibt eine Vielzahl von Unterschieden zwischen der Gewerberaum- und Wohnraummiete. Zudem ist die Gewerberaummiete von der Pacht abzugrenzen. Charakteristisch für die Pacht ist die Möglichkeit, Früchte aus dem Vertragsgegenstand zu ziehen. Hierzu sind die Erzeugnisse der Sache und die bestimmungsgemäß gewonnene sonstige Ausbeute zu zählen. Klassische Beispiele für Pacht sind land- oder forstwirtschaftliche Flächen und Gaststätten. Im letzteren Fall ist es üblich, dass zusätzlich zur reinen Fläche auch Teile des Inventars (z. B. Schankanlagen oder Möbel) Vertragsgegenstand sind, mithilfe derer die Ausbeute erwirtschaftet wird.

Das gewerbliche Mietrecht (und auch das Pachtrecht) ist im Vergleich zum Wohnraummietrecht nicht von Mieterschutzklauseln geprägt. Die Vertragsfreiheit zwischen Vermieter und Mieter ist in erhöhtem Maß gegeben.

! **Hinweis**

Soweit sich Vermieter und Mieter bzw. Pächter und Verpächter über eine Vereinbarung einig sind, ist diese grundsätzlich nicht zu beanstanden.

Als Besonderheit ist insbesondere der Konkurrenzschutz zu nennen. Will der Vermieter diese Schutzpflicht umgehen, muss sie vertraglich ausgeschlossen werden. Der Schutz besteht einerseits in räumlicher Hinsicht und betrifft regelmäßig das Mietgrundstück samt der unmittelbar anschließenden Liegenschaften des Eigentümers. Zudem ist die inhaltliche Reichweite relevant. Sie umfasst grundsätzlich nur das Hauptsortiment des Gewerbetreibenden. Zur Beurteilung des inhaltlichen Konkurrenzverhältnisses ist die Sicht eines Kunden maßgeblich.

Weitere mögliche Vereinbarungen umfassen z. B. die Betriebspflicht des Mieters. Im Gegenzug zum Konkurrenzschutz ist diese nicht automatisch ein Vertragsbestandteil. Sie muss konkret vereinbart werden.

3.6 Basiswissen Steuern

3.6.1 Grunderwerbsteuer und Grundsteuer

Grunderwerbsteuer

Die Grunderwerbsteuer fällt beim Erwerb eines Grundstücks oder eines Grundstücksanteils an. Die rechtliche Basis ist das Grunderwerbsteuergesetz (GrEStG). Sie ist einmalig zu zahlen und beträgt je nach Bundesland zwischen 3,5 und 6,5 Prozent der Bemessungsgrundlage (Kapitel 2.3.2.3). Im Grundsatz handelt es sich hierbei um den Grundstückspreis samt wesentlicher Bestandteile (Kapitel 2.3.2).

Die Steuern auf bebaute bzw. unbebaute Grundstücke unterscheiden sich folglich deutlich. Von den Finanzämtern wird regelmäßig ein »enger sachlicher Zusammenhang« vermutet, wenn ein unbebautes Grundstück erworben und daraufhin zeitnah ein Gebäude errichtet wird, weswegen dieses dennoch unter die Bemessungsgrundlage fällt.[64]

64 Siehe hierzu insbesondere die BFH-Urteile im BStBl. II 90, 181 und 183, BStBl. II 95, 331 und BStBl. II 00, 34.

! **Beispiel: Erwerb eines unbebauten Grundstücks**

A erwirbt ein unbebautes Grundstück in Thüringen für 50.000 EUR. Grunderwerbsteuer fällt in Höhe von 5 Prozent (Stand: August 2015), also 2.500 EUR, an. Angenommen, auf diesem Grundstück wird zwei Monate nach dem Erwerb ein Haus im Wert von 150.000 EUR errichtet, fällt dieses unter die Bemessungsgrundlage und es fällt Grunderwerbsteuer in Höhe von 10.000 EUR an. Lägen zwischen dem Grundstückserwerb und der Hauserrichtung z. B. zehn Jahre, fiele die Immobilie nicht unter die Grunderwerbsteuer.

Im Kaufpreis von Gebäuden können auch nicht wesentliche Bestandteile enthalten sein, weswegen auf eine exakte Darstellung der Preiszusammensetzung zu achten ist, sodass unwesentliche Teile zur Steuerbemessung herausgerechnet werden können. Nicht hinzuzurechnen sind unter anderem erworbene Instandhaltungsrücklagen bei Wohnungseigentum.

Unter den Voraussetzungen der §§ 3 und 4 GrEStG ist es möglich, von der Zahlung der Steuer befreit zu werden. Hierzu zählen z. B. die Übereignung von einem Ehepartner auf den anderen oder Übereignungen innerhalb der Verwandtschaft gerader Linie, also direkt voneinander abstammende Personen wie Eltern und Kinder.

! **Hinweis**

Zudem ist § 4 Nr. 9 Buchstabe a Umsatzsteuergesetz (UStG) erwähnenswert, da dort geregelt ist, dass Umsätze, die unter das GrEStG fallen, von der Umsatzsteuer befreit sind. Für den Kauf einer Immobilie ist also grundsätzlich keine Umsatzsteuer zu zahlen.

Grundsteuer

Im Gegensatz zur Grunderwerbsteuer ist die Grundsteuer quartalsweise zu zahlen. Die rechtliche Grundlage bildet das Grundsteuergesetz (GrStG). Es ist zwischen Grundsteuer A und Grundsteuer B zu unterscheiden. A steht hierbei für agrarisch, also für Grundstücke der Land- und Fortwirtschaft, B für baulich, also für bebaute bzw. bebaubare Grundstücke. Zur Berechnung siehe Kapitel 2.3.2.3.

3.6.2 Steuerreduktion durch Immobilien

Durch die Vermietung bzw. Verpachtung von Immobilien ist es möglich, die Steuerlast zu verringern. Dies ist unter anderem darauf zurückzuführen, dass Einkünfte aus Vermietung und Verpachtung mit anderen Einkunftsarten wie Einkünften aus nicht selbstständiger Arbeit verrechnet werden können.

Beispiel: Steuerreduktion !

A verdient durch sein Angestelltenverhältnis 35.000 EUR brutto im Jahr. Vereinfachend sei angenommen, dass er bislang nichts steuerlich absetzen kann. Folglich sind 35.000 EUR zu versteuern. Er kauft sich eine Immobilie, die er vermietet. Aus dieser Tätigkeit entsteht ihm jedoch im relevanten Veranlagungszeitraum ein Verlust in Höhe von 15.000 EUR. Dieser ist auf die 35.000 EUR anrechenbar, weswegen lediglich 20.000 EUR als zu versteuerndes Einkommen verbleiben. Bei einem angenommenen Steuersatz von 40 Prozent entspricht dies einer Senkung der Steuerlast um 15.000 EUR x 0,4 = 6.000 EUR.

Es ist eine sogenannte Einnahme-Überschussrechnung für die Gesamtheit der eigenen Immobilien durchzuführen, um die Einkünfte aus Vermietung und Verpachtung zu berechnen. Hierfür werden alle Einnahmen addiert und um die Ausgaben bereinigt. Der verbleibende Betrag, der Überschuss der Einnahmen über die Ausgaben, ist zu versteuern. Dies gilt nur, wenn er positiv ist. Im Fall von negativen Einkünften (die Ausgaben übersteigen die Einnahmen) ist es möglich, diese entweder *sofort* mit anderen Einkunftsarten zu verrechnen oder als *Verlustvortrag* in kommende Jahre zu übertragen. Ein *Verlustrücktrag* in vergangene Veranlagungszeiträume ist grundsätzlich auch möglich. Beide Verfahren sind nur in den engen Grenzen des § 10d EStG möglich.

Auf der *Einnahmeseite* stehen die Miet- bzw. Pachtzahlungen einschließlich der Betriebskostenvorauszahlungen durch den/die Mieter.

Als *Ausgaben* können sämtliche mit der Immobilie im Zusammenhang stehenden Werbungskosten angesetzt werden. Werbungskosten sind gemäß § 9 EStG Aufwendungen, die der Erwerbung, Sicherung und Erhaltung von Einnahmen der jeweiligen Einkunftsart dienen. Bezogen auf Immobilien ist eine Unterscheidung von bewirtschaftungsbedingten und finanzierungsbedingten Werbungskosten zweckmäßig. Wesentlich ist darüber hinaus, ob die Werbungskosten liquiditätswirksam sind oder nicht. Das führt zu einer Unterscheidung nach liquiditätswirksamen (allgemeinen) Werbungskosten (Zahlungen an Dritte) einerseits und Abschreibungen andererseits.

Abschreibungen sind zwar ebenfalls Aufwendungen, aber nicht zahlungswirksam. Das führt dazu, dass ein Verlust aus Vermietung und Verpachtung entsteht, ohne dass die Liquidität des Investors in gleichem Maße beansprucht wird.

Zu den allgemeinen Werbungskosten

Steuerlich anerkannte liquiditätswirksame und bewirtschaftungsbedingte Werbungskosten sind:

- Kosten der Besichtigung (Reisekosten zu Eigentümerversammlungen, Besprechung mit Mietern usw.),
- Verwaltungskosten,
- Renovierungsaufwand und
- sonstiger laufender Aufwand zum Erhalt des Objekts, und zwar unabhängig davon, ob die damit verbundenen Kosten den Mietern weiterberechnet werden dürfen oder nicht.

Kosten für eine Wohnungsverwaltung, eine angemessene Anzahl von Fahrten zum Objekt usw. sind sofort absetzbar und mindern damit den Überschuss aus Mieteinnahmen. Gleiches gilt für Renovierungsaufwand und sonstigen Aufwand zum Erhalt des Objekts. Ein Beispiel hierfür sind Kleinreparaturen.

Zu beachten ist die Trennung von:

- Erhaltungsaufwand und
- Herstellungsaufwand (nachträgliche Herstellungskosten).

Geregelt ist das in § 6 Abs. 1 Satz 1 Nr. 1a EStG. Wenn durch Baumaßnahmen ein bestehendes Mietobjekt *erweitert* oder über den ursprünglichen Zustand hinaus *wesentlich verbessert* wird, entsteht Herstellungsaufwand, der grundsätzlich im Rahmen der Gebäudeabschreibung über die Nutzungsdauer abzuschreiben ist.

Das Finanzamt nimmt an, dass Investitionen anschaffungsnahe Aufwendungen und damit Herstellungsaufwand sind, wenn

- sie innerhalb von drei Jahren nach der Anschaffung des Objekts erfolgen und
- sie eine Grenze von 15 Prozent der Anschaffungskosten des Gebäudes (netto, ohne Umsatzsteuer) übersteigen.

Dabei gilt jedoch eine Vereinfachungsregelung:

> **Einkommensteuerrichtlinie 21.1 Abs. 2 Satz 2 von 2005**
> *Betragen die Aufwendungen nach Fertigstellung eines Gebäudes für die einzelne Baumaßnahme nicht mehr als 4.000 EUR (Rechnungsbetrag ohne Umsatzsteuer) je Gebäude, ist auf Antrag dieser Aufwand stets als Erhaltungsaufwand zu behandeln. Auf Aufwendungen, die der endgültigen Fertigstellung eines neu errichteten Gebäudes dienen, ist die Vereinfachungsregelung jedoch nicht anzuwenden*

Finanzierungskosten sind regelmäßig einer der größten Posten der Werbungskosten. Sie sind liquiditätswirksam. Die gewählte Form der Tilgung eines Immobilienkredits, annuitätisch oder endfällig, hat Einfluss auf die Gesamtsumme der zu zahlenden Zinsen.[65] Im Einzelfall kann es möglich sein, dass ein Mehr an Zinsen durch niedrigere Steuern überkompensiert wird – der Steuerpflichtige kommt z. B. in den Genuss eines deutlich niedrigeren individuellen Steuersatzes.

Darlehensgebühren und ein Disagio (Abschlag vom Auszahlungsbetrag eines Kredits – auch Damnum oder Abgeld genannt) werden im Zeitpunkt ihrer Zahlung steuerlich wirksam. Bei einem Disagio handelt es sich um eine Einmalzahlung zu Beginn der Finanzierung. Es kann als laufzeitabhängige Zinsvorauszahlung betrachtet werden und ist damit voll aufwandswirksam.

Grundsätzlich gibt es zwei Varianten, den Kreditbetrag bei der Vereinbarung eines Disagios zu gestalten, die am folgenden Beispiel dargelegt werden sollen.

65 Zu den unterschiedlichen Formen siehe Kapitel 4.2.

! **Beispiel: Disagio**

Ein Kredit in Höhe von 500.000 EUR und ein Disagio von 10 Prozent werden angenommen. Bei Variante 1 werden von den 500.000 EUR nur 90 Prozent, also 450.000 EUR, ausbezahlt. Die restlichen 50.000 EUR müssen folglich aus eigenen Mitteln bedient werden. Die Laufzeitzinsen werden auf den Kreditbetrag und nicht auf den Auszahlungsbetrag, also auf 500.000 EUR, erhoben.
Variante 2 kommt in Betracht, wenn die Finanzierung der 50.000 EUR aus eigenen Mitteln nicht möglich ist. Die Kredithöhe muss dann 500.000 EUR : 90 x 100, also etwa 555.000 EUR, betragen, sodass nach dem Abschlag von 10 Prozent noch grob 500.000 EUR verbleiben. Die Laufzeitzinsen werden auf die 555.000 EUR erhoben. Das Disagio hat folglich die Laufzeitzinsen erhöht.

Regelmäßig werden die Zinszahlungen während der Kreditlaufzeit bei Vereinbarung eines Disagios niedriger sein, als bei voller Auszahlung des Kredits. Da das Disagio als Vorauszahlung von Zinsen rechnerisch auf die gesamte Laufzeit bzw. die Festschreibungszeit des Kredits verteilt wird, wird der Zinssatz so gestaltet, dass die effektive Verzinsung des Kredits gleich bleibt. Die Summe der zu zahlenden Zinsen über die Laufzeit des Kredits verändert sich nicht, es wird lediglich ein größerer Teil an den Beginn gezogen.

Der Effekt besteht in der Möglichkeit der sofortigen Geltendmachung von Zinsen und damit in der Reduzierung der Steuerlast. Dieser Vorteil wird durch die in späteren Jahren geringeren Zinszahlungen relativiert. Nachdem mit dem Disagio zu Beginn der Finanzierung eine hohe Summe steuerlich geltend gemacht werden konnte, ist der Zinsaufwand in den Folgejahren und damit die Steuerreduzierung entsprechend geringer. Bei der Vereinbarung eines Disagios handelt es sich somit nicht um eine echte Steuerersparnis, sondern um eine Verschiebung der Steuerlast auf spätere Zeiträume. Steuerlich wirksam ist ein Disagio bis maximal 10 Prozent.

Auch Objektsteuern (in der Regel die Grundsteuer) zählen zu den Finanzierungskosten.

Die Vermietung bzw. Verpachtung ist gemäß § 4 Nr. 12 Buchstabe a UStG von der Umsatzsteuer befreit. Das gilt für Wohnraum grundsätzlich uneingeschränkt, bei gewerblichen Vermietungen jedoch nur teilweise. In § 9 Abs. 2 UStG erlaubt der Gesetzgeber, für eine Umsatzsteuerpflicht zu optieren. Der Hintergrund dieses Optionsrechts liegt in Folgendem:

Bei der Befreiung von der Umsatzsteuer ist für den Investor kein Abzug von Vorsteuern möglich. Gerade im Neubaubereich ist er aber oft daran interessiert, die durch die Baumaßnahmen entstandenen Vorsteuern auch geltend zu machen. Optiert er also für eine Steuerpflicht, ist das grundsätzlich möglich. Die Entscheidung darüber ist aber immer individuell anhand der konkreten steuerlichen Situation abzuwägen.

Zu den Abschreibungen

Wie bereits ausgeführt, sind die Abschreibungen aufwandswirksam, ohne die Liquidität zu belasten. Sie stellen also eine besondere Form der Werbungskosten dar. Damit kommt der Wahl der Abschreibungsart große Bedeutung zu, wird damit doch die Summe der jährlich ansetzbaren Abschreibungen nicht unerheblich bestimmt.

Abschreibungen dienen dazu, den Werteverzehr einer Sache betragsmäßig geltend zu machen. Grund und Boden können grundsätzlich nicht abgeschrieben werden, da durch die Nutzung kein Wertverlust vorliegt. Lediglich sogenannte außerplanmäßige Abschreibungen (§ 7 Abs. 1 Satz 7 EStG) sind denkbar, wenn z. B. Giftstoffe den Boden irreversibel kontaminieren.

Aufgebaute Gebäude hingegen verlieren durch Nutzung an Wert, werden also planmäßig abgeschrieben. Hierfür kommt die sogenannte lineare Abschreibung nach § 7 Abs. 1 und 4 EStG infrage. Der Abschreibungsbetrag bemisst sich anhand der Nutzungsdauer und der Herstellungskosten der Immobilie. So sind gemäß § 7 Abs. 4 Satz 1 Nr. 2 Buchstabe a EStG jährlich 2 Prozent abzuschreiben, wenn ein Gebäude Wohnzwecken dient, nicht zu einem Betriebsvermögen gehört und nach dem 31.12.1924 fertiggestellt worden ist. Dies entspricht einer Nutzungsdauer von 50 Jahren. Die Herstellungskosten bemessen sich nach § 255 Abs. 2 und 3 HGB.

Herstellungskosten × Abschreibungssatz = jährliche Abschreibung

! **Beispiel: Jährliche Abschreibung**

Es werden Herstellungskosten in Höhe von 400.000 EUR angenommen. Das Gebäude erfüllt die Kriterien des § 7 Abs. 4 Satz 1 Nr. 2 Buchstabe a EStG. Jährliche Abschreibung: 400.000 EUR × 2 % = 8.000 EUR

Die degressive Abschreibung ist derzeit (Stand: März 2016) nicht möglich. Siehe hierzu § 7 Abs. 2, 3 und 5 EStG. Außerplanmäßige Abschreibungen (§ 7 Abs. 1 Satz 7 EStG) können z. B. vorgenommen werden, wenn das Gebäude aufgrund eines Unwetters Schaden genommen hat. Diese sind nach § 7 Abs. 1 Satz 7 EStG rückgängig zu machen (zuzuschreiben), wenn der Grund für sie entfällt.

Zudem sind sogenannte Sonderabschreibungen unter anderem als Investitionsanreiz in Sanierungsgebieten oder für Einzeldenkmale möglich. Für Einzelheiten siehe die §§ 7a bis 7k des EStG.

! **Achtung:**

Die Ermittlung negativer Einkünfte und eine dadurch reduzierte Steuerlast ist kein Automatismus. Es sind immer die persönlichen Gegebenheiten des Investors und Steuerpflichtigen in die Betrachtung einzubeziehen. Zu bedenken ist darüber hinaus, dass es sich bei einer Immobilieninvestition um ein vergleichsweise langfristiges Investment handelt, das gerade deshalb immer mit Unsicherheiten in der Prognose der entsprechenden Zahlungsströme verbunden ist.

4 Private Immobilieninvestition

4.1 Abgrenzung von privater Vermögensverwaltung und gewerblichem Grundstückshandel

Insbesondere aus steuerlicher Sicht ist es entscheidend, ob die Geschäfte mit Immobilien der privaten Vermögensverwaltung zuzuordnen sind oder ob der Kauf bzw. Verkauf als gewerblicher Grundstückshandel eingeordnet werden.

Im Rahmen der privaten Vermögensverwaltung ist die steuerliche Einschätzung relativ einfach: Bei der Veräußerung erzielt die steuerpflichtige Person Einnahmen aus privater Vermögensverwaltung, ein Vorgang, der grundsätzlich steuerfrei ist. Zu beachten ist aber die sogenannte Spekulationsfrist. Erfolgt die Veräußerung nach einem Zeitraum von mehr als zehn Jahren, ist ein eventueller Gewinn steuerfrei. Wird das Objekt jedoch innerhalb von zehn Jahren nach dem Erwerb ganz oder teilweise wieder veräußert, ist der erzielte Gewinn im Rahmen der Einkommensteuer als »Sonstige Einkünfte« zu versteuern.[66] Der Veräußerungsgewinn wird wie folgt berechnet:

Veräußerungsgewinn = Verkaufspreis – Kaufpreis – Nebenkosten des Verkaufs

Wann Immobiliengeschäfte als »Gewerblicher Grundstückshandel« eingeordnet werden, wird durch das Bundesministerium der Finanzen (BMF) definiert.[67]

Es handelt sich dabei um die sogenannte Drei-Objekte-Grenze: Danach ist von einem gewerblichen Grundstückshandel auszugehen, wenn innerhalb eines Zeitraums von fünf Jahren mehr als drei Objekte verkauft werden. Diese drei Objekte sind nicht als Freigrenze zu verstehen. Wird ein viertes Objekt verkauft, gilt die Annahme des gewerblichen Grundstückshandels

66 Die Versteuerung entfällt, wenn es sich um den Verkauf (auch innerhalb dieser Frist) einer selbst genutzten Wohnimmobilie handelt.

67 BMF, Schreiben v. 26.03.2004, BStBl. 2004 I 434)

für sämtliche verkauften Objekte, nicht nur für das Objekt, das die Drei-Objekte-Grenze übersteigt. Die genannten fünf Jahre werden als enger zeitlicher Zusammenhang zwischen der Anschaffung bzw. Herstellung und der Veräußerung betrachtet. Der Bundesfinanzhof (BFH) sieht einen solchen engen zeitlichen Zusammenhang als Indiz dafür an, dass bereits bei der Anschaffung/Herstellung eine zumindest bedingte Absicht bestanden hat, das Objekt wieder zu veräußern.

Diese Regel enthält diverse Ausnahmen: So werden z. B. Garagen oder Unterstellgelegenheiten nicht in die Betrachtung einbezogen. Auch Grundstücke, die zuvor eigenen Wohnzwecken gedient haben, fallen nicht unter die Drei-Objekte-Grenze. Gleiches gilt für ererbte Grundstücke. Durch Schenkung (vorweggenommene Erbfolge) übertragene Grundstücke wiederum sind zu berücksichtigen.

Bei Ehepartnern gilt die Grenze für jeden der beiden Ehepartner. Das heißt, dass jeder der Ehepartner innerhalb von fünf Jahren drei Objekte veräußern darf.

4.2 Beweggründe für einen Immobilienkauf

4.2.1 Vorbemerkung

Die Entscheidung zum Erwerb einer eigenen Immobilie ist immer eine langfristige und finanziell folgenreiche Entscheidung. Auffallend ist, dass (nach dem Marktführer Sparbuch) immerhin etwa ein Viertel der Deutschen ihr Geld am liebsten in Immobilien anlegen würden. Die Gründe für diese Entscheidung können sehr vielfältig sein.

Beim Kauf einer Immobilie handelt es sich um den Erwerb eines Grundstücks mit oder ohne aufstehendem Bauwerk oder um den Erwerb von Teileigentum gegen Entgelt. Schenkungen und Erbfälle werden demzufolge nicht betrachtet, bei ihnen handelt es sich nicht um eine Investition im engeren Sinne.

Wird ein unbebautes Grundstück erworben, kann dieser Zustand entweder auf unbestimmte Zeit aufrechterhalten werden oder es erfolgt die zeitnahe Errichtung eines Gebäudes. Die zeitnahe Errichtung eines Gebäudes oder der Kauf in bereits bebautem Zustand führen letztlich zu einer vergleichbaren Situation und werden deshalb nicht getrennt betrachtet. In der Regel wird eine Privatperson ein Grundstück nicht selbst bebauen, sondern damit eine Baufirma beauftragen oder die Dienste eines Bauträgers in Anspruch nehmen. Die Besonderheiten des Bauträgermodells werden in Kapitel 5.2.1 genauer beschrieben.

Generell ist zu unterscheiden, ob die Immobilie vermietet werden oder selbst zu Wohn- oder gewerblichen Zwecken genutzt werden soll. Bei der Vermietung steht eher der Aufbau eines Vermögens, im anderen Fall die Nutzung der Vorteile eines Eigenheims oder einer Eigentumswohnung im Vordergrund.

Die Motivation des Einzelnen kann sich im Laufe der Zeit auch ändern – das bisher selbst genutzte Haus wird vermietet, weil man sich beruflich verändert – oder die bisher vermietete Wohnung wird nun doch selbst bezogen.

Solche Wechselfälle sollen nicht Gegenstand dieses Kapitels sein. Betrachtet werden die beiden grundlegenden Versionen ohne Einbeziehung subjektiver Präferenzen.

4.2.2 Vermögensaufbau

4.2.2.1 Unbebaute Grundstücke

Hier ist zu unterscheiden, ob das Grundstück laufende Einnahmen generiert oder nicht.

Laufende Einnahmen lassen sich z. B. aus land- oder forstwirtschaftlich genutzten Grundstücken erzielen. Dies kann unmittelbar durch einen land- oder forstwirtschaftlichen Betrieb erfolgen, jedoch handelt es sich dann nicht mehr um eine private Nutzung. Aus land- oder forstwirtschaftlicher

Nutzung kann eine Privatperson indirekt Pachtzahlungen erhalten, die dann wie Mieteinnahmen zu betrachten sind.[68]

Bei Pachteinnahmen aus landwirtschaftlicher Nutzung ist vor allem die Nachhaltigkeit der Erträge zu betrachten, die wiederum von der wirtschaftlichen Situation des Pächters abhängt. Je nach Ausrichtung des landwirtschaftlichen Betriebs sind Schwankungen in seinen Erträgen mehr oder weniger stark ausgeprägt. Entscheidende Faktoren sind unter anderem:

- die Bodengüte/Bodenklasse,
- die angebauten Kulturen,
- die klimatischen Verhältnisse (auch auf die konkrete Lage bezogen – so ist Weinbau an nicht sonnenbeschienenen Hängen kaum möglich),
- die topografische Situation (z. B. Hanglage) und
- die Zersplitterung von Flächen, was erhöhten Transportaufwand verursacht, und ähnliche Faktoren.

Der Verpächter kann dies nur in einem Risikofaktor berücksichtigen, der den eventuellen Ausfall von Teilen der Pachtzahlung oder sogar der gesamten Pachtzahlung durch Zahlungsunfähigkeit des Pächters einbezieht.

Die Höhe eines Ausfallrisikos und die Konsequenzen daraus zu quantifizieren ist schwierig und an eine Reihe von Modellannahmen gebunden, die nicht immer praxisnah sind.[69] Aus diesem Grund sollen hier nur grundsätzliche Möglichkeiten genannt werden:

- Bildung von Rücklagen, die eventuelle Ausfälle auffangen können.
- Korrektur der Berechnung des Ertragswerts durch
  - Wahl eines höheren Rechnungszinssatzes oder
  - pauschale Kürzung der in die Berechnung eingehenden Pachtzahlungen.
- Buchtechnische Bildung von Rückstellungen.

68 Darüber hinaus kann selbstverständlich auch eine Verpachtung für andere Nutzungen, z. B. für einen Golfplatz, erfolgen. Die damit verbundenen Besonderheiten zu analysieren geht über den Rahmen dieses Buchs hinaus.

69 Ausführlich zur Berechnung von Ausfallrisiken vgl. unter anderem Schierenbeck/Rolfes (Hrsg.), Ausfallrisiken – Quantifizierung, Bepreisung und Steuerung, 2001.

Die Mehrzahl der unbebauten Grundstücke, deren Bebauung nicht vorgesehen oder nicht möglich ist, generieren keine laufenden Einnahmen. Für ihren Kauf sind drei grundlegende Beweggründe denkbar:

1. Die Spekulation auf künftige Wertsteigerungen. Grundstücke werden nicht abgeschrieben, sie unterliegen also keiner zeitabhängigen Wertminderung. Tendenziell ist zu vermerken, dass Grundstückspreise steigen. So verdoppelte sich der durchschnittliche Kaufwert für Bauland in Deutschland im Zeitraum von 2000 bis 2014 von etwa 53 EUR/m² auf mehr als 106 EUR/m².[70] Diese Entwicklung war jedoch keinesfalls linear und unterlag deutlichen regionalen Unterschieden.
2. Die Erwartung der Umwidmung von Grundstücken. Immer dann, wenn aus bisheriger landwirtschaftlicher Nutzfläche oder sonstigen Grundstücken Bauland wird, ist mit deutlichen Preissprüngen zu rechnen. Die Spekulation auf den baldigen Ausweis als Bauland lässt also hohe Gewinne erwarten. Zu beachten ist: Nicht jedes Gerücht über den Ausweis von Bauland ist wahr. Unterstellt man, dass Insiderwissen nicht rechtswidrig ausgenutzt wird, sondern dass sich der Investor auf allgemein zugängliche Informationen stützt, ist diese Erwartung höchst unsicher.
3. Die Nutzung des Grundstücks als Inflationsschutz. Auch hier wird spekuliert, dass die künftige Wertentwicklung über der Inflationsrate liegt. Insbesondere in Phasen langanhaltender niedriger Zinsen, die bei den üblichen Geldanlagen nicht einmal die Inflationsrate ausgleichen, kann eine Immobilieninvestition sinnvoll sein. Ein damit eng verbundener Gesichtspunkt kann die Angst vor allgemeiner Geldentwertung (z. B. durch krisenhafte Entwicklungen) sein – »Ein Grundstück ist etwas Reelles!«

Zusammenfassend lässt sich feststellen: Das Setzen auf künftige Wertsteigerungen ist generell spekulativ. Lediglich dann, wenn aus dem Grundstück regelmäßige Einnahmen fließen, kann von einer Vermögenssteigerung ausgegangen werden. Ansonsten dient das Grundstück lediglich der Vermögenssicherung.

70 Vgl. Statista, Wert Bauland vom 20.10.2015, http://de.statista.com/statistik/daten/studie/70274/umfrage/kaufwerte-von-bauland-in-deutschland/ (Stand: Februar 2016).

4.2.2.2 Bebaute Grundstücke

Bebaute Grundstücke generieren durch Mieteinnahmen laufende Einnahmen. Die Betrachtung entspricht also der klassischen Investitionsrechnung. Einer einmaligen Investition (Kauf der Immobilie) stehen langjährig erwartete Mieteinnahmen gegenüber.

Bei der Vermietung von Immobilien gelten für Wohnimmobilien und für gewerblich genutzte Objekte (Gewerberäume, Büros, Handelsflächen usw.) grundsätzlich die gleichen Bedingungen, eine Unterscheidung in Wohn-, Gewerbe- oder Handelsimmobilien ist insofern nicht erforderlich. Diese Unterscheidungen sind jedoch z. B. bei der Gestaltung von Mietverträgen essenziell (vgl. Kapitel 3.4.3).

Ein Hauptbeweggrund für private Investitionen in vermietete Immobilien ist, auf unbestimmte Zeit laufende Einnahmen aus Vermietung und Verpachtung zu erzielen. Einer einmaligen Auszahlung für den Kauf stehen auf unbestimmte Zeit regelmäßige Einzahlungen aus Miete gegenüber.[71]

! **Beispiel: Kapitalwert**

Eine Eigentumswohnung kostet inklusive der Kaufnebenkosten 220.000 EUR. Der Käufer kalkuliert mit einer monatlichen Kaltmiete von 990 EUR. Als Kalkulationszinssatz wählt er 5 Prozent p. a. Darin enthalten sind seine Finanzierungskosten und als kalkulatorischer Bestandteil ein Mietausfallwagnis.
Mit diesen Angaben lässt sich der Kapitalwert (engl: Net Present Value, abgekürzt als NPV) der Investition ermitteln:

$$\text{Kapitalwert} = \frac{\text{Jahresmieteinnahmen}}{\text{Kalkulationszinssatz}} - \text{Kaufpreis} = \frac{11.880 \text{ EUR}}{0,05} - 220.000 \text{ EUR}$$

Der errechnete Kapitalwert liegt bei 17.600 EUR.

Diese Rechnung beinhaltet einige Vereinfachungen. So wird rechnerisch die Jahresmiete als einmalige Zahlung angenommen. Bezieht man die Zin-

71 Zum Kapitalwert, seiner Berechnung und Interpretation siehe z. B. Geyer, Praxiswissen BWL – Crashkurs für Führungskräfte und Quereinsteiger, 2. Aufl., 2013, S. 358 ff.

seszinswirkung mit ein, ergeben sich jedoch nur marginale Unterschiede. Ebenso wurden künftige Mietpreisänderungen und sich eventuell verändernde Finanzierungskosten nicht in die Betrachtung einbezogen. Da es sich um künftige Zahlungen handelt, die naturgemäß mit Unsicherheiten verbunden sind, ist diese Vorgehensweise tolerabel.

Ist der Kapitalwert positiv, heißt das, dass die kalkulatorischen Finanzierungskosten erwirtschaftet wurden und darüber hinaus ein Cash-Überschuss erzielt wurde. Das ist in dem vorliegenden Beispiel der Fall. Ein errechneter Kapitalwert von null bedeutet, dass mit der Immobilie gerade die Finanzierungskosten und die weiteren im Kalkulationszinsfuß berücksichtigten kalkulatorischen Größen erwirtschaftet werden. Damit ist die Immobilieninvestition wirtschaftlich indifferent: Sowohl die Investition in die Immobilie als auch eine mögliche Ersatzinvestition oder eine Geldanlage erwirtschaften den gleichen Cashflow. Somit ist es unter dem Gesichtspunkt der erwirtschafteten Rentabilität letztlich gleichgültig, ob man die Immobilieninvestition tätigt oder nicht.

Ein negativer Kapitalwert heißt nicht automatisch, dass die Investition nicht rentabel wäre, aber die im Zinsfuß berücksichtigten kalkulatorischen Kosten und der Finanzierungsaufwand fließen nicht zurück.

Für den Fall, dass eine Immobilie zunächst vermietet wird und der Käufer nach einem vorher bestimmten Zeitraum (z. B. nach Erreichen des Rentenalters) selbst einziehen will, ist die Rechnung ähnlich. Für den Zeitraum der Vermietung wird er die Jahresmieteinnahmen ansetzen und entsprechend abzinsen. Die im Beispiel verwendete Formel einer unendlichen Miete müsste dann allerdings modifiziert werden. Mit seinem Einzug spart der Eigentümer die Miete (bzw. die Wohnkosten) seiner bisherigen Wohnung. Es handelt sich um Opportunitätskosten, die er in der Berechnung als Einnahme verzeichnen kann.

Beispiel: Eigennutzung nach fünfjähriger Vermietung !

Die im vorigen Beispiel genannte Wohnung wird für fünf Jahre vermietet. Danach zieht der Eigentümer selbst ein. In seinem bisherigen Wohnhaus hatte er Wohnkosten in Höhe von 1.100 EUR pro Monat.

Zunächst bestimmen wir den Kapitalwert für den Zeitraum der Vermietung:

$$\text{Kapitalwert} = \sum_{t=1}^{5} \frac{\text{Jahresmieteinnahme}_t}{(1 + \text{Kalkulationszinssatz})^t} - \text{Kaufpreis}$$

Er ist erwartungsgemäß negativ: –168.566 EUR (gerundet). Schließlich ist kaum zu erwarten, dass sich unter den gegebenen Bedingungen ein Immobilienkauf innerhalb von fünf Jahren amortisiert.

Bei gleichbleibenden Zahlungen, wie sie hier vorliegen, kann die Berechnung mithilfe des Rentenbarwertfaktors vereinfacht werden. Diesen Faktor berechnet man (siehe Kapitel 2.4.4):

$$\text{Rentenbarwert} = \frac{(1 + i)^n - 1}{i(1 + i)^n}$$

wobei i der Kalkulationszinssatz ist (hier 0,05 = 5 Prozent) und n die Anzahl der Jahre (Zahlungen, hier: 5).

Das eigenständige Berechnen des Faktors kann man sich i. d. R. ersparen, da er entweder im Rechner hinterlegt ist oder in Tabellen nachgeschlagen werden kann. Im vorliegenden Fall (Zinssatz: 5 Prozent, Laufzeit: fünf Jahre) beträgt der Rentenbarwertfaktor 4,329477.[72] In der praktischen Rechnung wird der Faktor oft auf vier Nachkommastellen gerundet, hier also auf 4,3295.

Nun wird der Kapitalwert der Opportunitätskosten berechnet und auf den heutigen Tag abgezinst. Bei ersparten Wohnkosten von 13.200 EUR pro Jahr und einem Kalkulationszins von 5 Prozent sind das 264.000 EUR, mit 5 Prozent abgezinst auf heute 197.000 EUR.

Addiert man die beiden Kapitalwerte kommt man auf gerundete 28.435 EUR. Der Wert ist höher als im ersten Beispiel, weil die ersparten Wohnkosten ab

72 Zu den Einzelheiten der Investitionsrechnung gibt es eine Vielzahl von Lehrbüchern. Als Beispiel sei hier genannt Däumler/Grabe, Grundlagen der Investitions- und Wirtschaftlichkeitsrechnung, 13. Aufl., 2013.

dem Jahr 6 höher liegen, als die im ersten Beispiel angesetzten dauerhaften Mieteinnahmen von 990 EUR im Monat.

Hinweis !

Unter *rein finanziellen* Gesichtspunkten ist die Eigennutzung von Immobilien oft nicht rentabel. Das wird noch verstärkt, wenn man kalkulatorische Posten wie die Bildung einer Instandhaltungsrücklage mit einbezieht. Der Nutzen liegt vielmehr in der nicht vorhandenen Abhängigkeit von einem Vermieter, dem Schaffen und Erhalt von inflationsgeschütztem Vermögen und den nicht in Geld auszudrückenden Vorteilen, im zutiefst privaten Bereich des Wohnens sein »eigener Herr« zu sein.

Immer, wenn ein positiver Kapitalwert erzielt wird, erhöht sich das Vermögen auch dann, wenn der Finanzierungsaufwand berücksichtigt wird – dieser steckt im Kalkulationszinsfuß.

Die obigen Rechnungen unterstellen, dass die Zahlungen auch tatsächlich in den angenommenen Höhen und zu den angenommenen Zeitpunkten erfolgen. Die Erfahrung zeigt, dass man davon nicht uneingeschränkt ausgehen kann. Damit sind diese Rechnungen nur ein Hilfsmittel für die Entscheidung, ob man sich generell für eine Immobilieninvestition entscheidet und wenn ja, für welche (wenn mehrere mögliche Immobilien zur Auswahl stehen). Andererseits gibt es keine Methode, die genauer ist. Die Entscheidung ist immer mit Unsicherheiten und Risiken verbunden.

4.2.2.3 Mögliche Steuerersparnis

Eine gegebenenfalls mögliche Steuerersparnis resultiert daraus, dass das Einkommen aus Vermietung und Verpachtung mit den anderen Einkunftsarten zusammengerechnet wird. Werden Immobilien, was üblich ist, mit einem relativ hohen Fremdkapitalanteil finanziert, fallen unter anderem Zinsen an, die in Verbindung mit den nicht cashflowwirksamen Abschreibungen gegebenenfalls zu einem negativen Einkommen aus Vermietung und Verpachtung führen, was wiederum die gesamte Steuerlast senken kann.

Eine Sonderform dabei ist die Steuerersparnis bei **Immobilien im Denkmalbereich.**[73] Hier ist im Gegensatz zur normalen zeitbezogenen Abschreibung die Abschreibung nach einem gesetzlich vorgegebenen Schema in deutlich kürzerer Zeit möglich.

Die Kosten für die Modernisierung können über acht Jahre mit je 9 Prozent und über weitere vier Jahre mit 7 Prozent abgeschrieben werden, mithin erfolgt die Abschreibung innerhalb von zwölf Jahren. Absetzbar sind dabei unter anderem die Kosten, die für eine sinnvolle Nutzung des Gebäudes (z. B. Heizung, Sanitäreinrichtungen usw.) und für den Gebäudeerhalt notwendig sind. Die Entscheidung darüber, ob diese Förderung gewährt wird, trifft die örtliche Denkmalschutzbehörde, und zwar rechtsverbindlich. Es kann also später keinen Streit mit dem Finanzamt geben. Über die Sanierungsaufwendungen hinaus werden die Anschaffungskosten je nach Baujahr über 40 Jahre (bis Baujahr 1924) oder über 50 Jahre (ab Baujahr 1925) abgeschrieben. Demnach sind für Kapitalanleger insbesondere Denkmalschutzimmobilien interessant, die einen geringen Kaufpreis, aber hohe Sanierungsaufwendungen haben.

Um die Rendite des in die Denkmalimmobilie investierten Kapitals zu ermitteln, kann man folgendermaßen vorgehen:

1. Man ermittelt für jedes Jahr die durch
   - Zinsen,
   - Abschreibungen,
   - Verwaltungskosten und sonstige Immobilienkosten

   entstehenden Ausgaben. Davon abgezogen werden die Mieteinnahmen, so kann man den steuerlichen Verlust bestimmen.
2. Danach vergleicht man die Steuerlast, die man ohne die Immobilie hätte, mit der Steuerlast einschließlich des Verlusts aus Vermietung und Verpachtung und berechnet so den Steuervorteil (in Form einer Ersparnis gegenüber der ursprünglichen Steuerlast).
3. Die unter 2. berechnete Summe wird angespart. Das sollte auch wirklich geschehen. Nur wenn tatsächlich ein Reservedepot aufgebaut wird, kann man es auch später zur Tilgung einsetzen.

73 Stand: Januar 2016.

4. Am Ende der Zinsbindungsfrist wird der Depotwert zur Tilgung verwendet.
5. Ob es möglich war, für die Immobilienfinanzierung Fördermittel oder zinsvergünstigte Darlehen einzusetzen, spielt für diese Rechnung keine direkte Rolle. Wichtig ist nur, dass die Mittel für die Darlehenstilgung eingesetzt werden.
6. Nun kann die Rendite des eingesetzten Eigenkapitals berechnet werden: Vom Wert der Immobilien nach (angenommen) zehn Jahren werden die Darlehensrestschuld und die ursprünglich eingesetzten Eigenmittel abgezogen. So erhält man den Vermögenszuwachs.

Beispiel: Einsatz von Steuervorteilen !

Ein verheirateter Erwerber mit einem zu versteuernden jährlichen Einkommen von 160.000 EUR (Splittingtarif) erwirbt eine Wohnimmobilie für 386.000 EUR, wovon auf die Sanierung 320.000 EUR entfallen.[74] Es werden 120.000 EUR Eigenkapital eingesetzt. Da er die Steuervorteile zur Tilgung einsetzt, besteht nach zehn Jahren eine Darlehensrestschuld von 78.000 EUR. Wenn man davon ausgeht, dass die Immobilie in diesem Zeitraum keine Wertveränderung erfahren hat, hat der Erwerber ein Immobilienvermögen von 386.000 EUR, das mit einem Restkredit von 78.000 EUR belastet ist. Eingesetzt hat er dafür 120.000 EUR Eigenkapital. Damit ergibt sich ein Überschuss von 188.000 EUR.

Bezieht man diesen Überschuss auf das ursprünglich eingesetzte Eigenkapital, ergibt sich nach der Barwertmethode eine durchschnittliche Jahresrendite von etwa 8 Prozent.

Zu bedenken ist: Es ist nicht sicher, dass diese Entwicklung auch wie geplant eintritt. Mietausfälle, unerwartete Instandhaltungskosten usw., aber auch ein Rückgang des Einkommens und dadurch ein niedrigerer Steuersatz können diese Rechnung obsolet werden lassen.

74 Da es sich nur um ein Beispiel handelt, wird hier auf den Ausweis der weiterhin erforderlichen Trennung nach Altbausubstanz und Grund und Boden verzichtet.

Da steuerlich immer die Spitze des Einkommens gekürzt wird, ist diese Möglichkeit insbesondere bei hohen Einkommen interessant, bei denen der Spitzensteuersatz zur Anwendung kommt. Eine Immobilieninvestition allein unter dem Gesichtspunkt der Steuerersparnis zu sehen, ist jedoch nicht sinnvoll. Da Sonderabschreibungen nur einmal angesetzt werden dürfen, ist bei einem Weiterverkauf zumeist mit Preisabschlägen zu rechnen. Der Nachkäufer kann die steuerlichen Vorteile nicht nutzen.

Bedenken sollte man auch, dass die denkmalgerechte Sanierung von Häusern oft teurer sein kann, als ein vergleichbarer Neubau.

!

Hinweis

Auch für Selbstnutzer gibt es erweiterte Abschreibungsmöglichkeiten bei Denkmalimmobilien. Hier können die Sanierungskosten zehn Jahre lang mit jeweils 9 Prozent vom zu versteuernden Einkommen abgesetzt werden. Für das obige Beispiel bedeutet das: Das zu versteuernde Einkommen verringert sich pro Jahr um 28.800 EUR, und das für zehn Jahre.

Die mögliche Steuerersparnis ist ein häufiger Grund für eine Immobilieninvestition, sollte aber immer unter den persönlichen Bedingungen (eigener Steuersatz, Höhe des zu versteuernden Einkommens usw.) gesehen werden.

Zu den Details, welche Aufwandspositionen steuerlich wirksam sind, wird auf Kapitel 3.5.2 verwiesen.

4.2.3 Erzielen von Spekulationsgewinnen

Auch dann, wenn nicht an einen langfristigen Vermögensaufbau gedacht wird, kann eine Immobilieninvestition zu Gewinnen führen, nämlich allein durch eine Wertentwicklung. Im privaten Bereich kann solch ein Gewinn aus der Wertsteigerung grundsätzlich steuerfrei vereinnahmt werden, wenn die in Kapitel 4.1. genannten Spekulationsfristen (in der Regel zehn Jahre, es sei denn, man hat die Immobilien selbst genutzt) eingehalten werden. Im gewerblichen Bereich sind Veräußerungsgewinne, die aus Spekulationen resultieren, generell zu versteuern.

Hinweis !

Aber auch dann, wenn eine Besteuerung erfolgt, handelt es sich um einen Gewinn, dessen Höhe lediglich durch die abzuführende Steuer reduziert wird.

Eine Spekulation im betriebswirtschaftlichen Sinne ist ein Geschäft, bei dem man auf Gewinne durch zukünftige Veränderungen von Preisen hofft. Bei einer Immobilieninvestition heißt das, dass der Investor darauf baut, das Objekt nach einigen Jahren zu einem höheren Preis wieder veräußern zu können. Das Grundproblem besteht darin, dass solche erhofften Preisveränderungen nicht mit Sicherheit vorauszusagen sind. Im Gegenteil: Sie sind von einer Vielzahl von Faktoren abhängig, die durch den Immobilienkäufer nicht beeinflusst werden können. Wesentliche Aspekte sind:

- Tendenziell steigen Immobilienpreise im Laufe der Zeit. Das gilt jedoch nicht für alle Regionen und Standorte gleichermaßen. Während in Städten wie München (+67 Prozent) oder Rosenheim (+33 Prozent) die Preise für Eigentumswohnungen im Zeitraum von 2009 bis 2014 deutlich anzogen, blieben sie in Sachsen-Anhalt nahezu konstant. Diese durchschnittlichen Preisveränderungen setzen sich darüber hinaus aus regional durchaus unterschiedlichen Entwicklungen zusammen. Die Lage der Immobilie als wertbestimmender Faktor ist auch für die Preisentwicklung entscheidend.
- Weiterhin erfolgt diese Entwicklung über die Jahre nicht gleichmäßig. Jahren deutlicher Preiserhöhungen stehen Jahre moderater Entwicklung oder gar mit Preisrückgängen gegenüber.
- Der Immobilienmarkt ist nicht volatil. Das heißt: Die Anzahl der handelbaren Immobilien ist begrenzt. Darüber hinaus muss der Verkäufer auf einen potenziellen Käufer stoßen, der ein Interesse an genau dieser Immobilie hat. Bis es zu einem Vertragsabschluss kommt, vergehen in der Regel mehrere Monate.
- Der Kauf und Verkauf von Immobilien ist mit hohen formalen Anforderungen verbunden. Die Pflicht zur notariellen Beurkundung, die Grunderwerbsteuerpflicht und (in der Regel) die Notwendigkeit einer Fremdfinanzierung durch Kreditinstitute verursachen Transaktionskosten und zusätzlichen zeitlichen Aufwand, der den Gewinn aus einem Wiederverkauf schmälert.

Aus dem Gesagten ergibt sich, dass sich Immobilien nicht als Objekte kurzfristiger Spekulation eignen. Im langfristigen Bereich (etwa ab zehn Jahren Haltedauer) ist das schon eher möglich. Spekulation ist aber immer mit Risiko verbunden, das ist ein Wesenszug jeglicher wirtschaftlicher Spekulation.

! **Achtung**

Das Streben nach (kurzfristigem) Profit sollte nicht das logische Denken außer Kraft setzen. Das nüchterne Abwägen von Chancen und Risiken einer Immobilienspekulation ist unumgänglich!

Bei der Spekulation mit Immobilien ist weiterhin zu beachten, dass eine Wertsteigerung grundsätzlich nur bei Grund und Boden möglich ist. Er hat einen dauerhaften Wert, der nicht im Zeitablauf gemindert wird. Eventuell auf dem Grundstück stehende Gebäude unterliegen einem Verschleiß und werden deshalb abgeschrieben. Durch passende Instandhaltungsmaßnahmen kann der Wert jedoch erhalten werden.

Werterhöhende Maßnahmen erfordern entsprechende Investitionen. So kann z. B. mit dem Ersatz einer herkömmlichen Heizanlage durch einen Brennwertkessel eine Erhöhung des ursprünglichen Werts des Hauses eintreten. Das gilt generell für alle Maßnahmen, die eine nachweisbare Verbesserung der Wohnqualität zur Folge haben. Letztlich ist der zu erzielende künftige Preis aber immer von der Marktsituation abhängig. Selbst dann, wenn sich buchtechnisch keine Werterhöhung durch individuelle Maßnahmen ergibt, kann gegebenenfalls durch das Spiel von Angebot und Nachfrage künftig ein höherer Preis erzielt werden als die ursprüngliche Investitionssumme.

Die Absicht, ein gekauftes Haus oder eine Eigentumswohnung nach einer gewissen Zeit mit Gewinn zu veräußern, spielt bei den Beweggründen für einen Immobilienerwerb trotz der genannten Probleme oft eine Rolle. Belastbare Untersuchungen, wie oft das der Fall ist, waren den Autoren jedoch nicht zugänglich.

4.2.4 Besonderheiten des Wohnungs- und Teileigentums

4.2.4.1 Charakter und Begründung des Wohnungs- und Teileigentums

Die rechtlichen Grundlagen zum Wohnungs- und Teileigentum finden sich im Wohnungseigentumsgesetz (WoEigG). Geregelt wird der Fall, in dem einerseits Eigentum an einer Wohnung oder an anderen, nicht zu Wohnzwecken dienenden Räumen besteht, sich das Grundstück und gegebenenfalls weitere nicht im Sondereigentum befindliche Räume aber in Gemeinschaftseigentum befinden. Im gängigen Sprachgebrauch handelt es sich also um die sogenannte **Eigentumswohnung**.

Achtung !

Die Regelungen des WoEigG lassen sich nicht 1 : 1 auf das klassische Mietverhältnis übertragen. Besitzt z. B. eine Wohnungsgesellschaft auch Eigentumswohnungen, ist sie dort den Regelungen des WoEigG unterworfen und kann nicht frei entscheiden. Sie hat sich unter anderem den Beschlüssen der Eigentümergemeinschaft (der sie auch angehört) zu unterwerfen. So kann es sein, dass durch die Eigentümergemeinschaft ein Verwalter bestellt wird, der an anderer Stelle ein Wettbewerber der Wohnungsgesellschaft ist.

Die Tatsache, dass sich hier mehrere Eigentümer eine Immobilie teilen, macht es erforderlich, die rechtlichen Beziehungen der Eigentumsverhältnisse möglichst genau zu regeln.

Zunächst stellt sich die Frage, wie solches Eigentum begründet werden kann, also wie es entsteht. Dafür gibt es zwei grundsätzliche Möglichkeiten:

1. Reale Teilung des Grundstücks
   Der (oder die) Eigentümer des Grundstücks erklären gegenüber dem Grundbuchamt, dass mit jedem Miteigentumsanteil das Sondereigentum an einer bestimmten, genau definierten Wohnung in dem auf dem Grundstück stehenden Gebäude verbunden ist (Teilungserklärung). Die Voraussetzung dafür ist, dass die einzelnen Wohnungen in sich abgeschlossen sind. Diese Abgeschlossenheit setzt mindestens voraus, dass jede Wohnung baulich von fremden Wohnungen durch den Anforde-

rungen der Bauaufsichtsbehörde genügende Wohnungstrennwände und Wohnungsdecken abgeschlossen ist. Die Wohnung muss einen eigenen abschließbaren Zugang haben und die Wasserver- und -entsorgung sowie die Toilette müssen innerhalb der Wohnung liegen. Gehören zusätzliche Räume außerhalb der Wohnung zur Wohnung (z. B. ein separates Arbeitszimmer auf der anderen Seite des Treppenflurs), müssen diese Räume abschließbar sein.
Dem Antrag müssen ein Aufteilungsplan und eine Abgeschlossenheitsbescheinigung beigefügt sein.

!

Die Abgeschlossenheitsbescheinigung wird vom zuständigen Bauordnungsamt auf Antrag erteilt, wenn die entsprechenden Voraussetzungen der Abgeschlossenheit vorliegen.

2. Vertragliche Einräumung von Sondereigentum
   Durch notariellen Vertrag wird jedem Miteigentümer das Sondereigentum an einer bestimmten Wohnung eingeräumt. Damit wird das bestehende Miteigentum an der gesamten Immobilie insofern modifiziert, als jedem Miteigentümer bestimmte Wohnungen als alleiniges Sondereigentum zugewiesen werden.

Die Teilungserklärung (Erklärung an das Grundbuchamt) muss notariell beglaubigt sein. Der Teilungsvertrag der Miteigentümer muss notariell beurkundet werden. Mit der Begründung des Wohnungs- oder Teileigentums wird das ursprüngliche Grundbuch geschlossen. Dafür werden separate Wohnungsgrundbücher angelegt. Eventuell bestehende grundbuchliche Belastungen werden als Gesamtbelastung in die Wohnungsgrundbücher übernommen.

Um Wohnungs- oder Teileigentum zu schaffen, müssen mindestens zwei Eigentumsrechte geschaffen werden – das heißt, dass in der Immobilie mindestens zwei Eigentumswohnungen entstehen müssen.

Wohnungseigentum setzt keine bestehende Immobilie voraus. So kann auch auf einem unbebauten Grundstück ein neues Gebäude mit Eigentumswohnungen entstehen oder ein bestehendes Gebäude abgerissen und das Grundstück mit einer neuen Eigentumswohnanlage bebaut werden.

Beispiel: Errichtung einer Eigentumswohnanlage

!

Ein Bauträger erwirbt ein innerstädtisches Grundstück (Baulücke) und beabsichtigt, darauf ein Mehrfamilienhaus mit zehn Wohnungen zu errichten, die als Eigentumswohnungen verkauft werden sollen. Bereits in der Genehmigungsphase erfolgt die Realteilung und es werden die Wohnungsgrundbücher angelegt. Als Eigentümer wird der Bauträger eingetragen, und zwar für alle Wohnungen. Später (das kann nach der Fertigstellung des Gebäudes, aber auch schon während der Bauphase sein) verkauft der Bauträger die Wohnungen einzeln an die Investoren. Investoren können sowohl (künftige) Selbstnutzer sein, als auch Personen, die die erworbene Wohnung vermieten wollen.

Eine Schließung der Wohnungsgrundbücher erfolgt unter anderem dann, wenn die Sondereigentumsrechte durch völlige Zerstörung des Gebäudes (Abriss) gegenstandslos geworden sind. Der Abriss muss durch die Baubehörde bestätigt werden und sämtliche Wohnungseigentümer müssen einen entsprechenden Antrag stellen. Auch dann, wenn sich sämtliche Wohnungseigentumsrechte in einer Person vereinigen (eine Person hat sämtliche Eigentumswohnungen des Objekts erworben), kann dieser Eigentümer den Antrag auf Schließung der Wohnungsgrundbücher stellen.

4.2.4.2 Wichtige Begriffe

Im vorangegangenen Kapitel sind einige Begriffe gefallen, die einer genaueren Erläuterung bedürfen. Zu unterscheiden ist nach

- Sondereigentum in seinen Ausprägungen als
  - Wohnungseigentum oder
  - Teileigentum,
- Gemeinschaftseigentum,
- Sondernutzungsrechten.

Wohnungseigentum ist das Sondereigentum an einer Wohnung. Eine Wohnung besteht aus Räumen – das heißt, dass ein allseitiger Abschluss durch das Gebäude nach außen und ein Abschluss auch innerhalb des Gebäudes besteht. Dieses Sondereigentum ist immer verbunden mit einem Miteigentumsanteil am Gemeinschaftseigentum (zumindest dem Grundstück). Dieser Miteigentumsanteil ist Bruchteilseigentum. Das heißt: Es gehört allen Eigentümern gemeinsam. Die jeweiligen Bruchteile ergeben sich aus der Teilungserklärung. Dort wird der Bruchteil (Miteigentumsanteil) ausgewiesen in Teilen von 1000. So kann es z. B. heißen: »... Miteigentumsanteil von 232/1000, verbunden mit dem Sondereigentum an der im Aufteilungsplan mit der Nummer 10 bezeichneten Wohnung.« Die Bruchteilsrechnung beruht regelmäßig auf dem Anteil der Wohn- oder Nutzfläche des Wohnungs- oder Teileigentums an der gesamten Wohn- oder Nutzfläche des Gebäudes.

Teileigentum: Hier besteht ein Sondereigentum an *nicht zu Wohnzwecken dienenden* Räumen und, wie beim Wohnungseigentum, ein Miteigentumsanteil am Gemeinschaftseigentum.

Für das Teileigentum gelten die Vorschriften des Wohnungseigentums entsprechend, weshalb im Folgenden auf eine Unterscheidung von Wohnungs- und Teileigentum verzichtet wird.

Sondereigentum und **Gemeinschaftseigentum**: Die Unterscheidung hat vor allem Einfluss auf

- die Lasten und Kosten, die durch die Eigentümer zu tragen sind. Alles, was mit dem Sondereigentum im Zusammenhang steht, ist auch allein durch den Eigentümer zu tragen. Die Lasten und Kosten des Gemeinschaftseigentums werden durch die Gemeinschaft in Höhe der jeweiligen Bruchteile übernommen.
- die Zuständigkeit bei der Instandhaltung und Instandsetzung. Generell ist jeder Eigentümer verpflichtet, sein Eigentum instand zu halten, um keinen negativen Einfluss auf die Gesamtimmobilie auszuüben. Die Verantwortung, welche konkreten Maßnahmen er ergreift, liegt allein bei ihm. So ist er z. B. für die malermäßige Instandhaltung selbst verantwortlich.

- die mögliche Nutzung. Der Gebrauch des Sondereigentums steht allein dem Eigentümer zu, während das Gemeinschaftseigentum von allen Eigentümern genutzt werden kann.

Beispiel: Gebrauch von Sondereigentum !

Im Sondereigentum steht unter anderem eine Kellerbox je Wohnung. Diese Kellerbox darf allein vom Eigentümer (bzw. dem Mieter) genutzt werden und steht nicht allen Eigentümern offen. Der Kellergang dagegen steht im Gemeinschaftseigentum. Er darf demzufolge nicht von einzelnen Eigentümern in einer Weise genutzt werden, die die Rechte der anderen Eigentümer einschränkt.

- die Zuständigkeit bei der Verkehrssicherung. So hat jeder Eigentümer die Pflicht, dafür zu sorgen, dass von seinem Sondereigentum keine Gefahr für die Allgemeinheit ausgeht. Die Frage, ob ein Dach repariert wird, weil Ziegel lose sind, ist eine Angelegenheit aller Eigentümer als Gemeinschaft.

Zum **Sondereigentum** gehören alle Bestandteile eines Gebäudes, die verändert, beseitigt oder eingefügt werden können, ohne dass dadurch das gemeinschaftliche Eigentum oder ein auf Sondereigentum beruhendes Recht eines anderen Wohnungseigentümers über das zulässige Maß hinaus beeinträchtigt oder die äußere Gestaltung des Gebäudes verändert wird.[75]

Beispiel: Gebäudebestandteile als Sondereigentum !

Zum Sondereigentum gehören unter anderem nicht tragende Wände innerhalb der zum Sondereigentum erklärten Wohnung, Verputz und Tapeten, Badewanne, Bodenbelag, Heizung usw. Dabei ist es unerheblich, ob diese Bestandteile trennbar oder nicht trennbar sind.

Zum **Gemeinschaftseigentum** gehören das Grundstück und sämtliche Teile, Anlagen und Einrichtungen des Gebäudes, die nicht im Sondereigentum oder im Eigentum eines Dritten stehen.

75 Vgl. § 5 Abs. 1 WoEigG.

! Hinweis

Im Eigentum Dritter stehen z. B. Strom-, Gas-, Wasser- und Wärmezähler, die im Eigentum des Lieferanten (z. B. Stadtwerke) stehen, unabhängig davon, ob sie im Sonder- oder im Gemeinschaftseigentum installiert sind.

Dabei ist zu unterscheiden, welche Bestandteile *zwingend* zum Gemeinschaftseigentum gehören und wo diese Zuordnung *nicht zwingend* ist. Zwingend gehören dazu das Grundstück (ohne Gebäude), die Teile des Gebäudes, die für den Bestand und die Sicherheit des Gebäudes erforderlich sind (z. B. das Fundament und tragende Wände, auch wenn sie sich innerhalb des Sondereigentums befinden) und Einrichtungen, die dem gemeinschaftlichen Gebrauch der Wohnungseigentümer dienen (z. B. Aufzug, Versorgungsleitungen usw.).

Alle übrigen Bestandteile des Gebäudes gehören nicht zwingend zum Gemeinschaftseigentum, können aber dazu erklärt werden. Das macht es erforderlich, bereits bei der Teilungserklärung eine detaillierte und möglichst genaue Beschreibung des Sondereigentums vorzunehmen.

! Muster: Beschreibung des Sondereigentums in einer Teilungserklärung

...dass – soweit vorhanden – zum Sondereigentum gehören:

a) der Estrich, der Fußbodenbelag und der Deckenputz der im Sondereigentum stehenden Räume,
b) die nicht tragenden Zwischenwände innerhalb des Sondereigentums,
c) der Wandputz und die Wandverkleidung sämtlicher Wände innerhalb des Sondereigentums,
d) die Türen und Türrahmen der im Sondereigentum stehenden Räume, nicht jedoch die Wohnungseingangstür,
e) sämtliche innerhalb der im Sondereigentum stehenden Räume befindlichen Einrichtungen, Anlagen und Ausstattungsgegenstände,
f) die Versorgungsleitungen für Warm- und Kaltwasser bis zur Anschlussstelle an die gemeinsame Fall- bzw. Steigleitung,
g) die Entwässerungsleitungen bis zur Anschlussstelle an die gemeinsame Fallleitung,
h) die Vor- und Rücklaufleitungen der Zentralheizung von der Anschlussstelle an die gemeinsame Steig- und Fallleitung und an die Heizkörper,

i) die Leitungen für die Zufuhr elektrischer Energie ab dem Anschluss am Stromzähler bis zur Endverbraucherstelle einschließlich, ebenso die Gasleitungen ab Gasuhr,
j) der Innenanstrich der Fensterrahmen und der Wohnungseingangstür.

Weiterhin können **Sondernutzungsrechte** vergeben werden. Das sind Rechte an der *Nutzung* von Teilen des Gemeinschaftseigentums, die einzelnen Eigentümern eingeräumt werden. Wohlgemerkt geht es hierbei lediglich um eine vertraglich zugesicherte Nutzung, nicht um besonderes Eigentum. Solche Sondernutzungsrechte werden häufig für bestimmte Gartenteile (zumeist Vorgärten oder Terrassenflächen vor Erdgeschosswohnungen) oder für Pkw-Stellplätze vergeben, die sich auf dem gemeinsamen Grundstück befinden.

Beispiel: Sondernutzungsrechte !

Zu einer Eigentumswohnanlage gehören zehn überdachte Stellplätze auf dem Hof. Es wurde kein Sondereigentum an diesen Stellplätzen begründet, sodass sie sich im Gemeinschaftseigentum befinden. Allerdings wurden sie im Rahmen von Sondernutzungsrechten den einzelnen Wohnungen zugeordnet. Das bedeutet, dass jeder Wohnungsnutzer einen ganz bestimmten Stellplatz nutzen darf, die Nutzung durch andere Eigentümer ist nicht erlaubt.

Die folgende Tabelle fasst die diversen Varianten des Eigentums nochmals zusammen:

ARBEITSHILFE ONLINE

Sondereigentum		**Gemeinschaftliches Eigentum**
Wohnungseigentum	**Teileigentum**	
Wohnungen	Büros	Außenhaut des Gebäudes (Außenwände, Dach, Hauseingangstüren, Außenseite der Fenster)
Appartements	Ladengeschäfte	Treppenhaus
	Gewerberäume	Grundstück und Grundstückszufahrt*
		Garten*
		Heizungskeller

Sondereigentum		Gemeinschaftliches Eigentum
Wohnungseigentum	**Teileigentum**	
		Hausanschlussräume
Kellerräume	Kellerräume	sonstige Kellerräume*
Dachboden, Abstellräume	Dachboden, Abstellräume	Dachboden, Abstellräume außerhalb des Sondereigentums*

* Hier sind Sondernutzungsrechte möglich und üblich. Kellerräume, Abstellräume usw. können sowohl dem Sondereigentum, als auch dem gemeinschaftlichen Eigentum zugeordnet sein.

Tab. 12: Eigentumsverhältnisse bei Wohnungs- und Teileigentum

4.2.4.3 Rechte und Pflichten von Eigentümern und Verwaltern

Die Rechte und Pflichten der Wohnungseigentümer unterscheiden sich je nach Form des Wohnungseigentums: Handelt es sich also um das Sondereigentum, das Gemeinschaftseigentum oder um die Rechte und Pflichten der Eigentümergemeinschaft als Ganzes.

Sondereigentum

Jeder Eigentümer kann innerhalb seines Sondereigentums (soweit er nicht Rechte Dritter oder Gesetze verletzt) mit seinem Eigentum nach Belieben verfahren. So darf er es z. B. vermieten. Weiterhin hat er das Recht, das gemeinschaftliche Eigentum mitzugebrauchen und mitzunutzen, sofern dem keine Sondernutzungsrechte entgegenstehen. So darf er selbstverständlich den im Gemeinschaftseigentum stehenden Aufzug benutzen und partizipiert von der Heizungsanlage des Hauses. Davon darf er nicht ausgeschlossen werden.

Zu seinen Pflichten gehört es, sein Sondereigentum instand zu halten und dafür zu sorgen, dass von seinem Sondereigentum keine unzumutbaren Beeinträchtigungen des Gemeinschaftseigentums ausgehen.

Gemeinschaftseigentum

Die Gebrauchsregeln (z. B. die Nutzung eines bestimmten Kellerraums als Fahrradabstellraum) werden durch Vereinbarungen der Eigentümer mit Mehrheitsbeschluss festgelegt. Lasten und Kosten des Gemeinschaftseigentums sind von allen Eigentümern gemeinsam zu tragen.

Beispiel: Lasten und Kosten !

Lasten: Erschließungsbeiträge, Straßenausbaubeiträge usw.
Kosten: Fassadenanstrich, Fenstersanierung, Instandsetzung der Einfahrt usw., aber auch die Kosten der Aufzugswartung, Betriebskosten des Gemeinschaftseigentums (z. B. Licht, Heizung des Treppenhauses).

Grundsätzlich werden die Lasten und Kosten entsprechend der im Grundbuch eingetragenen Miteigentumsanteile verteilt. Davon kann aber auch durch Vereinbarung abgewichen werden, z. B. in Form einer Gleichverteilung einzelner Kosten auf alle Wohneinheiten oder anhand von erfassten Verbrauchswerten.

Hinweis !

Soll eine Baumaßnahme erfolgen, die über die notwendige ordnungsgemäße Instandhaltung hinausgeht, muss von der Eigentümergemeinschaft ein entsprechender Beschluss gefasst werden. Stimmen diesem Beschluss nicht alle Eigentümer zu, sind die Kosten dieser Maßnahme *nur von den Miteigentümern zu tragen, die der Maßnahme auch zugestimmt haben*, auch wenn nicht zustimmende Wohnungseigentümer davon einen Vorteil haben. Das ist durch den zustimmenden Teil der Miteigentümer hinzunehmen.

Das eigene Sondereigentum kann grundsätzlich auch von den Eigentümern selbst verwaltet werden. Das Gemeinschaftseigentum wird durch einen von der Eigentümergemeinschaft bestellten Verwalter verwaltet. Das kann eine Verwalterfirma (juristische Person), aber auch ein von den übrigen Eigentümern bestellter Miteigentümer sein. Diese Möglichkeit wird gern in kleinen Eigentümergemeinschaften von drei bis sechs Wohnungen genutzt.

Laut Wohneigentumsgesetz gehört zu den Aufgaben der Verwaltung die Unterhaltung und die Erhaltung, gegebenenfalls auch die Wertverbesserung, des Gemeinschaftseigentums und die Organisation und Ausführung von Vereinbarungen der Miteigentümer. Der Verwalter erhält dafür ein vertraglich vereinbartes Verwaltungsentgelt.

Die Rechte und Pflichten des Verwalters sind gesetzlich detailliert geregelt. Er haftet den Eigentümern gegenüber für die Erfüllung seiner vertraglichen Pflichten.

! **Hinweis**

Der Verwalter hat Gelder der Wohnungseigentümergemeinschaft zwingend getrennt von seinem eigenen Vermögen oder vom Vermögen anderer Wohnungseigentümergemeinschaften (wenn er z. B. mehrere Eigentümergemeinschaften verwaltet, was bei gewerblichen Verwaltern regelmäßig der Fall ist) zu halten.

Mindestens ein Mal im Jahr hat der Verwalter eine Eigentümerversammlung einzuberufen, die unter anderem über den Haushaltsplan beschließt.

Das Verwalterverhältnis endet mit Zeitablauf (dann wird über die Neuvergabe der Verwaltung oder über die Verlängerung des Vertrags entschieden) oder durch Kündigung (wenn der Vertrag auf unbestimmte Zeit geschlossen wurde) oder durch Abberufung durch die Eigentümergemeinschaft bei wichtigem Grund. Die Einzelheiten müssen vertraglich zwischen den Wohnungseigentümern vereinbart werden.

! **Hinweis**

Die Abberufung eines Verwalters muss der kontoführenden Bank mitgeteilt werden.

Regelungen zur Verwaltung eines Objekts, zur Instandhaltung und zur Bildung von Instandhaltungsrücklagen, zur Einschränkung von Vermietungs- oder sonstigen Nutzungsmöglichkeiten werden entweder in der Teilungserklärung getroffen oder sind Bestandteil von vertraglichen Vereinbarungen der Eigentümergemeinschaft untereinander (Gemeinschaftsordnung). Beachtenswert ist, dass diese Regelungen immer den jeweiligen

Eigentümer betreffen, also nicht mit dem Verkauf des Eigentums untergehen oder neu verhandelt werden müssen.

4.2.4.4 Die Beleihung von Wohnungs- und Teileigentum

Da für Wohnungs- oder Teileigentum separate Grundbuchblätter angelegt werden, ist es möglich, bei Finanzierungen Grundschulden oder Hypotheken als Sicherheit einzutragen. Im Verwertungsfall können die finanzierenden Kreditinstitute ihre Rechte durch diese Sicherheiten wahren. Demzufolge ist es möglich, auch Wohnungs- oder Teileigentum zu beleihen und die entsprechenden Kredite als Realkredite einzuschlüsseln, sofern die gesetzlichen Voraussetzungen eingehalten werden.[76]

Für die Finanzierung und Beleihung von Wohnungs- und Teileigentum gelten grundsätzlich die gleichen Regelungen wie für Immobilien im Alleineigentum. Zur Ermittlung des Ertragswerts ist, ausgehend von der Größe der betrachteten Einheit (Eigentumswohnung oder Teileigentum), die voraussichtlich nachhaltige Miete zu ermitteln und danach der Ertragswert zu berechnen.

Bei der Ermittlung des Sachwerts ist der Teil des Grund und Bodens in die Betrachtung einzubeziehen, der als Miteigentumsanteil bestimmt ist. Beträgt z. B. der Bodenwert 200.000 EUR und der Miteigentumsanteil (die weiter oben bereits einmal genannten) 232/1000, ist diesem Teileigentum ein Bodenwert von 46.400 EUR zuzurechnen. Analog ist beim Bauwert zu verfahren.

Vereinfachend wird bei der Ermittlung des Verkehrswerts oft der Preis pro Quadratmeter, multipliziert mit der Größe der Einheit in Quadratmetern als Basis für die Bestimmung genommen. Dieses Vorgehen ist nur dann hinnehmbar, wenn der Kauf zeitnah erfolgte und der Kaufpreis marktgerecht war.

76 Im Wesentlichen handelt es sich dabei um das Einhalten der Beleihungsgrenze in Höhe von 60 Prozent des Beleihungswerts (vgl. Kapitel 2.3.2.2).

Trotz der grundsätzlich gleichen Möglichkeiten bei der Beleihung von Wohnungs- oder Teileigentum sind einige Besonderheiten zu beachten:

- Auch im gleichen Gebäude gibt es hinsichtlich der Lage und damit des Werts einer Eigentumswohnung Unterschiede, die sich aus unterschiedlichen Lagen innerhalb eines Hauses ergeben. So hat eine Penthouse-Wohnung einen anderen Wert, als eine Erdgeschoss- oder Souterrainwohnung im gleichen Objekt. Gerade in dicht bebauten Gebieten kann auch die Etage, in der die Wohnung liegt, eine Rolle spielen. Sind im ersten Obergeschoss Sonneneinstrahlung und Aussicht gegebenenfalls noch eingeschränkt, kann das im dritten Obergeschoss schon ganz anders aussehen.
- Genauso kann die Ausrichtung innerhalb eines Hauses (Himmelsrichtung oder Lärmquellen) entscheidend sein. Was sich bei ganzen Häusern ausgleicht (es gibt Räume nach vorn und nach hinten), ist bei einer Eigentumswohnung aufgrund ihrer Größe oft nicht der Fall.
  Beispiel: Mittelganghäuser
  Sehr problematisch sind sogenannte Mittelganghäuser. Dort gibt es in jeder Etage einen zentralen Hausflur, von dem die einzelnen Wohnungen nach beiden Seiten abgehen. Das führt eventuell zu gravierenden Qualitätsunterschieden der Wohnungen nach den einzelnen Seiten: Straßen- oder Bahnlärm einerseits, ruhiger Hof andererseits oder Morgensonne und ab Mittag keine direkte Sonneneinstrahlung bei Ostausrichtung gegen Nachmittags- und Abendsonne auf der anderen gegen Westen gerichteten Seite. Heute werden solche Häuser kaum noch gebaut. Das Phänomen tritt jedoch oft auf, wenn entweder ältere Objekte umgebaut werden – die Konversion von ehemaligen Kasernengebäuden zu Wohnimmobilien ist ein typisches Beispiel – oder wenn reine Appartmentkomplexe, z. B. als Studentenwohnungen, errichtet werden.
- Sondernutzungsrechte am gemeinschaftlichen Eigentum können den relativen Wert einer Eigentumswohnung im Verhältnis zu anderen Einheiten im gleichen Haus oft deutlich erhöhen.
- Starke Beschränkungen in der Nutzung, das Risiko, durch einen Eigentümer bei einstimmig zu fassenden Beschlüssen blockiert zu werden, und ähnliche Bestimmungen aus der Teilungserklärung können den Wert mindern.
- Die Qualität der Hausverwaltung spielt eine entscheidende Rolle. Sie sollte in vertrauenswürdigen Händen liegen. Bei kleinen Objekten über-

nimmt oft einer der Eigentümer die Verwaltung. Ein Mindestmaß an Professionalität, z. B. bei der Erfassung und Verteilung der Betriebskosten, sollte vorausgesetzt werden. Auch darf diese Konstellation nicht dazu führen, dass sich der als Verwalter fungierende Eigentümer Vorteile zulasten der anderen Eigentümer verschafft. Zwar wird der Verwalter in regelmäßigen Abständen neu gewählt, aber häufig sind solche Manipulationen insbesondere für »Gelegenheitsvermieter« erst spät zu erkennen. Abhilfe in solch einem Fall bietet eine professionelle gewerbliche Hausverwaltung. Der Nachteil besteht in den damit verbundenen Kosten und einer gewissen Anonymität. Bei größeren Objekten sollte auf jeden Fall auf eine gewerbliche Hausverwaltung zurückgegriffen werden.

Die hier genannten Aspekte sind für die Wertermittlung von Wohnungs- und Teileigentum relevant. Zumindest werden Kreditinstitute solche Überlegungen in ihre Entscheidung, ob sie der Finanzierung einer Eigentumswohnung nähertreten wollen, einfließen lassen.

4.3 Finanzierungsformen

4.3.1 Einführung in die Rahmenbedingungen

In diesem Kapitel soll geklärt werden, wie sich eine Baufinanzierung sinnvoll darstellen lässt. Egal, ob es sich um eine private oder eine gewerbliche Finanzierung handelt, in den wenigsten Fällen ist es aufgrund der zumeist hohen Summen möglich – und auch nicht immer steuerlich sinnvoll – eine Immobilie komplett aus liquid vorhandenen Finanzmitteln zu bezahlen. Demnach muss Fremdkapital für die Finanzierung herhalten.

Keine Baufinanzierung gleicht letztlich exakt der anderen, immer spielen individuelle Aspekte eine Rolle. So ist es entscheidend, wie hoch der finanzielle Spielraum generell ist. Aber auch die prinzipielle Frage, wie hoch eine Verschuldung sein sollte, wird durch jeden Investor anders entschieden. Im Falle der privaten Selbstnutzung der Immobilie ist es grundsätzlich am sinnvollsten, so viel Eigenkapital wie möglich einzusetzen. Der Grund: Finanzierungskosten lassen sich nicht steuerlich geltend machen. Damit geht jeder für Zinsen gezahlte EUR zulasten des eigenen Vermögens. Die Frage aber, was für den Einzelnen noch möglich ist, wird sich anhand persönlicher Präferenzen entscheiden. Die erforderliche Höhe der Reserven für die allgemeinen Unwägbarkeiten des Lebens wird von jedem anders eingeschätzt.

Anders kann es aussehen, wenn Immobilien vermietet oder verpachtet werden oder zum Betriebsvermögen gehören. Hier kann man die Rendite des eingesetzten Kapitals bestimmen. Unter dem Gesichtspunkt, dass die Gesamtrendite, die sich mit der Immobilie erzielen lässt, höher ist, als die Finanzierungskosten, wirkt der Leverage-Effekt.[77] Einfach ausgedrückt sagt er aus, dass eine höhere Verschuldung die Rentabilität des eingesetzten Eigenkapitals überproportional erhöht, ein hoher Fremdkapitaleinsatz also sinnvoll ist. Die Grenze wird unter anderem dadurch gezogen, dass es oft nicht möglich ist, Fremdkapital aufzunehmen, wenn nicht ebenfalls eine angemessene Summe Eigenkapital eingesetzt wird. Darüber hinaus muss man damit rechnen, dass bei hoher Verschuldung die Zinsen für das Fremdkapital durch die Kreditinstitute höher angesetzt werden, was den Effekt wieder zunichtemacht.

In die Entscheidungen zur Gestaltung einer Baufinanzierung sind also immer die konkreten Gegebenheiten einzubeziehen.

! Hinweis

Bei gewerblichen Immobilienfinanzierungen ist zu berücksichtigen, dass es sich dabei in aller Regel um Objektfinanzierungen handelt. Es geht also nicht um die Gesamtfinanzierung eines Unternehmens, sondern um die Finanzierung einzelner Projekte. Der Schwerpunkt liegt darauf, zum jeweiligen Fälligkeitstermin (insbesondere in der Bauphase, aber auch bei der späteren Bewirtschaftung) die erforderlichen Finanzmittel zu beschaffen.

Fragen der Gesamtfinanzierung von Unternehmen werden hier nicht behandelt. Immobilienunternehmen unterscheiden sich in dieser Beziehung

77 Eine detailliertere Beschreibung dieses Effekts findet sich unter anderem bei Geyer, Praxiswissen BWL – Crashkurs für Führungskräfte und Quereinsteiger, 2. Aufl., 2013, S. 365 oder Bösch, Finanzwirtschaft – Investition, Finanzierung, Finanzmärkte und Steuerung, 2. Aufl., 2013, S. 339 ff.

nicht grundsätzlich von anderen Unternehmen. Sie können in Abhängigkeit von ihrer Rechtsform und ihrer Größe die ganze Vielfalt der Finanzierungsbausteine für Unternehmen nutzen. Das reicht von der Eigenfinanzierung durch Kapitalmaßnahmen an der Börse bis hin zur Anleihefinanzierung oder der Darlehensnahme über Kreditinstitute.

Bei der Betrachtung institutioneller oder gewerblicher Investoren ist zu unterscheiden, ob es sich um eine langfristige Finanzierung handelt, die den Immobilienbestand des Investors erhöhen oder zumindest wertmäßig erhalten soll, oder ob eine Projektfinanzierung Gegenstand der Betrachtung ist. Im ersten Fall spricht man von sogenannten »Bestandshaltern«. Das können Wohnungsgesellschaften sein, Konzerne wie Vonovia[78] oder langfristig investierte Fonds. Hinsichtlich der Finanzierungsstrukturen gelten hier grundsätzlich die gleichen Bedingungen wie bei Privatpersonen.

Auf Spezifika gewerblicher Projektfinanzierungen wie etwas das Bauträgergeschäft wird ausführlich in Kapitel 5.2.1 eingegangen.

Bei Großinvestitionen spielen oft strategische Erwägungen eine wichtige Rolle. Ein nicht zu unterschätzender Beweggrund für Immobilieninvestitionen besteht auch in der grundsätzlichen Aufgabe von Kommunen, Wohnraum zur Verfügung zu stellen oder den Sozialwohnungsbau zu fördern. Dies geschieht meistens über städtische Immobilienunternehmen als Vermieter. Die konkrete Anbindung an das Geflecht kommunaler Unternehmen ist dabei sehr differenziert. Eine weitere Form, bezahlbaren Wohnraum zu schaffen, liegt in den Wohnungsgenossenschaften.

Im folgenden Kapitel wird zunächst auf die Frage eingegangen, in welchem Maße der Einsatz von Eigenkapital sinnvoll ist. Es folgt ein kurzes Kapitel zu den finanzierenden Instituten. Danach werden die üblichen Formen von Darlehen vorgestellt.

78 Der DAX-Konzern Vonovia entstand Ende 2014 aus der Fusion der Deutschen Annington und der Gagfah. Mit rund 367.000 Wohnungen (Dezember 2015) ist er das größte Immobilienunternehmen Deutschlands.

4.3.2 Eigenkapital und Fremdfinanzierung

Grundsätzlich kann jedes Projekt, also auch eine Immobilieninvestition, mit Eigenkapital oder mit Fremdkapital finanziert werden. Gemeinhin wird es eine Mischung aus beidem sein. In der betriebswirtschaftlichen Theorie gibt es unterschiedliche Auffassungen darüber, ob die Finanzierungsstruktur (das Verhältnis von Eigen- und Fremdkapital) einen Einfluss auf den Wert des Projekts hat. Je nach Modellvoraussetzungen kommt man zu dem Schluss, dass die Finanzierungsstruktur keinen Einfluss hat (Modigliani-Miller-Modell) oder eben doch (Modell nach Solomon). Bevor darauf eingegangen wird, was ein gegebenenfalls optimales Verhältnis zwischen eigenem und geborgtem Geld ist und ob es ein solches Verhältnis überhaupt gibt, sollen zunächst die Unterschiede zwischen den beiden Kapitalformen beleuchtet werden.

Der prinzipielle Unterschied zwischen Eigen- und Fremdkapital besteht darin, dass

- Eigenkapital nicht zurückgezahlt und nicht verzinst werden muss, während
- Fremdkapital in der Regel mit Zinszahlungen und generell mit einer späteren Rückzahlung (Tilgung) verbunden ist.

Es gibt jedoch noch einen weiteren Unterschied, der diese beiden Formen unterschiedlich für eine Immobilienfinanzierung geeignet macht.

Eigenkapital muss angespart werden, bevor es eingesetzt werden kann. Das hat zur Folge, dass man in der Ansparphase einerseits auf Konsum verzichten muss, um eigene Mittel zu sammeln.

! Hinweis

Im übertragenen Sinne gilt der Konsumverzicht auch für Unternehmen. Sie sammeln Eigenkapital an, indem sie Gewinne thesaurieren und nicht, z. B. in Form von Dividenden, an die Anteilseigner ausschütten. Darüber hinaus entstehen Gewinne unter anderem dadurch, dass versucht wird, Aufwände zu reduzieren, also Kosten zu sparen. Je besser das gelingt, desto höher sind die möglichen Gewinne.

Wird Eigenkapital von außen zugeführt, was unter anderem durch eine Kapitalerhöhung über die Börse möglich ist, kommt dieses Eigenkapital letztlich auch durch den Konsumverzicht der Anteilseigner zustande.

Andererseits führt das dazu, dass Gelder über einen längeren Zeitraum zu nicht gerade hohen Zinsen »zwischengeparkt« werden, was die Gesamtrendite des Projekts verringern kann.

Fremdkapital wird anhand eines Vertrags zwischen dem Kreditnehmer und dem Kapitalgeber, zumeist ein Kreditinstitut, zur Verfügung gestellt. Dabei kann recht genau der Zeitpunkt bestimmt werden, wann der Investor auf das Kapital zugreifen kann. Ein Zwischenparken erübrigt sich also.

Die unterschiedliche Herangehensweise verdeutlicht folgendes Beispiel.[79]

Beispiel: Unterschied zwischen Ansparen und Kredit !

Ein Einfamilienhaus soll 400.000 EUR kosten. Familie A spart monatlich 1.000 EUR. Da die Zinsen sehr niedrig sind, dauert es etwa 30 Jahre, bis sie diese Summe zusammenhat. Eine größere Sparrate ist nicht möglich, da parallel die Miete für die jetzige Wohnung aufgebracht werden muss.
Familie B finanziert das Haus mit 300.000 EUR (die restlichen 100.000 EUR stammen aus Eigenkapital – ganz ohne geht es nicht.) Sie zahlt pro Monat 1.875 EUR (Jahreszinssatz 2,5 Prozent, anfängliche jährliche Tilgung 5 Prozent). Nach etwa 16 Jahren ist das Darlehen abgezahlt. Die höhere Monatsrate ist möglich, weil Familie B in dem Haus wohnt und demnach keine Miete für eine Wohnung berücksichtigen muss.

Nun ist zu hinterfragen, ob es ein optimales Verhältnis zwischen Eigenkapital und Fremdfinanzierung gibt. Die Antwort ist eindeutig: So, wie keine Baufinanzierung der anderen gleicht, ist auch dieses Verhältnis individuell unterschiedlich, weil eben die Modellvoraussetzungen der Kapitalstrukturmodelle nicht 1 : 1 in die Praxis zu übertragen sind oder sich einer Messbarkeit entziehen. Für die Aussagen dieses Buchs ist das letztlich unerheblich.

79 Das Beispiel dient nur der Verdeutlichung der allgemeinen Herangehensweise. Für einen echten Vergleich müssten noch andere Faktoren einbezogen werden, wie z. B. der Zinssatz beim Ansparen und die Dauer, die Familie B für das Ansparen ihres Eigenkapitalanteils braucht.

Mögliche Gründe für die differenzierte Sicht auf die Höhe des einzusetzenden Eigenkapitals sind:

- Eine Vollfinanzierung mit Fremdkapital ist in der Regel nicht möglich. Die Kreditinstitute erwarten einen »angemessenen« Einsatz von Eigenkapital. Was unter angemessen verstanden wird, hängt unter anderem von der Bonität des Kreditnehmers ab.
  Wenn ein potenzieller Kreditnehmer ein relativ hohes regelmäßiges Einkommen hat, das darüber hinaus noch sicher erscheint (z. B. als Beamter oder leitender Angestellter im öffentlichen Dienst), ist das Risiko, dass er nicht in der Lage sein wird, den Kapitaldienst zu erbringen, relativ gering. Die Bank wird dann bereit sein, einen höheren Anteil des Kaufpreises zu finanzieren, als im Falle eines Kreditnehmers, dessen Einkommen gerade ausreicht, den Kredit zu bedienen.

!

Beispiel: Maximale Kreditsumme

Angenommen, in der persönlichen Liquiditätsrechnung verbleiben monatlich 1.000 EUR, um den Zins und die Tilgung zu erbringen, kann man die maximal mögliche Kredithöhe berechnen:
Zinssatz: 2,5 Prozent p. a.
Anfängliche jährliche Tilgung: 3 Prozent

$$\text{Maximale Kreditsumme} = \frac{12.000 \text{ EUR}}{0{,}025 + 0{,}03} = 218.182 \text{ EUR}$$

- Ein hoher Eigenanteil erhöht die Sicherheit. Das gilt für den Kreditnehmer, aber auch für die finanzierende Bank. Der Kreditnehmer muss die Tilgung und die Zinsen begleichen, und zwar nach Vertrag und unabhängig von seiner aktuellen wirtschaftlichen Situation. Diese Raten sind logischerweise geringer, wenn viel Eigenkapital eingesetzt wurde. Demzufolge wird die Gefahr, dass der Kredit bei z. B. geringerem Einkommen oder höheren Ausgaben (z. B. für die Ausbildung von Kindern) nicht bedient werden kann, kleiner sein.
  Die Sicht der finanzierenden Bank ist ähnlich: Je näher die Kredithöhe am Gesamtwert der Immobilie liegt, desto höher ist die Gefahr, dass nach einem Ausfall der Zahlungen aus einer Zwangsversteigerung nicht die gesamte ausstehende Kredithöhe bedient werden kann, die Bank also auf einem Restbetrag »sitzen bleibt«.

- Wie bereits weiter vorn gesagt wurde, ist es für einen Selbstnutzer grundsätzlich sinnvoll, möglichst viel Eigenkapital einzusetzen, um die Zinslast zu reduzieren. Die Höhe des möglichen Eigenkapitalanteils ist allerdings durch die Höhe des persönlichen Vermögens begrenzt. Das kann gegebenenfalls dazu führen, dass ein höherer Kreditanteil aufgenommen werden muss. Hier liegt die Grenze wiederum bei der persönlichen Kapitaldienstfähigkeit. Darunter ist die Summe zu verstehen, die unter Berücksichtigung des Familiennettoeinkommens und der Kosten für die Lebenshaltung übrig bleibt, um Zinsen und Tilgung zu leisten. Lässt sich dieses Problem nicht lösen, müssen Abstriche bei der Immobilie gemacht oder sogar ganz auf eine Immobilieninvestition verzichtet werden.
- Je mehr Eigenkapital eingesetzt wird, desto kürzere Finanzierungszeiträume sind möglich. Zu bedenken ist, dass das Eigenkapital für lange Zeit in der Immobilie gebunden wird und nicht anderweitig eingesetzt oder verwendet werden kann.
- Für gewerbliche Investoren gilt die Aussage, dass möglichst viel Eigenkapital eingesetzt werden sollte, nicht uneingeschränkt. Hier können Finanzierungskosten (also vor allem die Zinsen) gewinnmindernd als Betriebsausgabe angesetzt werden, was zu einer Verminderung der Steuerbelastung führt. In Abhängigkeit vom individuellen Steuersatz (bei Privatpersonen) oder von der Steuerbemessungsgrundlage (bei Unternehmen) kann es unter Umständen sinnvoll sein, mehr Fremdkapital einzusetzen und dadurch die steuerliche Belastung zu senken.

Hinweis !

Das Eigenkapital muss auch liquid zur Verfügung stehen. Es reicht nicht aus, ein hohes Vermögen zu haben, wenn es z. B. in langfristigen, nicht kündbaren Geldanlagen oder in Beteiligungen an Unternehmen gebunden ist.

Um den persönlichen Spielraum für den Kapitaldienst zu bestimmen, ist folgende Rechnung hilfreich:

ARBEITSHILFE ONLINE

	Einnahmen/Ausgaben (netto)	EUR/Monat
+	Familieneinkommen aus Gehalt, Lohn, selbstständiger Tätigkeit, Miete und Pachten, Renten und Pensionen, Unterhaltszahlungen, Kapitalvermögen usw.	
–	Allgemeine Lebenshaltungskosten (Lebensmittel, Kleidung, übliche tägliche Ausgaben)*	
–	Kfz.-Kosten**	
–	Unterhaltszahlungen für Kinder oder geschiedene Partner	
–	Freiwillige regelmäßige Unterstützungsleistungen für Dritte (Eltern, Kinder in Ausbildung usw.)	
–	Ansparleistungen für die Altersvorsorge und sonstige, nicht mit der Baumaßnahme im Zusammenhang stehende Ansparpläne	
–	Allgemeine Sachversicherungen	
–	Über die Sachversicherungen hinausgehende Versicherungsbeiträge (Lebensversicherungen, Rentenversicherungen, Unfallversicherungen usw.)	
–	Aufwendungen für weitere Immobilien	
–	Zins- und Tilgungsleistungen für andere Kredite (z. B. Auto)	
–	Betriebskosten für die zu finanzierende Immobilie***	

* Als Anhaltspunkt können folgende Minimalansätze gelten: Alleinstehende 500 EUR, Paare im gemeinsamen Haushalt 850 EUR, jede weitere erwachsene Person 250 EUR, jedes Kind 200 EUR.

** Für das erste Fahrzeug 270 EUR, für jedes weitere Fahrzeug 135 EUR. Dabei handelt es sich um Mindestwerte bei Fahrzeugen maximal der Kompaktklasse. Bei größeren Fahrzeugen müssten die Werte entsprechend erhöht werden. Gleiches gilt für Berufspendler mit einem täglichen Arbeitsweg von mehr als ca. 30 km (Hin- und Rückfahrt zusammen).

*** Mindestens 2,50 EUR/m² Wohnfläche

Tab. 13: Persönliche Liquiditätsrechnung

Wichtig !

Da es sich bei dieser Tabelle um die Berechnung der Kapitaldienstfähigkeit handelt, ist es nicht sinnvoll, Werte »schönzurechnen«. Die Einnahmeseite muss der Bank mittels Gehaltsnachweisen usw. nachgewiesen werden. Bei der Ausgabenseite ist das nicht so einfach möglich. Zu bedenken ist: Die Ausgaben fallen an, egal ob man sie aufführt oder nicht. Sind sie zu niedrig angesetzt, kann das schnell zu Problemen bei der Kredittilgung führen.

Der sich aus der obigen Tabelle ergebende Wert muss ausreichen, um Zins- und Tilgungsleistungen aus der angestrebten Finanzierung zu erbringen.

4.3.3 Kreditgeber für Baufinanzierungen

Die typischen Kreditgeber für die Finanzierung von Immobilien unterscheiden sich vor allem nach ihren Möglichkeiten, sich selbst Kapital zu beschaffen. Unterschiedliche Refinanzierungsbedingungen der Kreditinstitute führen auch zu unterschiedlichen Konditionen für die Kreditnehmer.

Geschäftsbanken, Sparkassen und Genossenschaftsbanken refinanzieren sich überwiegend aus den Einlagen (Spareinlagen, Guthaben auf Girokonten, sonstige kurzfristige Einlageformen) ihrer Kunden. Die Kundengelder sind entweder täglich fällig oder zumindest kurzfristig kündbar. Für Spareinlagen gilt eine Kündigungsfrist von (mindestens) drei Monaten.[80] Diese kurzfristigen Gelder werden (unter anderem) für langfristige Baufinanzierungen verwendet. Damit gehen die Kreditinstitute ein Risiko aus Fristentransformation ein:

- Werden die kurzfristigen Gelder durch die Kunden zurückgefordert (abgehoben), kann die Bank nicht gleichzeitig den langfristig zugesagten Baukredit fällig stellen. Sie muss also auf andere und gegebenenfalls teurere Finanzierungsquellen zurückgreifen.
  Das Risiko, dass schlagartig große Mengen Kundeneinlagen zurückgefordert werden, ist gering. Auch wenn jeder einzelne Kunde täglich

80 Siehe § 21 Abs. 4 Kreditinstituts-Rechnungslegeungsverordnung.

über sein Geld verfügen kann, verbleibt ein sogenannter Bodensatz kurzfristiger Gelder bei der Bank.

- Bei allgemeinen Zinssteigerungen kann die Bank sich nicht mehr so preisgünstig refinanzieren: Kundengelder müssen aufgrund der allgemeinen Marktgegebenheiten höher verzinst werden. Eine Zinsänderung bei langfristig vergebenen Baufinanzierungen ist aber nicht in gleichem Maße möglich. Eine solche Situation verschlechtert zumindest das Ergebnis aus der Zinsmarge, wenn es nicht gar negativ wird.

Dass Kreditinstitute ein Risiko aus Fristentransformation eingehen, gehört zum Geschäftsmodell von Banken. Nur auf diese Weise kann eine Marge zwischen kurzfristigen Einlagen und langfristigen Ausleihungen entstehen. Das Risiko, das sie dabei eingehen, wird in den (höheren) Kreditzins einkalkuliert. Der durchschnittliche Zinssatz für Spareinlagen ist, wie Abbildung 5 zeigt, insbesondere seit der Finanzkrise 2008 deutlich gesunken.

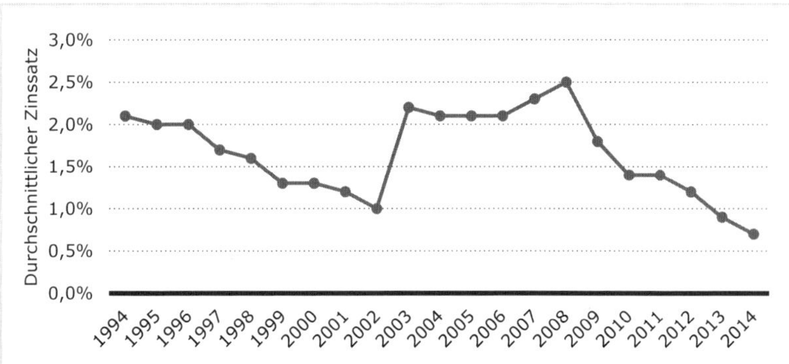

Abb. 5: Zinssatz für Spareinlagen[81]

81 Statista, Spareinlagen vom 29.01.2016, http://de.statista.com/statistik/daten/studie/202295/umfrage/entwicklung-des-zinssatzes-fuer-spareinlagen-in-deutschland/ (Stand: Februar 2016).

Gleiches gilt für die durchschnittlichen Hypothekenzinsen[82] (siehe Abbildung 6).

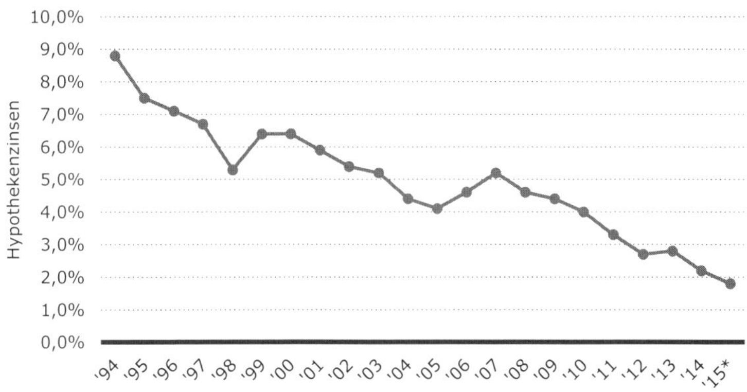

Abb. 6: Hypothekenzinsen[83]

Betrachtet man aber die Differenz zwischen den beiden Werten, lag sie 1994 noch bei fast 7 Prozentpunkten, im Jahr 2014 aber nur noch bei etwas mehr als 2 Prozentpunkten. Diese Entwicklung macht deutlich, dass die Marge, die durch die Zinsdifferenz erwirtschaftet werden kann, dramatisch gesunken ist.

Neben der Refinanzierung durch Kundengelder steht insbesondere den Geschäftsbanken auch die Refinanzierung über den internationalen Geldmarkt zur Verfügung. Die Zinskonditionen, die dort gelten, sind stark abhängig vom Rating des jeweiligen Kreditinstituts. Sparkassen und Genossenschaftsbanken können diesen Weg nicht direkt gehen, sie nutzen dafür ihre jeweiligen Spitzeninstitute.[84]

82 Hypothekenzinsen sind die Zinssätze für grundpfandrechtlich abgesicherte Immobilienkredite.

83 Statista, Hypothekenzinsen vom 29.01.2016, http://de.statista.com/statistik/daten/studie/155740/umfrage/entwicklung-der-hypothekenzinsen-seit-1996/ (Stand: Februar 2016).

84 Für die Sparkassen sind das die Landesbanken, für die Genossenschaftsbanken die DZ-Bank.

Pfandbriefbanken (ehemals Hypothekenbanken, mit der Gültigkeit des Gesetzes über Pfandbriefbanken erfolgte 2005 die Neuordnung) refinanzieren sich überwiegend über langfristige festverzinste Hypothekenpfandbriefe. Diese sind für den Anleger besonders sicher, da sie mit eingetragenen Grundschulden innerhalb des sogenannten Realkreditbereichs, also bis zu 60 Prozent des Beleihungswerts besichert sind.

Die hohe Sicherheit der Pfandbriefe führt dazu, dass ihre Verzinsung niedriger ist als die anderer Anleihen mit vergleichbarer Laufzeit. Die Refinanzierung mittels Pfandbriefgeschäften ist also besonders günstig, diese Vergünstigung kann sich in niedrigeren Zinsen bei Baukrediten niederschlagen.

Da die Pfandbriefbanken sich langfristig mit einem gleichbleibenden Zinssatz refinanzieren, sind sie auch in der Lage, ihren Kreditkunden das Kapital langfristig zu festen Konditionen zur Verfügung zu stellen.

Lebensversicherungsgesellschaften können das aus den Versicherungspolicen eingenommene Kapital, sofern sie es nicht anderweitig benötigen, dem Immobilienmarkt zur Verfügung stellen. Versicherungsprämien, die an eine Lebensversicherungsgesellschaft für eine kapitalbindende Lebensversicherung gezahlt werden, dienen einerseits dazu, das Todesfallrisiko des Versicherungsnehmers abzudecken, also die vereinbarte Versicherungsleistung zu erbringen, falls der Versicherungsnehmer während der Laufzeit der Versicherung stirbt. Andererseits wird im sogenannten Erlebensfall eine bestimmte Summe ausgezahlt, die sich aus den eingezahlten Beträgen und während der Laufzeit erwirtschafteten Überschüssen ergibt.[85] Die Versicherungsgesellschaft muss die eingenommenen Gelder ertragbringend und sicher anlegen. Lange Zeit taten sie das, indem sie vor allem Staatsanleihen gekauft haben. Im aktuellen Niedrigzinsumfeld werfen Staatsanleihen kaum noch sinnvolle Renditen ab. Um Überschüsse mit den eingezahlten Geldern zu erwirtschaften, bieten Versicherungsgesellschaften unter anderem Baufinanzierungen an.[86] Das erfolgt grundsätzlich auf zwei Wegen:

---

85 Die Vorgehensweise einer Versicherungsgesellschaft zur Kalkulation von Prämien ist nicht Gegenstand dieses Buchs.

86 Dieses Vorgehen ist nicht neu, jedoch hat sich der Trend aufgrund der nur noch unattraktiven Alternativen in letzter Zeit verstärkt.

- Die Versicherungsgesellschaft tritt als ganz normaler Baufinanzierer auf, das heißt, sie bietet einen Immobilienkredit an.
- Die Versicherungsgesellschaft stellt Kreditinstituten (zumeist Banken, mit denen sie vertraglich verbunden ist) zinsgünstige Gelder zur Refinanzierung zur Verfügung.

Die lange Zeit übliche Kopplung an den Abschluss einer Kapitallebensversicherung bei dieser Gesellschaft ist inzwischen nicht mehr verbindlich. Auf das Modell der endfälligen Finanzierung gekoppelt mit der Ablaufleistung einer Lebensversicherung wird in Kapitel 6.1 genauer eingegangen.

Der Vorteil für den Kreditnehmer, eine Versicherung als Finanzierer zu wählen, besteht unter anderem darin, dass hier teils sehr lange Laufzeiten von bis zu 30 Jahren angeboten werden. Ein Nachteil besteht darin, dass kaum Finanzierungen über mehr als 80 Prozent des Beleihungswerts möglich sind, schließlich sind die Gesellschaften verpflichtet, die Gelder sicher anzulegen.

Bausparkassen sind inhaltlich eine Sparergemeinschaft. Das Grundprinzip wird mit folgendem Beispiel deutlich:

Beispiel: Bausparen !

Stellt man sich vor, dass sich zehn Familien jeweils ein Haus kaufen wollen und jede Familie dafür zehn Jahre sparen muss, haben nach zehn Jahren alle zehn Familien ihre Immobilie.
Wenn diese zehn Familien ihre Ansparleistungen zusammenfassen, könnte bereits nach einem Jahr die erste Familie einziehen – zehn Familien haben jeweils 10 Prozent der Bausumme angespart. Welche der Familien die glückliche ist, wurde ausgelost. Unter der Voraussetzung, dass alle, also auch die Familie, die bereits im neuen Eigenheim wohnt, weitersparen, ist nach dem zweiten Jahr auch die Summe für das zweite Haus zusammengespart usw.
Auch hier haben nach zehn Jahren alle Familien ein neues Eigenheim, aber im Gegensatz zum individuellen Ansparen können alle, bis auf die letzte, bereits früher einziehen.

Heute werden Bausparverträge nicht mehr, wie in der Anfangszeit des Bausparens, verlost. Eine Berechnung, die dem Bausparvertrag zugrunde liegt, bestimmt den Zeitpunkt der Zuteilung.

Das Bausparen teilt sich also in folgende Abschnitte:

- Die **Ansparphase**. In diesem Zeitraum wird Geld auf dem Bausparkonto angespart und verzinst.
- Die **Zuteilung.** Eine bestimmte Ansparsumme, üblicherweise ein vorgegebener Prozentsatz der Bausparsumme, ist erreicht und der Bausparvertrag ist »zuteilungsreif«. Der Bausparer hat nun die Wahl:
  - Entweder lässt er sich die angesparte Summe samt Zinsen auszahlen und verzichtet auf die Darlehensphase. Das Geld könnte er z. B. als Eigenkapital bei einer Baufinanzierung verwenden. Grundsätzlich besteht auch die Möglichkeit, das Guthaben mit der vereinbarten Guthabenverzinsung weiter bei der Bausparkasse stehen und sich nicht auszahlen zu lassen. Gerade in Zeiten niedriger Zinsen sind die bereits vor Jahren vereinbarten Ansparzinsen für den Kunden äußerst lukrativ – für die Bausparkasse gilt genau das Gegenteil. Das hat dazu geführt, dass Bausparkassen teilweise dazu übergegangen sind, Altverträge zu kündigen. Inwieweit das einer rechtlichen Prüfung standhält, ist momentan gerichtsanhängig.
  - Oder er lässt sich ein Bauspardarlehen auszahlen.
- Die **Darlehensphase**. Mit der angesparten Summe aus der ersten Phase und dem zugeteilten Bauspardarlehen finanziert der Bausparer sein Traumhaus. Er erhält also von der Bausparkasse einen Kredit, den er nach den Bedingungen des Bausparvertrags zurückzahlen muss.

Bausparkassen refinanzieren sich also durch die in der Regel niedrig verzinsten Ansparleistungen der Bausparer und darüber hinaus durch Tilgungsrückflüsse, Wohnungsbauprämien und ähnliche Quellen.

Auf das Bausparen als Finanzierungsbaustein und die damit verbundenen Vor- und Nachteile wird in Kapitel 6.4.5 genauer eingegangen.

5 Gewerbliches Immobilienmanagement

5.1 Marktbeurteilung

5.1.1 Vorbemerkungen

Um wirtschaftlich sinnvolle Immobilienentscheidungen treffen zu können, ist die Kenntnis der Situation auf dem Immobilienmarkt unabdingbar. Das folgende Kapitel dient dazu, ausgewählte Möglichkeiten vorzustellen, die den Markt »greifbar« machen sollen, um Schlussfolgerungen ziehen zu können.

Die Beurteilung erfolgt in dieser Schrift anhand von Kennzahlen (auch Kennziffern oder Kennwerte genannt), einer weitverbreiteten und üblichen Methode, das Marktgeschehen zu analysieren.

Hinweis !

Die Verwendung von Kennzahlen erfordert Fachwissen, da eine Vielzahl von Problemen auftreten kann. So gibt es in den meisten Fällen keine eindeutigen Definitionen für eine bestimmte Kennzahl. Außerdem bedürfen auch die Ergebnisse einer fachmännischen Interpretation, um zu einer sinnvollen Aussage kommen zu können.

Nachfolgend werden ausgewählte Kennzahlen dargestellt, mit denen relevante Marktaspekte abgedeckt werden können. Es erfolgt jeweils eine der *möglichen* Interpretationen. Die Kennzahlen werden nach ihrem Flächen-, Miet- und Renditebezug systematisiert.

Um die Lesbarkeit zu erhöhen, wurde teilweise auf Quellenangaben verzichtet. Die zugrunde liegende Literatur umfasst hierbei insbesondere:

- Wendlinger, Immobilienkennzahlen – Fundierte Immobilienanalyse in der Praxis, 2012.
- Geyer, Kennzahlen für die Bau- und Immobilienwirtschaft, 2014.
- Schultheiß, 100 Immobilienkennzahlen, 2. Aufl., 2010.

5.1.2 Flächenkennzahlen

5.1.2.1 Flächenangebot

Das Flächenangebot ist eine in der Praxis häufig anzutreffende und wichtige Kennzahl. Es wird wie folgt (zumeist in m^2) berechnet:

Flächenangebot = aktueller Leerstand + Flächen im Bau + Flächen in Planung bzw. Projektierung (Pipiline)

Wie der Leerstand ermittelt wird, ist Gegenstand von Kapitel 5.1.2.3. Als Leerstand werden grundsätzlich alle derzeit frei stehenden Flächen bezeichnet, die vermietet, verpachtet oder verkauft werden können. Flächen im Bau sind Flächen, die sich aktuell im Bau befinden und noch nicht vermietet, verpachtet oder verkauft sind.

Zur Pipeline zählen die Flächen, die noch nicht im Bau sind, aber bereits vermietet, verpachtet oder verkauft werden können bzw. wurden. Regelmäßig wird mit dem Bau erst begonnen, wenn eine Schwelle überschritten, also eine ausreichende Anzahl an Nutzungsverträgen geschlossen wurde. Ursächlich für dieses Vorgehen sind im Regelfall Vorvertriebsauflagen von den finanzierenden Kreditinstituten. Aber auch Investoren sind oftmals erst ab einem bestimmten Level an Sicherheit bereit, ihr Geld zur Verfügung zu stellen.

Problematisch gestaltet sich bei dieser Kennzahl die Beschaffung der Daten. Dies gilt insbesondere für unbedeutende und wenig volatile Märkte, wie sie in kleinen Städten und ländlichen Regionen vorherrschend sind. Anzeigen auf Immobilienportalen oder in der Tagespresse liefern in der Regel einen guten Anhaltspunkt für die Marktsituation. Es ist zweckmäßig, das Flächenangebot insbesondere in Wohn- und Gewerbeflächen zu gliedern.

Die Kennzahl trifft keine Aussage zur Qualität oder zur Struktur des Angebots, sie dient einem ersten Überblick. Die Aussagekraft lässt sich durch den Vergleich mit der Nachfrage deutlich erhöhen.

5.1.2.2 Flächennachfrage

Das Pendant zum Flächenangebot ist die Flächennachfrage, die wie folgt zu bestimmen ist:

Flächennachfrage = Summe aller aktiven Flächengesuche

Die Gesuche müssen sich auf ein vorab definiertes Marktfeld (z. B. einen Stadtteil) beziehen. Wie beim Flächenangebot ist auch bei der Flächennachfrage die Beschaffung der Daten oftmals schwierig. So kann hier ebenfalls auf Immobilienportale oder die Tagespresse zurückgegriffen werden. Jedoch ist insbesondere die Doppelerfassung von Gesuchen (wenn zusätzlich zur eigenen Suche ein Makler beauftragt wurde) schwer zu eliminieren.

Ein Anstieg der Nachfrage deutet grundsätzlich auf die Attraktivität des Markts hin, ein Abfallen bzw. keine Veränderung auf Marktsättigung. Für die Analyse des Angebots gilt dasselbe. Jedoch ist beim Angebot zu berücksichtigen, dass auch das Gegenteil zutreffen kann. Dies ist dann der Fall, wenn der Angebotsüberhang nicht als wirtschaftlich sinnvolle Vorproduktion zu werten ist. Diese grundsätzlichen Aussagen werden jedoch relativiert, wenn sich das jeweilige Pendant (beim Angebot die Nachfrage und umgekehrt) auch verändert. Werden beide Werte im Zusammenhang betrachtet, lassen sich unter anderem folgende *grundlegenden* Tendenzen feststellen:

Situation	**Auswirkung**
Angebot und Nachfrage steigen (gleichmäßig)	Preise unverändert
Angebot und Nachfrage sinken (gleichmäßig)	Preise unverändert
Angebot steigt, Nachfrage sinkt (bzw. bleibt gleich)	Preise fallen
Angebot sinkt (bzw. bleibt gleich), Nachfrage steigt	Preise steigen

Tab. 14: Angebot und Nachfrage im Zusammenspiel

So lassen sich auch Schlussfolgerungen hinsichtlich der zu erwartenden Investitionen ziehen: Bei fallender Preistendenz (unattraktiver Markt) sind

Investoren – Spekulation ausgenommen – nicht bereit, ihr Geld zur Verfügung zu stellen.

5.1.2.3 Leerstandsquote

Die Leerstandsquote gibt an, wie viel Fläche im Verhältnis zu einer bestimmten Grundgesamtheit frei steht. In der Literatur finden sich zudem die Bezeichnungen Leerstandsrate, Leerstehungsquote und, im internationalen Bereich, Vacancy Rate. Zwischen den einzelnen Begrifflichkeiten gibt es stellenweise Unterschiede. In der vorliegenden Schrift wird auf diese Details nicht eingegangen.[87]

Die Leerstandsquote lässt sich mit folgender Formel berechnen:

$$\text{Leerstandsquote} = \frac{\text{Leerstand}}{\text{Gesamtbestand}} \times 100$$

Die Quote kann einerseits stichtagsbezogen sein und andererseits als Durchschnitt berechnet werden. Welche Variante vorzuziehen ist, hängt vom Untersuchungsgegenstand ab. Der Vorteil der Durchschnittsbildung (i. d. R. auf Jahresebene) besteht darin, dass kurzfristige Schwankungen, wie sie z. B. bei einer Kündigung und anschließenden Wiedervermietung auftreten, ausgeglichen werden. Dieser Vorteil impliziert allerdings auch den Nachteil. Soll der Wieder- bzw. Neuvermietungsbedarf ermittelt werden, würde ein Durchschnitt keine hilfreiche Aussage treffen können.

Der Leerstand kann sich auf verschiede räumliche Grenzen beziehen. So kann die Leerstandsquote z. B. auf der Objektebene ermittelt werden. Aber auch der Bezug auf eine Region oder ein Portfolio ist möglich. In den beiden letzteren Fällen wird regelmäßig zusätzlich nach einzelnen Wohngebieten, Altersstrukturen, Größenklassen usw. differenziert, um detailliertere Analysen zu ermöglichen.

87 So differenziert die gif z. B. zwischen der Leerstandsquote und der Leerstandsrate. Siehe hierzu Schultheiß, 100 Immobilienkennzahlen, 2. Aufl., 2010, S. 40 und 56.

Für die Leerstandsquote gibt es mehrere Einheiten: m^2, EUR und Wohn- bzw. Gewerbeeinheiten. Die Angabe der Fläche bzw. des finanziellen Gegenwerts ist insbesondere bei gewerblichen Flächen üblich. Wohnflächen werden (insbesondere von Wohnungsgesellschaften) im Regelfall in Einheiten bemessen. Bei der Angabe des finanziellen Gegenwerts gibt es ebenfalls verschiedene Möglichkeiten. So kann die Ist-Miete oder die Soll-Miete (in Form des Estimated Rental Value, siehe Kapitel 5.1.3.4) herangezogen werden.

Mit der Leerstandsquote kann die Attraktivität eines Markts beurteilt werden. Hoher Leerstand steht dabei für niedrige Attraktivität und umgekehrt. Bis zu einem bestimmten Ausmaß ist Leerstand normal und auch notwendig, unter anderem um kurzfristige Schwankungen ausgleichen zu können. Obgleich es nur ein Anhaltswert ist, der nicht in jeder Situation zutrifft, wird – je nach Autor – üblicherweise ein Leerstand von 3 bis 5 Prozent als normal und auch akzeptabel angesehen. Liegt der Wert bei mehr als 10 Prozent, ist dies als kritisch und teils existenzbedrohlich zu werten. Die folgende Tabelle zeigt eine mögliche Interpretation für Wohnungsgesellschaften.

Wert	**Auswirkung**
bis ca. 3 %	Geringe wirtschaftliche Auswirkungen, je nach Größe der Wohnungsgesellschaft entspricht das dem natürlichen Leerstand durch Fluktuation.
ab 3 % bis ca. 10 %	Wirtschaftlich relevante Mietausfälle, es ist zu überprüfen, ob es sich um einen vorübergehenden Leerstand (z. B. durch komplexe Sanierungsmaßnahmen) oder um einen strukturellen (lang anhaltenden) Leerstand handelt. Entsprechende Maßnahmen bis hin zum Abriss sind zu ergreifen.
über 10 %	Zunehmende Insolvenzgefahr und damit dringender Handlungsbedarf.

Tab. 15: Leerstand bei Wohnungsgesellschaften[88]

88 Geyer, Immobilien und ihre Finanzierung – Vom Bausparvertrag bis zu Real Estate Investment Trusts, 2. Aufl., 2008, S. 131.

Auch wenn Leerstand nicht existenzbedrohlich ist, sind finanzielle Ausfälle die Folge. Zusätzlich zu den direkt monetären Auswirkungen sind auch *indirekt* monetäre Folgen zu betrachten. Leerstand wirkt sich negativ auf die Bausubstanz aus (z. B. durch mangelnde Belüftung oder Feuchtigkeit), was kostenintensive Reparaturen nach sich ziehen kann. Außerdem sind verschiedene Arten von Leerstand zu differenzieren:

- Sanierungsbedingter Leerstand
  Komplexe Sanierungsmaßnahmen können meist nur im unbewohnten Zustand durchgeführt werden. Der damit verbundene Leerstand kann einerseits geplant werden. Andererseits ist nach Abschluss der Arbeiten damit zu rechnen, dass der Leerstand wieder abgebaut wird.
- Spekulativer Leerstand
  Wenn Flächen trotz vorhandener Nachfrage nicht vermietet bzw. veräußert werden, wird von spekulativem Leerstand gesprochen. Der Hintergrund ist die Erwartung einer höheren Rendite in der Zukunft.
- Struktureller Leerstand
  »Dies ist jener Leerstand, der aufgrund technischer, rechtlicher, wirtschaftlicher oder sonstiger Faktoren nicht mehr beseitigt werden kann.«[89]
  Regelmäßig wird erst von strukturellem Leerstand ausgegangen, wenn die Fläche länger als drei Monate frei steht.
- Temporärer Leerstand
  Von temporärem Leerstand wird gesprochen, wenn die Fläche bis zu drei Monate frei steht.
- Wirtschaftsbedingter Leerstand
  Insbesondere die Auslastung gewerblicher Flächen ist abhängig von konjunkturellen Einflüssen. Der hierdurch verursachte Leerstand wird als wirtschaftsbedingt bezeichnet.
- Sonstige Leerstandsgründe
  Die sonstigen Leerstandsgründe umfassen alle Ursachen, die keiner der bisher ausgeführten Kategorien zuzuordnen sind. Hierzu zählen insbesondere Erbschaftsstreitigkeiten oder emotionale Erwägungen.

89 Wendlinger, Immobilienkennzahlen – Fundierte Immobilienanalyse in der Praxis, 2012, S. 68.

5.1.2.4 Neuflächenproduktion und Flächenumsatz

Neuflächenproduktion
Die Neuflächenproduktion ist eine Angebotskennzahl, die alle in einer Periode neu errichteten, umgebauten und sanierten Flächen zusammenfasst. Es ist darauf zu achten, dass nur fertiggestellte Objekte zu berücksichtigen sind. Die Neuflächenproduktion misst demnach die Veränderung des Bestands zwischen zwei Perioden. Folgende Formel kann zur Berechnung verwendet werden:

Neuflächenproduktion = Neubau + Umbau + Sanierung

Ähnlich wie bei der Kennzahl Flächenangebot kann auf das Marktgeschehen und die zukünftige Preisentwicklung geschlossen werden. Die Vergleichskennzahl wird Flächenumsatz genannt.

Flächenumsatz
Die Kennzahl Flächenumsatz (auch Vermietungsleistung genannt) ist mit der Flächennachfrage vergleichbar und gibt an, wie viel Fläche in einer bestimmten Periode neu vermietet werden konnte. Sie wird wie folgt berechnet:

Flächenumsatz = Neuvermietung + Flächenverkauf

In der Kennzahl sind eigengenutzte Immobilien zu berücksichtigen. Der Hintergrund ist, dass diese Flächen zwar vermietet werden könnten, aber aufgrund der Eigennutzung nicht vermietet werden – sie sind also dem Marktgeschehen nicht mehr zugänglich.

Die Formel kann um Untervermietungen und Sale-and-lease-back-Transaktionen erweitert werden. Inwieweit dies sachgemäß richtig ist, ist umstritten und wird nicht näher ausgeführt.[90]

90 Siehe hierzu unter anderem Wendlinger, Immobilienkennzahlen – Fundierte Immobilienanalyse in der Praxis, 2012, S. 60 f.

Die Ausführungen zur Analyse der Flächennachfrage können sinngemäß auf den Flächenumsatz bzw. die Neuflächenproduktion übertragen werden.

5.1.2.5 Nettoabsorption

Die Nettoabsorption ist eine Kennzahl, die der Beurteilung von Büroflächen dient. Sie kann wie folgt berechnet werden:

$$\text{Nettoabsorption} = (\text{Bestand}_{neu} - \text{Leerstand}_{neu}) - (\text{Bestand}_{alt} - \text{Leerstand}_{alt})$$

Es gilt zu beachten, dass Untermietflächen im Leerstand berücksichtigt werden müssen. In der Nettoabsorption werden also neu errichtete Flächen, abgehende Flächen (unter anderem wegen Sanierung, Abriss oder Umbau) und die Veränderung des Leerstands zwischen zwei Perioden (zumeist handelt es sich um zwei aufeinanderfolgende Jahre) gegenübergestellt.

Die Kennzahl lässt Rückschlüsse auf die Attraktivität des Markts und zukünftige Preisentwicklungen zu. Eine positive Nettoabsorption bedeutet, dass mehr Flächen neu vermietet, verpachtet oder verkauft als gebaut werden. Angebotsüberhänge werden durch die hohe Nachfrage also abgebaut, was tendenziell zu steigenden Preisen führt. Die Interpretation eines negativen Werts erfolgt umgekehrt, der Markt ist nicht attraktiv, da die Nachfrage hinter dem Angebot zurückbleibt. Grundsätzlich sorgt dies dafür, dass die Preise nach unten tendieren. Fallende Preise hingegen sind grundsätzlich nachfragetreibend, was den Markt nach einiger Zeit wieder attraktiv werden lassen kann.

Um verschiedene Märkte miteinander zu vergleichen, kann auf die Nettoabsorptionsquote zurückgegriffen werden. Folgende Formel ist hierfür anzuwenden:

$$\text{Nettoabsorptionsquote} = \frac{\text{Nettoabsorption}}{\text{Gesamtumsatz}}$$

Der Gesamtumsatz ist hierbei im Regelfall definiert als die Summe aller im jeweiligen Markt und entsprechenden Zeitraum vermieteten, verpachteten und verkauften Büroflächen.

5.1.3 Mietkennzahlen

5.1.3.1 Durchschnittsmiete

Die Durchschnittsmiete gibt an, wie hoch der gezahlte Mietzins in einem bestimmten Gebiet und einem bestimmten Zeitraum im Durchschnitt ist. Sie wird wie folgt berechnet:

$$\text{Durchschnittsmiete} = \frac{\text{Summe der Mieteinnahmen}}{\text{Summe der vermieteten Fläche}}$$

Es ist darauf zu achten, dass beide Werte hinsichtlich der betreffenden Periode (üblicherweise erfolgt die Berechnung auf Jahresebene, aber auch die monatliche Bestimmung ist denkbar) übereinstimmen.

Entscheidend bei dieser Kennzahl ist die Definition des Gebiets. So ist es im Regelfall wenig sinnvoll, die Durchschnittsmiete für eine ganze Stadt anzugeben, da der Immobilienmarkt für eine solche Pauschalierung zu inhomogen ist. Stattdessen ist eine Segmentierung (z. B. in verschiedene Stadtteile) zu empfehlen, um die Aussagequalität zu erhöhen.

Die Durchschnittsmiete ist ein Anhaltspunkt zur Beurteilung von realistisch erzielbaren Mieten im jeweiligen Marktsegment. Dies ist unter anderem für Investoren in ihrer Planungsrechnung relevant, aber auch ein privater Vermieter ist auf diese Information angewiesen. Veränderungen der Durchschnittsmiete können eine Vielzahl von Ursachen haben. Hierzu zählen unter anderem Nachfrage- bzw. Angebotsschwankungen, Qualitätsaspekte und Gesetzesänderungen.

Der Durchschnittsmiete nicht unähnlich ist der Mietspiegel, der i. d. R. ortsübliche Vergleichsmieten für den frei finanzierten Wohnungsbau darstellt. Alternative Datenquellen sind Immobilienverbände (unter anderem der Immobilienverband Deutschland, Maklerhäuser usw.). Wie auch bei anderen Kennzahlen gilt, dass die Beschaffung der Daten in großen Städten unkomplizierter ist als in kleinen Städten.

5.1.3.2 Spitzenmiete vs. Höchstmiete

Spitzenmiete (realisierte Spitzenmiete)
Die Spitzenmiete ist eine Mietkennzahl, die der Beurteilung des obersten Preissegments dienlich ist. Sie wird wie folgt berechnet:

$$\text{Spitzenmiete} = \frac{\text{Summe der drei höchsten erzielten Mieten}}{3}$$

Die Basis für den Zähler bilden hierbei vertraglich vereinbarte Mieten, die tatsächlich erzielt wurden. Die Werte beziehen sich dabei auf das beste Marktsegment des jeweiligen Gebiets und Zeitraums. Die Immobilien sind also in Toplage, haben die beste Ausstattung und sind in einem makellosen Zustand.

Als einzelne Kennzahl ist die Spitzenmiete nur bedingt aussagekräftig, sie kann lediglich einen groben Eindruck gewähren. Wird sie mit der Durchschnittsmiete verglichen, kann geschlussfolgert werden, wie weit die Entfernung zur höchsten erzielbaren Miete ist. Folglich kann sie ein Mieterhöhungspotenzial indizieren.

Höchstmiete (erzielbare Spitzenmiete)
Die Höchstmiete ist im Gegensatz zur Spitzenmiete ein Einzelwert. Sie ist wie folgt definiert:

Höchstmiete = Höchste realisierte Miete im jeweiligen Zeitraum

Die Höchstmiete liegt über der Spitzenmiete und ist in ihrer Aussagekraft erheblich eingeschränkt. Ursächlich hierfür ist, dass sie im Regelfall aus einer schlechten Verhandlungsposition des Mieters resultiert. Denkbar wäre hier unter anderem ein gewerblicher Mieter, der auf die entsprechende

Lage angewiesen und folglich bereit ist, unverhältnismäßig viel Geld für die Immobilie zu bezahlen.

Im internationalen Bereich wird sie als Prime Rent bezeichnet, jedoch beruht sie dort nicht immer auf tatsächlich erzielten Mieten.

5.1.3.3 Nominalmiete vs. Effektivmiete

Nominalmiete
Als Nominalmiete (auch Vertragsmiete genannt) wird die vertraglich vereinbarte Anfangsmiete bezeichnet. Mietfreie Zeiten, Betriebskosten, Steuern und ähnliche Aspekte werden nicht berücksichtigt. Die Nominalmiete wird im Regelfall auf Jahresebene angegeben. Ihre Berechnung erfolgt anhand folgender Formel:

$$\text{Nominalmiete} = \text{vereinbarte Miete je } m^2 \times \text{Mietfläche in } m^2 \times 12$$

Die Nominalmiete ist die Basis einiger Kennzahlen, so wird sie insbesondere bei Multiplikatoren oftmals verwendet. Stellenweise ist sie als Basis des Ertragswertverfahrens geeignet, es ist jedoch zu prüfen, ob der Ansatz der Nominalmiete dem Ansatz des Jahresrein- bzw. Jahresrohertrags gleichkommt. Falls das nicht der Fall ist, kann sie, zumindest für gutachterliche Zwecke, nicht verwendet werden. Der internationale Begriff »Headline Rent« entspricht weitestgehend der Nominalmiete.

Effektivmiete
Die Effektivmiete stellt dar, wie hoch der Mietzins nach Berücksichtigung sogenannter Incentives ausfällt. Sie liegt somit unter der Nominalmiete und ist eine kalkulatorische Größe, das heißt, dass es sich nicht um den Wert handelt, der auch zu zahlen ist. Sie wird wie folgt berechnet:

$$\text{Effektivmiete} = \text{Nominalmiete je } m^2 - \frac{\frac{\text{Gegenwert der Incentives}}{\text{Vertragslaufzeit in Monaten}}}{\text{Mietfläche in } m^2}$$

Incentives sind Mietanreize, die insbesondere in Mietermärkten, also in Märkten, in denen Mieter eine erhöhte Verhandlungsmacht haben, gewährt werden. Hierzu zählen mietfreie Zeiten, Zuschüsse bei Um- und Ausbaumaßnahmen und die Bereitstellung von Räumlichkeiten, die im Mietvertrag nicht festgehalten sind. Der daraus erwachsende finanzielle Vorteil wird rechnerisch auf die gesamte Laufzeit verteilt. Incentives werden entweder durch eine Einmalzahlung abgegolten oder ohne weitere Zahlung gewährt. Bei einer wirtschaftlich sinnvollen Kalkulation sind sie in letzterem Fall auch im Mietzins enthalten.

5.1.3.4 Nettomieteinnahmen vs. Bruttomieteinnahmen

Nettomieteinnahmen
Mit den Nettomieteinnahmen (NME, auch Nettokaltmiete genannt) wird die aktuelle Einnahmesituation der Immobilie dargestellt. Der Zusatz »kalt« bedeutet, dass der Mieter bestimmte Kostenpositionen selbst zu tragen hat, diese also nicht berücksichtigt sind. Hierzu zählen insbesondere Heizkosten, aber auch andere Betriebskosten wie Kosten für die Beleuchtung oder die Wasserversorgung. Die im gewerblichen Bereich anfallenden Umsatzsteuern sind in den Nettomieteinnahmen nicht zu berücksichtigen. Der international synonyme Begriff lautet Net Rental Income.

Die Nettomieteinnahmen sind außerdem die Basis einer Vielzahl weiterer Kennziffern wie des Net Operating Income. Im Regelfall werden sie auf Jahresebene angegeben. Folgende Formel ist anzuwenden:

Nettomieteinnahmen = vereinbarte monatliche Nettokaltmiete × 12

Es muss zwischen drei verschiedenen Arten der Nettomieteinnahmen differenziert werden. Hierbei handelt es sich um die Folgenden:

1. Tatsächliche Nettomieteinnahmen
   Wird von Nettomieteinnahmen gesprochen, sind regelmäßig die tatsächlichen Nettomieteinnahmen gemeint. Diese Größe stellt die Einnahmen dar, die auch tatsächlich vom Mieter für die Gebrauchsüberlassung gezahlt werden. Es handelt sich also um eine Ist-Kennzahl. Der interna-

tionale Terminus Passing Rent ist weitestgehend mit den tatsächlichen Nettomieteinnahmen vergleichbar.

2. Marktkonforme Nettomieteinnahmen
   Die marktkonformen Nettomieteinnahmen stellen dar, welche Einnahmen aktuell bei einer Neuvermietung am Markt erzielbar wären. Es handelt sich also um eine Soll-Kennzahl. International ist der Begriff »Rack Rent« gebräuchlich.[91] In diesem Zusammenhang sind die Begriffe »over-rented«, »under-rented« und »rack-rented« zu nennen. Eine Immobilie ist rack-rented, wenn sie zu marktüblichen Konditionen vermietet ist. Over-rented ist sie hingegen, wenn die Mieten über dem Marktniveau liegen, für den Begriff »under-rented« gilt das Gegenteil.
   Eine weitere vergleichbare Soll-Kennzahl ist der Estimated Rental Value, der weitestgehend mit den marktkonformen Nettomieteinnahmen übereinstimmt.
3. Nachhaltige Nettomieteinnahmen
   Die nachhaltigen Nettomieteinnahmen beschreiben die Einnahmen, die über die gesamte Laufzeit der Immobilie zu erzielen sind. Es handelt sich also um einen konservativeren und restriktiveren Ansatz als bei den tatsächlichen bzw. marktkonformen Nettomieteinnahmen.

Bruttomieteinnahmen

Als Bruttomieteinnahmen (auch Bruttomietzins, Bruttomieterlöse oder (Brutto-)Warmmiete genannt) wird im Regelfall die Summe aus Nettomieteinnahmen, Betriebskosten und gegebenenfalls der Umsatzsteuer bezeichnet. Es sind also die Kostenbestandteile, die nicht die Gebrauchsüberlassung abgelten, zusätzlich enthalten. Somit handelt es sich um den gesamten Betrag, den der Mieter dem Vermieter überweisen muss. Die Betriebskosten werden dabei meist monatlich im Voraus bezahlt. Der internationale Begriff »Gross Rental Income« ist gleichwertig.

91 Die Rack Rent ist nicht mir der Rack Rate zu verwechseln, die im Hotelgewerbe zur Darstellung der Brutto-Zimmerpreise pro Nacht und Zimmer bzw. Bett dient. Siehe hierzu Wendlinger, Immobilienkennzahlen – Fundierte Immobilienanalyse in der Praxis, 2012, S. 226 und 277.

5.1.3.5 Net Operating Income

Das Net Operating Income (NOI) zeigt die operative Profitabilität, also die Profitabilität aus dem gewöhnlichen Geschäft, eines Unternehmens. Die Kennzahl stellt das Ergebnis vor Steuern und ohne Berücksichtigung des Finanzergebnisses dar. Auf Immobilienunternehmen übertragen wird das Net Operating Income wie folgt berechnet:

	Tatsächliche Nettomieteinnahmen[92]
–	Bewirtschaftungskosten
–	Baurechtszinsen (fakultativ)
–	Mietzinsrückstände (fakultativ)
–	Leerstandskosten (fakultativ)
=	Net Operating Income

Da die tatsächlichen Nettomieteinnahmen in Ansatz gebracht werden, handelt es sich grundsätzlich um eine Ist-Größe. Das Net Operating Income ist auch häufig ein Bestandteil von Cashflowberechnungen. Auch aus diesem Grund ist darauf zu achten, dass möglichst keine fiktiven Werte angesetzt werden.

Bei den fakultativen Größen ist zu überprüfen, ob sie nicht bereits über die Bewirtschaftungskosten berücksichtigt sind. Das gilt insbesondere für Mietzinsrückstände, die eventuell über das Mietausfallwagnis bereits enthalten sein könnten.

5.1.3.6 Wertsteigerungspotenzial

Das Wertsteigerungspotenzial zeigt, ähnlich wie der Vergleich von Durchschnittsmiete und Spitzenmiete, wie weit die jeweilige Immobilie vom Marktmaximum entfernt ist. Folglich ist ersichtlich, ob noch Potenzial

92 Die einzelnen Arten der Nettomieteinnahmen wurden in Kapitel 5.1.3.4 behandelt.

besteht, die Einnahmen zu steigern. Ob dieses Potenzial am Markt auch durchsetzbar ist, ist grundsätzlich aus der Kennzahl nicht ersichtlich. Es werden jedoch entsprechend sensible Eingangsfaktoren verwendet. Folgende Formel kann zur Berechnung verwendet werden:

$$\text{Wertsteigerungspotenzial} = \frac{\text{ERV} - \text{tatsächliche NME}}{\text{NME}} \times 100$$

Die Kennzahl ist insbesondere für Investoren relevant, da diese häufig explizit nach Immobilien suchen, die noch Wertsteigerungspotenzial aufweisen, um höhere Gewinne erzielen zu können.

Hinsichtlich der Berechnung ist zu konstatieren, dass Schultheiß das Net Operating Income anstelle der Nettomieteinnahmen ansetzt.[93] Diesbezüglich ist anzumerken, dass bei den Eingangsgrößen keine hinreichende Vergleichbarkeit besteht. Der Berechnung liegt also ein inhaltlicher Fehler zugrunde. Ursächlich dafür ist, dass das Net Operating Income um verschiedene Größen bereinigt und damit nicht in der Lage ist, die Einnahmen widerzuspiegeln. Der Estimated Rental Value hingegen stellt unbereinigte Einnahmen dar und ist demzufolge mit einer entsprechenden Größe – den tatsächlichen Nettomieteinnahmen – zu vergleichen. Ähnliche Bedenken äußert auch Wendlinger.[94]

5.1.4 Renditekennzahlen

5.1.4.1 Vorbemerkungen

Die bisher vorgestellten Kennzahlen zu Flächen und Mieten sind weitestgehend intuitiv verständlich. Anders verhält sich das bei Renditekennzahlen.

---

93 Vgl. Schultheiß, 100 Immobilienkennzahlen, 2. Aufl., 2010, S. 90.

94 Siehe Wendlinger, Immobilienkennzahlen – Fundierte Immobilienanalyse in der Praxis, 2012, S. 98 f.

Bereits bei der Definition des Worts Rendite gibt es Uneinigkeit. So findet sich eine Vielzahl verschiedener Bedeutungen, darunter unter anderem:[95]

- Die Rendite ist der gesamte Ertrag aus einer Investition.
- Die Rendite gibt das Verhältnis von Ein- und Auszahlungen einer Geld- oder Kapitalanlage an, meist als Prozentsatz.
- Die Rendite ist die Effektivverzinsung einer Anleihe bis zu deren Fälligkeit.
- Die Rendite ist die Wertentwicklung einer Anlage in einem bestimmten Zeitraum.

Die einzelnen Definitionen haben jeweils ihre Berechtigung. Gemein ist ihnen, dass sie alle auf denselben Gedanken zurückzuführen sind. Eine Rendite beschreibt den Zuwachs an Geld bzw. Kapital im Verhältnis zum ursprünglich eingesetzten Geld bzw. Kapital. Im Regelfall wird der Vergleich auf Jahresebene gezogen. Hieraus folgt die grundlegende Berechnungsvorschrift:

$$\text{Rendite} = \frac{\text{Zuwachs (Geld bzw.Kapital)}}{\text{Einsatz (Geld bzw.Kapital)}} \times 100$$

Wurden also 100 EUR investiert und ein Jahr später beträgt die Wertsteigerung 5 EUR, ist die Rendite auf 5 Prozent zu beziffern.

Bei Renditen ist außerdem der Zusammenhang mit dem Risiko zu beachten. Risiko und Rendite entwickeln sich immer in dieselbe Richtung. Hohe Renditen bei niedrigem Risiko sind somit nicht möglich.

International werden die Termini »Return« (meist auf Unternehmensebene) und »Yield« (im Immobilienbereich üblich) verwendet.

95 Wendlinger, Immobilienkennzahlen – Fundierte Immobilienanalyse in der Praxis, 2012, S. 111. Ebenda befinden sich weitere Beispiele.

5.1.4.2 Netto- vs. Bruttoanfangsrendite und Cap Rate

Nettoanfangsrendite

Die Nettoanfangsrendite trifft eine Aussage hinsichtlich der Investitionsqualität einer Immobilie. Mit ihrer Hilfe können einzelne Objekte miteinander vergleichen werden. Es gilt hierbei zu berücksichtigen, dass die Objekte auch hinreichende Vergleichbarkeit aufweisen, da in der Kennzahl keine qualitativen Merkmale wie z. B. der Instandhaltungszustand berücksichtigt werden. Das internationale Äquivalent wird Net Initial Yield genannt. Eine einheitliche Berechnungsvorschrift gibt es für die Nettoanfangsrendite nicht. Eine einfache und weitverbreitete Formel ist:[96]

$$\text{Nettoanfangsrendite} = \frac{\text{Jahresreinertrag}}{\text{Kaufpreis} + \text{Erwerbsnebenkosten}} \times 100$$

Bruttoanfangsrendite

Ähnlich wie mit der Nettoanfangsrendite kann auch mit der Bruttoanfangsrendite ein Vergleich zwischen mehreren Objekten gezogen werden, falls sie hinreichende Übereinstimmungen aufweisen. Bei der Bruttoanfangsrendite sind jedoch die nicht umlagefähigen Bewirtschaftungskosten (BWK) in den Mieteinnahmen noch enthalten. Als Vergleichsmaßstab ist sie, insbesondere in internationaler Hinsicht, daher besser geeignet, da die Umlagefähigkeit von gesetzlichen Bestimmungen abhängt, die einerseits im Zeitablauf und andererseits national divergieren. Die angelsächsische Bezeichnung »Gross Initial Yield« ist ein Synonym. Wie auch bei der Nettoanfangsrendite gilt, dass es keine einheitliche Berechnungsvorschrift gibt. Eine einfache und weitverbreitete Formel ist:[97]

$$\text{Bruttoanfangsrendite} = \frac{\text{Jahresrohertrag}}{\text{Kaufpreis ohne Erwerbsnebenkosten}} \times 100$$

96 Alternativ: (Vertragsmiete – nicht umlagefähige BWK) : (Kaufpreis + Erwerbsnebenkosten) x 100. Im Zähler kann auch das Net Operating Income stehen. Es sei darauf hingewiesen, dass es noch andere Berechnungsformeln gibt.

97 Alternativ: Vertragsmiete : Kaufpreis x 100. Im Zähler kann auch das Net Operating Income + nicht umlagefähige BWK stehen. Auch hier sei darauf hingewiesen, dass es noch andere Berechnungsformeln gibt.

Cap Rate

Die Cap Rate (auch: Capitalization Rate, Kapitalisierungszinssatz) ist grundsätzlich mit der Brutto- und Nettoanfangsrendite vergleichbar. Sie eignet sich also auch zum Objektvergleich. Die Ausführungen bei den bereits angesprochenen Renditen gelten demnach analog. Da es sich bei der Cap Rate ebenfalls um eine Nettorendite handelt, teilt sie die Kritik hinsichtlich der Verzerrung aufgrund gesetzlicher Gegebenheiten. Dieser Nachteil impliziert jedoch auch den Vorteil der Nettorenditen: Sie sind näher an den tatsächlichen Verhältnissen orientiert, als das bei Bruttorenditen der Fall ist. Die Cap Rate kann wie folgt berechnet werden:[98]

$$\text{Cap Rate} = \frac{\text{Jahresreinertrag}}{\text{Kaufpreis ohne Erwerbsnebenkosten}} \times 100$$

Von den drei angesprochenen Renditekennzahlen ist die Cap Rate dem Liegenschaftszinssatz bzw. den All Risks Yield am nächsten.

Gegenüberstellung

Die Ähnlichkeit der einzelnen Kenngrößen wird in der direkten Gegenüberstellung deutlich:

Kennzahl	**Formel (Ertrag/Preis)**
Nettoanfangsrendite	Netto/Brutto
Bruttoanfangsrendite	Brutto/Netto
Capitalization Rate	Netto/Netto

Tab. 16: Netto- vs. Bruttoanfangsrendite und Cap Rate

98 Alternativ: Net Operating Income : Kaufpreis x 100. Es sind weitere Varianten denkbar.

5.1.4.3 Nettosollrendite vs. Bruttosollrendite

Nettosollrendite

Mit der Nettosollrendite können einzelne Objekte untereinander verglichen werden. Die Ausführungen aus Kapitel 5.1.4.2 können sinngemäß übertragen werden. Die Berechnung erfolgt anhand folgender Formel:

$$\text{Nettosollrendite} = \frac{\text{ERV} - \text{nicht umlagefähige BK}}{\text{Kaufpreis} + \text{Erwerbsnebenkosten}} \times 100$$

Die Summe aus dem Kaufpreis und den Erwerbsnebenkosten wird auch als Gesamtinvestitionskosten bezeichnet.

Es gilt zu berücksichtigen, dass der Estimated Rental Value (ERV) bei Vollvermietung zu berechnen ist. Die Kennzahl gibt also das maximale Renditepotenzial der Immobilie an. Wird die Nettosollrendite mit der Nettoanfangsrendite verglichen, kann beurteilt werden, ob ein Steigerungspotenzial vorliegt (und wenn ja, wie hoch es ist). Es handelt sich jedoch um Schätzwerte – der Kennwert dient also eher dem Überblick als der Entscheidungsfindung, da eine vollständig optimal vermietete Immobilie in der Praxis selten anzutreffen ist.

Bruttosollrendite

Die Bruttosollrendite dient ebenfalls dem Objektvergleich. Die Profitabilität der Immobilie kann beurteilt werden. Die bei der Nettosollrendite geäußerten Bedenken gelten analog. Die Berechnungsformel lautet:

$$\text{Bruttosollrendite} = \frac{\text{ERV}}{\text{Kaufpreis}} \times 100$$

Ähnlich wie auch bei der Bruttoanfangsrendite ist die Aussagequalität der Bruttosollrendite der der Nettosollrendite vorzuziehen, da keine Manipulierbarkeit über die Betriebskosten vorliegt.

5.1.4.4 Liegenschaftszinssatz vs. All Risks Yield

Liegenschaftszinssatz

Der Liegenschaftszinssatz wurde bereits bei der Ermittlung des Ertragswerts in Kapitel 2.3.3.5 angesprochen. Dort dient er zur Abzinsung des Jahresreinertrags der Immobilie. Der Liegenschaftszinssatz darf nicht mit einer üblichen Marktrendite verwechselt werden, da er selbst aus dem Ertragswertverfahren heraus bestimmt wird. In besonderem Maß gilt das für die Verwendung bei der Beleihungswertermittlung, die Mindestansätze für den Liegenschaftszinssatz vorgibt. Verwendung findet der Liegenschaftszinssatz folglich ausschließlich bei der gutachterlichen Wertermittlung. Als Marktrenditen sind z. B. die Brutto- bzw. Nettoanfangsrendite zu nennen, die *oberhalb* des Liegenschaftszinssatzes sind.

All Risks Yield

Die All Risks Yield bzw. All Risk Yield (zu Deutsch etwa: Rendite unter Berücksichtigung aller Risiken) kommt bei der Ertragswertermittlung nach internationalen Maßstäben zum Einsatz. Sie ist vom Grundsatz her dem Liegenschaftszinssatz ähnlich, es gibt jedoch signifikante Unterschiede. Einerseits wird bei der All Risks Yield keine begrenzte Laufzeit unterstellt.

Andererseits kann durch die Annahme, dass alle Risiken berücksichtigt sind, nicht auf den Jahresreinertrag zurückgegriffen werden. Ursächlich ist, dass dort bereits ein Leerstandsrisiko (Mietausfallwagnis) über den Abzug der Bewirtschaftungskosten berücksichtigt wurde. Definitorisch ist dieses Wagnis jedoch in der All Risks Yield bereits eingerechnet. Der Jahresreinertrag wäre also um diesen Betrag wieder zu erhöhen. Die All Risks Yield wird nach folgender Formel errechnet:

$$\text{All Risks Yield} = \frac{\text{NOI (ohne Leestandskosten)}}{\text{Kaufpreis}} \times 100$$

Liegenschaftszinssatz und All Risks Yield nähern sich an, je höher die beim Liegenschaftszinssatz unterstellte Restnutzungsdauer ist.

5.1.4.5 Exit Yield

Die Exit Yield (auch Terminal Yield genannt) dient der Beurteilung der Wertentwicklung einer Immobilie. Mit ihr kann der zukünftige Verkaufserlös ausgedrückt werden. Sie ist das Pendant zur Bruttoanfangsrendite aus Sicht des Käufers der Liegenschaft. Folgende Formel kann zu ihrer Berechnung verwendet werden:

$$\text{Exit Yield} = \frac{\text{tatsächliche Nettomieteinnahmen}_{\text{Verkaufszeitpunkt}}}{\text{Verkaufspreis (ohne Nebenkosten)}} \times 100$$

Da es sich um eine Prognosekennzahl handelt, ist zu bedenken, dass sowohl die tatsächlichen Nettomieteinnahmen als auch der Verkaufspreis Schätzwerte sind, die so nicht eintreffen müssen. Hier empfehlen sich restriktive und konservative Annahmen, um die Aussagekraft zu erhöhen.

Für den Verkäufer einer Immobilie ist ein möglichst hoher Kaufpreis von Interesse. Er führt zu einer niedrigen Exit Yield. Der Käufer hingegen ist an einem möglichst niedrigen Kaufpreis interessiert, was einer hohen Exit Yield gleichkommt. Da sie der Bruttoanfangsrendite des Käufers entspricht, muss berücksichtigt werden, dass dieser Investitionsanforderungen hat (z. B. Rendite nicht unter 5 Prozent), die für den Kauf erfüllt sein müssen. Dies ist bei den Schätzungen zu berücksichtigen, wenn kein »Schönrechnen« vorliegen soll. So ist es z. B. fraglich, ob die Exit Yield realistisch ist, wenn sie deutlich unter der eigenen Bruttoanfangsrendite liegt.[99]

Außerdem kann die Kennzahl verwendet werden, um Marktwertschätzungen durchzuführen. Es ist auf folgende Formel zurückzugreifen:

$$\text{Marktwert} = \frac{\text{ERV}}{\text{Exit Yield}} \times 100$$

99 Schlechte Marktbedingungen könnten dies rechtfertigen. Es handelt sich also nur um einen Anhaltspunkt, der im Einzelfall zu prüfen ist.

Auch hierbei handelt es sich um kritisch zu prüfende Prognosewerte.

5.1.4.6 Total Return

Die Kennzahl »Total Return« (auch Objektrendite oder objektbezogene Gesamtkapitalrendite genannt) ist eine zusammengesetzte Kennzahl, die der Performancemessung eines Investitionsobjekts dient. Die einzelnen Bestandteile sind die Running Yield und die Wertänderungsrendite.

Running Yield
Die Running Yield (auch Current Yield oder laufende Rendite bzw. laufende Cashflowrendite genannt) ist inhaltlich mit den bereits ausgeführten Anfangsrenditen verwandt. Der Unterschied besteht darin, dass sie nicht für das Anfangsjahr, sondern für die Folgejahre berechnet wird. Die getroffene Unterscheidung in Brutto und Netto gelten analog, die Berechnungsformeln können übertragen werden (siehe Kapitel 5.1.4.2). Der Vergleich von Running Yield und Anfangsrendite zeigt die Renditeentwicklung aufgrund der Mieteinnahmen des Objekts.

Wertänderungsrendite
Die Wertänderungsrendite beschreibt den Renditezuwachs aufgrund von Marktwertänderungen der Immobilie. Sie wird wie folgt berechnet:

$$\text{Wertänderungsrendite} = \frac{\text{Marktwert}_{\text{aktuell}} - \text{Investitionskosten} - \text{Gesamtinvestitionskosten}}{\text{Gesamtinvestitionskosten}} \times 100$$

Die Investitionskosten beinhalten alle Kapitalaufwendungen, die in der entsprechenden Periode für die Immobilie angefallen sind. Die Gesamtinvestitionskosten stellen die Summe aus ursprünglichem Kaufpreis und den Erwerbsnebenkosten dar.

Die Summe aus Running Yield und Wertänderungsrendite entspricht der Kennzahl »Total Return«. Die Running Yield stellt dabei regelmäßig den relevanteren Bestandteil dar.

5.1.4.7 Investmentrendite vs. Cash on Cash Return

Investmentrendite

Es gibt eine Vielzahl an unterschiedlichen Varianten der Investmentrendite bzw. Investment Yield. Die in dieser Schrift dargestellte Version lehnt sich an die Definition der gif an.[100] Die Berechnung wird wie folgt vorgenommen:

$$\text{Investment Yield} = \frac{\text{NOI} - \text{Zinsen}}{\text{Eigenkapital}} \times 100$$

Das Eigenkapital umfasst hierbei das durchschnittliche Eigenkapitel der jeweiligen Periode. Es kann verschiedenartig ermittelt werden. Die praxisrelevanteste Berechnungsvorschrift lautet:

$$\text{Eigenkapital}_{\text{durchschnittlich}} = \frac{\text{Anfangsbestand} + \text{Endbestand}}{2}$$

Die Kennzahl ermöglicht die Beurteilung der Rendite des für die Immobilie aufgewendeten Eigenkapitals.

Cash on Cash Return

Der Kennwert »Cash on Cash Return« beschreibt eine auf dem Cashflow basierende Eigenkapitalrendite. Es werden folglich nur zahlungswirksame Positionen berücksichtigt, die Immobilie kann eine höhere Rendite aufweisen, die jedoch noch nicht finanziell realisiert wurde. Die Berechnung erfolgt anhand folgender Formel:

$$\text{Cash on Cash Return} = \frac{\text{Cashflow vor Steuern}}{\text{Eigenkapital}} \times 100$$

Der Cashflow vor Steuern entspricht dem Net Operating Income abzüglich Zinsen, Tilgung und sonstigen zahlungswirksamen Positionen. Für den Cashflow nach Steuern müssen zusätzlich die Steuern abgezogen werden.

100 Die Definition wurde auf die in dieser Schrift verwendete Terminologie angepasst, um die Verständlichkeit zu erhöhen. Die dargestellte Investment Yield kann auch mit anderen Eingangsgrößen ermittelt werden, ohne zu einem anderen Ergebnis zu führen.

5.1.4.8 Interner Zinsfuß vs. IRR-Hurdle Rate

Interner Zinsfuß

Der interne Zinsfuß (auch interner Zinssatz genannt, international: Internal Rate of Return, IRR) dient in der Investitionsrechnung als Entscheidungswert für bzw. gegen eine Investition. Rein rechnerisch handelt es sich um den Zinssatz, bei dem der Kapitalwert einer Investition den Wert 0 annimmt.[101] Vereinfacht gesagt handelt es sich um den Zinssatz, der den prognostizierten Cashflows einer Investition innewohnt.[102] Die Berechnung ist bei mehreren Perioden komplex und nur iterativ, also näherungsweise möglich. Tabellenkalkulationsprogramme bieten meist eine Berechnungsfunktion.

IRR-Hurdle Rate

Bei der IRR-Hurdle Rate handelt es sich um einen Zinssatz, den eine Investition mindestens erfüllen muss. Er ist aus Sicht des Investors zu bestimmen und spiegelt folglich seine Mindestverzinsungsanforderung an die Investition wider. Die IRR-Hurdle Rate wird mit dem internen Zinssatz verglichen, um beurteilen zu können, ob eine Investition profitabel ist. Die Berechnung erfolgt anhand folgender Formel:

IRR-Hurdle Rate = risikofreier Zins + Risikoaufschlag + Inflationsrate

Rein definitorisch kann es keinen risikofreien Zins geben, da jede Rendite auch ein Risiko mit sich bringt. Im Regelfall werden die Renditen von erstklassig gerateten Staatsanleihen herangezogen, um als risikofreier Zins zu dienen. Ursächlich hierfür ist die sehr geringe Ausfallwahrscheinlichkeit. Es ist darauf zu achten, nur Staatsanleihen der der Investition entsprechenden Währung zu verwenden, da sonst Währungsrisiken nicht sachgemäß berücksichtigt sind.

101 Zur Berechnung des Kapitalwerts siehe Kapitel 2.4.4.

102 Insbesondere ist die Modellwelt (vollkommender Kapitalmarkt) und die Wiederanlageprämisse zu berücksichtigen, die hier nicht näher ausgeführt werden. Siehe hierzu unter anderem Bösch, Finanzwirtschaft – Investition, Finanzierung, Finanzmärkte und Steuerung, 2. Aufl., 2013.

5.2 Unternehmen der Immobilienwirtschaft

5.2.1 Vorbemerkungen

Gewerblich tätig im Immobilienbereich ist eine Vielzahl von Berufsgruppen. Auf handwerkliche und bautechnische Bereiche wird hier nicht explizit eingegangen. Diese Unternehmen werden unter dem Begriff »bauausführende Firmen« zusammengefasst. Auch die Aktivitäten von Maklern und Vermittlern werden nicht separat beleuchtet. Die Tätigkeit der Gutachter findet sich in Kapitel 2. Auf spezielle technische Gutachten wird in diesem Buch nicht eingegangen.

Einer genaueren Betrachtung unterzogen werden im folgenden Kapitel die
- Projektentwickler und Bauträger und
- gewerbliche Vermieter (Wohnungsgesellschaften).

5.2.2 Projektentwickler und Bauträger

5.2.2.1 Abgrenzung und Grundlagen

Auf die Besonderheiten des Bauträgervertrags ist bereits Kapitel 3.4.2 eingegangen. Dort wurden auch die wesentlichen das Geschäft regulierenden Vorschriften (vor allem die Genehmigungspflicht nach § 34c GewO und MaBV) vorgestellt.

Die Trennung zwischen Projektentwicklern für Immobilien und Bauträgern ist in der Literatur nicht eindeutig. Einerseits werden die beiden Begriffe synonym verwendet, andererseits wird unterschieden zwischen
- Projektentwicklung im engeren Sinne und
- Projektentwicklung im weiteren Sinne.

Dieser Unterscheidung soll hier gefolgt werden, und zwar aus folgendem Grund: Die Projektentwicklung im engeren Sinne muss nicht durch den späteren Bauherrn erfolgen oder, anders herum, der Projektentwickler muss nicht selbst an der Umsetzung beteiligt sein. Der Bauträger hingegen braucht ein Projekt (selbst oder durch Dritte entwickelt), das er dann umsetzt.

Die **Projektentwicklung im engeren Sinn** umfasst im Wesentlichen die Projektvorbereitung. Dabei handelt es sich um folgende Aufgaben:

- Sicherung des Grundstücks und Schaffung aller planungsrechtlichen Voraussetzungen,
- Untersuchung der Wirtschaftlichkeit (Planung der Kosten und Erlöse/Preise je nach künftiger Nutzung, Rentabilitätsanalyse, grundlegende Finanzierungsstruktur),
- Risikoanalyse,
- Zieltermine, auch für einzelne Projektschritte festlegen,
- Ausführungsplanung und Leistungsbeschreibungen für eine spätere Vergabe.

Als Abschluss der Projektentwicklung im engeren Sinne wird die Entscheidung gefällt, ob das Projekt weiterverfolgt oder abgebrochen wird.

! **Tipp**

Es ist sinnlos, ein Projekt weiterzuverfolgen, nur weil bereits eine gegebenenfalls nicht unerhebliche Summe in die Projektentwicklung gesteckt wurde. Wird das Projekt abgebrochen, sind die bis dahin angefallenen Kosten »verloren«. Sie müssen aus Rücklagen gedeckt oder durch spätere Projekte wieder aufgeholt werden. Das kann aber besser sein, als ein wirtschaftlich nicht tragfähiges Projekt weiter voranzutreiben, um es schließlich doch nicht durchführen zu können.

»Wenn man merkt, dass man in einer Sackgasse steckt, muss man nicht bis an ihr Ende fahren!«

Die **Projektentwicklung im weiteren Sinne** umfasst neben der Projektvorbereitung auch die Durchführung und gegebenenfalls die Vermarktung des Projekts. Ein Bauträger kann damit einerseits auf durch Dritte entwickelte Projekte zurückgreifen oder andererseits selbst das Projekt von Anfang an entwickeln. Seine in der GewO (§ 34c GewO) definierte Tätigkeit ist, Bauvorhaben

§ 34c GewO
... als Bauherr im eigenen Namen für eigene oder fremde Rechnung vorbereiten oder durchführen und dazu Vermögenswerte von Erwerbern, Mietern, Pächtern oder sonstigen Nutzungsberechtigten oder von Bewerbern um Erwerbs- oder Nutzungsrechte [zu] verwenden.

Der Bauträger arbeitet als Bauherr im eigenen Namen und in der Regel auf eigene Rechnung, aber für den Bedarf Dritter. Das errichtete Objekt soll anschließend verkauft werden. Zur Finanzierung kann er auf Finanzmittel der Erwerber zugreifen. Es liegt also eine gewerbliche Tätigkeit vor, das gelegentliche Durchführen einer Baumaßnahme durch Privatpersonen fällt nicht unter diese Verordnung.

Die Risiken des Bauträgers bestehen vor allem im

- **Genehmigungsrisiko**. Der Bauträger oder der Projektentwickler müssen alle erforderlichen Genehmigungen beschaffen. Das Risiko besteht darin, dass Projektentwicklungskosten entstanden sind, und das Projekt letztlich nicht genehmigt wird.

Beispiel: Genehmigungsrisiko !

Der Bauträger hat ein Grundstück (Bauerwartungsland) gekauft und will es mit Wohnimmobilien bebauen. Die Umwidmung in Bauland erfolgt aber nicht. Alle Planungskosten sind verloren, das Grundstück muss wieder verkauft werden. Ob das zum ursprünglichen Einkaufspreis möglich ist, bleibt offen, da ja die erhoffte Entwicklung zu Bauland bisher nicht eingetreten ist.

- **Kostenrisiko**. Erst bei der Projektdurchführung stellt sich heraus, ob der geplante Kostenrahmen auch eingehalten werden kann.
- **Terminrisiko**. Kann das Objekt zum im Bauträgervertrag mit dem Enderwerber vereinbarten Termin auch fertiggestellt und übergeben werden?
- **Haftungsrisiko**. Während der Baumaßnahme haftet der Bauträger als Bauherr – hier kann eine entsprechende Bauherren-Haftpflichtversicherung abgeschlossen werden. Nach Fertigstellung haftet der Bauträger gegenüber dem Enderwerber für eventuelle verdeckte oder offene Baumängel.

- **Vermarktungsrisiko** (Abverkaufsrisiko). Das Risiko besteht darin, fertiggestellte Objekte nicht oder nicht zum geplanten Preis absetzen zu können.

! **Hinweis**

Der Bauträger wird versuchen, einen möglichst hohen Anteil der zu bauenden Einheiten »vom Papier weg«, also noch vor Baubeginn, zu verkaufen. Das birgt einerseits Risiken für den Enderwerber – wird das Objekt fertig oder bleibt der Bau stecken? – und andererseits ist es leichter, eine bereits fertige Wohnung an den Mann zu bringen. Der potenzielle Käufer kann das Objekt besichtigen.

Der Ablauf der Projektentwicklung ist nicht Gegenstand dieses Buchs. Hierzu wird auf die entsprechende Fachliteratur verwiesen.[103] Genauer vorgestellt wird aber das System der Verträge bei der Finanzierung einer klassischen Bauträgermaßnahme.

5.2.2.2 Vertragsgestaltung bei Bauträgerfinanzierungen

Um das Modell der Finanzierung zu verstehen, ist es sinnvoll, sich noch einmal die Beteiligten (**Generalunternehmer** und **Generalübernehmer** sowie den **Bauträger** selbst als Unternehmer) und ihre Aufgaben in Erinnerung zu rufen (siehe Kapitel 3.4.3).

In dem komplexen Vertragsgeflecht tauchen noch die **Enderwerber**, also die Käufer der fertigen Einheiten, auf. Sie erhalten gegen die Zahlung des im Bauträgervertrag vereinbarten Kaufpreises und der Nebenkosten wie Notar- und Grundbuchkosten sowie Grunderwerbsteuer ein lastenfreies Objekt. Übernommen werden nur bereits im Vertrag vereinbarte Lasten, wie z. B. an das Grundstück gebundene Baulasten und Ähnliches.

103 Als Beispiele seien genannt Alda/Hirschner, Projektentwicklung in der Immobilienwirtschaft – Grundlagen für die Praxis, 5. Auf., 2014 und Bone-Winkel/Schulte (Hrsg.), Handbuch Immobilienprojektentwicklung, 3. Aufl., 2008.

Beteiligt sind weiterhin die **Kreditinstitute** der Enderwerber, des Bauträgers und der bauausführenden Firmen. Das können unterschiedliche Institute sein, aber auch (teilweise) die gleichen. Auf die Gestaltung der vertraglichen Beziehungen hat das keinen grundlegenden Einfluss. Auf die Darstellung juristischer Feinheiten für den Fall, dass z. B. der Bauträger durch das gleiche Institut finanziert wird, wie der oder die Enderwerber, wird hier nicht eingegangen.

Kernstück der Vertragsgestaltung ist der **Bauträgervertrag**. Seiner Gestaltung sind insbesondere unter dem Gesichtspunkt der Sicherung des Enderwerbers an einigen Stellen Grenzen gesetzt. Der Bauträgervertrag regelt Leistungen und Gegenleistungen zwischen Enderwerber und Bauträger. Insbesondere betrifft das die genaue Beschreibung des zu erstellenden Objekts (hier wird oft auf Baupläne Bezug genommen), den Termin der Übergabe (bzw. Zwischentermine) und die vom Enderwerber zu erbringenden finanziellen Leistungen (Kaufpreis bzw. Teile davon). In der MaBV ist geregelt, bei welchem Baufortschritt ein Bauträger Anzahlungen entgegennehmen darf.[104] Diese geleisteten Anzahlungen dürfen nur bestimmungsgemäß verwendet werden. Im Bauträgervertrag müssen entsprechende Sicherungsinstrumente vereinbart werden.

Weitere zwingende Regelungen sind unter anderem Aussagen zur Verteilung des technischen Risikos. Das betrifft vor allem Gewährleistungsansprüche und die damit verbundene Frist von fünf Jahren. Gewährleistungsansprüche können unter anderem gestaltet werden über

- Sicherungseinbehalte von Teilen des Kaufpreises bis zum Ende der Gewährleistungsfrist,
- Gewährleistungsbürgschaften durch das Kreditinstitut des Bauträgers,
- die Vereinbarung von Durchgriffshaftung auf den Generalunternehmer oder Generalübernehmer. Das ist insbesondere dann wichtig, wenn der Bauträger innerhalb der Gewährleistungsfrist nicht mehr willens oder in der Lage ist, entsprechende Nachbesserungen oder sonstige Mängelbeseitigungen vorzunehmen. Ist Durchgriffshaftung vereinbart, kann

104 Zu Einzelheiten vgl. § 3 MaBV.

sich der Enderwerber auch direkt an den Generalunternehmer bzw. Generalübernehmer oder an die bauausführende Firma wenden.

Letztlich wird bei Bauträgerverträgen die Rechtsbelehrung gesichert. Das geschieht, indem Bauträgerverträge zwingend der notariellen Beurkundung bedürfen.

Die Verträge zwischen dem Bauträger und den ausführenden Firmen bzw. dem Generalunternehmer oder Generalübernehmer sind frei verhandelbare Verträge zwischen Kaufleuten. Ihr Inhalt ist hier weniger bedeutsam, bis auf die Tatsache, dass die in der MaBV vorgesehenen Schutzmechanismen für den Enderwerber keinesfalls ausgehebelt werden dürfen.

Die MaBV ist vor allem ein Sicherungsinstrument, das Anleger und Enderwerber vor Verlusten schützen soll. In diesem Zusammenhang sind speziell die Vorschriften relevant, die die Zahlungen der Enderwerber an den Bauträger reglementieren[105] und die Regelungen, die geleistete Zahlungen durch Bürgschaften absichern.[106]

Bevor der Bauträger überhaupt Zahlungen des Enderwerbers entgegennehmen darf, müssen demnach folgende Voraussetzungen erfüllt sein:

- Der Vertrag zwischen dem Bauträger und dem Enderwerber muss rechtsgültig zustande gekommen sein.
- Die für den Vollzug erforderlichen Genehmigungen müssen vorliegen.
- Für den Enderwerber muss eine Auflassungsvormerkung im Grundbuch an entsprechender Rangstelle eingetragen sein.
- Die Baugenehmigung muss erteilt sein.
- Das Kreditinstitut, das den Bauträger finanziert, muss sich zur Freigabe aller Grundschulden verpflichtet haben, wenn die Immobilie an den Enderwerber übergeht (Pfandfreigabeverpflichtungserklärung).

105 Vgl. § 3 MaBV.
106 Vgl. § 7 MaBV.

Sind diese Voraussetzungen erfüllt, ist der Bauträger berechtigt, je nach Baufortschritt vom Enderwerber Zahlungen einzufordern. In welchem Maße das möglich ist, ist detailliert in der MaBV geregelt.[107]

Abweichend von diesen Fälligkeitsvoraussetzungen ist es dem Bauträger gestattet, Anzahlungen entgegenzunehmen, wenn er Sicherheit für alle Ansprüche des Erwerbers auf Rückgewähr der erbrachten Anzahlungen leistet. Diese Sicherung erfolgt in Form einer Bankbürgschaft (Aval) der ihn finanzierenden Bank. Die Regelungen dazu finden sich ebenfalls in der MaBV.[108] Ob diese Bürgschaften über die Gesamtsumme oder über Teilbeträge gegeben werden, ist den Vertragspartnern freigestellt.

In jedem Fall müssen die Bürgschaften bis zur Beendigung des Bauvorhabens aufrechterhalten werden, wenn im Kaufvertrag kein Austausch von Sicherheiten vereinbart ist. Die Bürgschaft darf demzufolge auch nicht zeitlich befristet sein. Die Regelungen des § 7 MaBV führen dazu, dass in dem Fall, in dem der Erwerber die Nichterfüllung des Bauträgervertrags durch den Bauträger nachgewiesen hat, er das Kreditinstitut aus der Bürgschaft in Anspruch nehmen kann, jedoch maximal in Höhe der geleisteten Anzahlungen. Er bekommt bei Nichterfüllung des Vertrags also das Geld zurück, das über den erreichten Bautenstand hinaus gezahlt wurde. Die (nicht fertiggestellte) Immobilie geht dann in seinen Besitz über, für die Fertigstellung muss er selbst sorgen.

Neben diesen Bürgschaften nach MaBV wird häufig von der Möglichkeit Gebrauch gemacht, Leistungen aus den Verträgen zwischen dem Bauträger und dem Generalunternehmer bzw. Generalübernehmer zu verbürgen.[109] So kann das bauausführende Unternehmen von der Bank des Bauträgers eine Zahlungsbürgschaft verlangen, wobei dieser im Gegenzug eine Vertragserfüllungsbürgschaft in Form einer Fertigstellungsbürgschaft verlangen wird.

107 Vgl. § 3 Abs. 2 MaBV.
108 Vgl. § 7 MaBV.
109 Diese Bürgschaften sind streng genommen keine Bürgschaften nach MaBV, sondern dienen der zivilrechtlichen Absicherung von Verträgen.

Das wechselseitige Absichern mittels Bürgschaften erhöht einerseits die Sicherheit der vertragsschließenden Parteien, andererseits verteuert es die Gesamtmaßnahme zusätzlich. Für jede Bürgschaft wird eine Avalprovision fällig[110], gegebenenfalls auch weitere Gebühren. Darüber hinaus werden die Banken für Bürgschaften auch entsprechende Sicherheiten von ihren Kunden verlangen. Abbildung 7 fasst diese Verflechtungen zusammen.

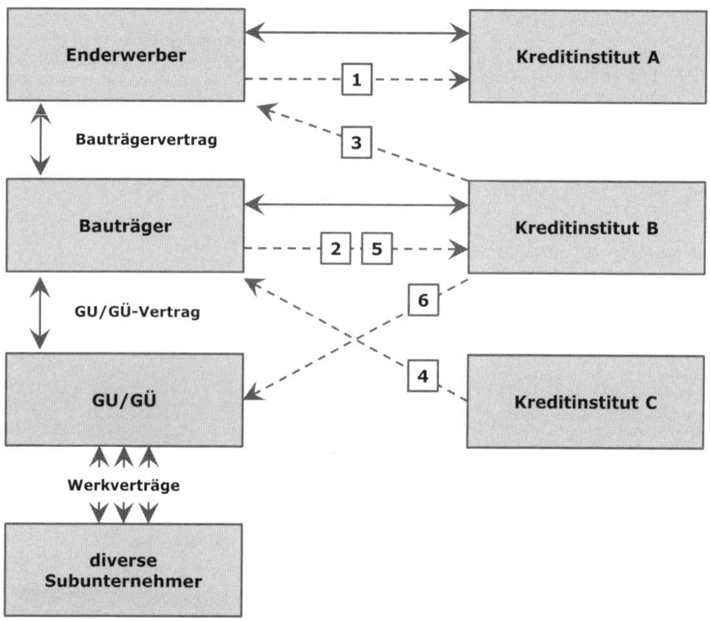

[1] Abtretung der Ansprüche des Erwerbers gegen den Bauträger an die finanzierende Bank (Erstellung des Bauwerks und Verpflichtung auf Pfandfreigabe [3])
[2] Abtretung der Ansprüche auf Zahlung des Kaufpreises durch den Enderwerber an die Bank des Bauträgers
[3] Pfandfreigabeverpflichtungserklärung
[4] Vertragserfüllungsbürgschaft der Bank des GU/GÜ an den Bauträger
[5] Abtretung der Ansprüche aus den Verträgen gegen die bauausführenden Firmen und der Ansprüche aus [4]
[6] Zahlungsbürgschaft des Bauträgers an den GU/GÜ

Abb. 7: Wechselseitiges Absichern mittels Bürgschaften

110 In der Regel mindestens 1 Prozent der verbürgten Summe.

Zur Erklärung der Abbildung 7 sind noch einige Sätze nötig: Der Bauträgerkredit wird in aller Regel durch eine Grundschuld auf das zur Bebauung vorgesehene Grundstück abgesichert. Damit ist die erste Rangstelle zunächst blockiert. Der Enderwerber wird zumeist das von ihm zu erwerbende Objekt (Haus, Eigentumswohnung usw.) nicht komplett aus Eigenkapital finanzieren, er benötigt also ebenfalls einen Kredit. Sein Kreditinstitut wird dazu nur gegen eine entsprechende Sicherheitsleistung bereit sein. Durch den Bauträger ist das Grundstück aber bereits mit einer Globalgrundschuld belastet, sodass dem Eintrag einer Grundschuld ein Hindernis im Wege steht.

Zwischen den Banken behilft man sich deshalb durch folgende Konstruktion:

- Die Bank des Bauträgers gibt eine Pfandfreigabeverpflichtungserklärung ab. Darin erklärt sie, dass sie die auf der an den Enderwerber zu veräußernden Immobilie lastende Grundschuld freigeben wird, sobald der Vertrag erfüllt, das Objekt also an den Enderwerber übergeben wird. Damit ist die Bank des Enderwerbers sicher, bei Übergabe der Immobilie an die erste Rangstelle zu rücken.
- Sollte das Bauvorhaben *nicht vertragsgemäß beendet* werden, hat die den Bauträger finanzierende Bank die Wahl, die entsprechende Einheit gegen eine Zahlung freizugeben, die dem erreichten Bautenstand entspricht. Als Alternative kann sie die eingezahlten Beträge des Enderwerbers erstatten. In diesem Fall erlischt jedoch die Pflicht zur Pfandfreigabe, was die bauträgerfinanzierende Bank in die Lage versetzt, sich aus der eingetragenen Globalgrundschuld zu befriedigen.
- Als Sicherheit für den Zeitraum der Projektentwicklung lässt sich die Bank des Enderwerbers alle Ansprüche, die dieser gegen den Bauträger hat, abtreten. Das bedeutet, dass sie insbesondere einen Anspruch darauf hat, bereits geleistete Anzahlungen zurückzuerhalten, wenn das Objekt nicht vertragsgemäß fertiggestellt wird.

Auch die Bank des Bauträgers lässt sich während der Bauphase Ansprüche abtreten, und zwar die Ansprüche des Bauträgers gegen den Enderwerber. Hierbei handelt es sich um die Zahlung des Kaufpreises. Auf diese Weise wird sichergestellt, dass die Zahlungen des Enderwerbers an den Bauträger auch wirklich zur Rückführung des Bauträgerkredits verwendet werden.

! **Hinweis**

Die in Kapitel 5.2.2.2 vorgestellte Konstruktion ist sozusagen die »Maximalvariante«. Immer dann, wenn der Bauträger sich komplett aus Eigenkapital finanzieren kann, ist das Problem der Globalgrundschuld und der Pfandfreigabeverpflichtungserklärung obsolet: Die Bank des Enderwerbers kann eine Grundschuld direkt eintragen lassen.

Auch die wechselseitigen Bürgschaften auf Vertragserfüllung und Zahlung der vereinbarten Summe zwischen Generalunternehmer bzw. Generalübernehmer und Bauträger sind nicht unbedingt erforderlich.

5.2.2.3 Aufbau eines Bauträgerkredits

Spezielle Risiken

Bauträgerfinanzierungen sind gekennzeichnet durch relativ hohe Beträge, nicht selten im zweistelligen Millionenbereich. Bei einem Kreditausfall, das heißt dann, wenn die Maßnahme nicht vertragsgemäß beendet werden kann, besteht demzufolge für die finanzierende Bank das Risiko, mit *einem* Mal einen hohen Verlust zu erleiden. Dieses Risiko ist andererseits aber auf einen relativ kurzen Zeitraum begrenzt. Von der ersten Auszahlung an den Bauträger bis zur Rückführung des gesamten Kredits vergehen selten mehr als zwei Jahre, oft sogar weniger. Das macht die Einschätzung des Risikos überschaubarer. Bei Einhaltung einiger wesentlicher Gestaltungsmerkmale ist deshalb das Bauträgergeschäft nicht risikoreicher als andere Finanzierungsformen. Jedoch sollte die Bauträgerfinanzierung nicht von unerfahrenen Bankkaufleuten bearbeitet und entschieden werden, da ein wesentlicher Risikofaktor in falschen Einschätzungen und unzureichenden Kontrollen durch die Bank besteht.

Was sind die hauptsächlichen Risiken, die bei einer Bauträgerfinanzierung auftreten?

Die Gesamtmaßnahme kann scheitern, wenn die geplanten Kosten nicht eingehalten werden können (Kostenrisiko), der Verkauf der fertigen Einheiten zu schleppend verläuft oder Restanten[111] verbleiben (Vertriebsrisiko) oder die Maßnahme durch Organisationsmängel nicht zum Ende kommt (Fertigstellungsrisiko). Gegen die beiden ersten Risikoarten kann die finanzierende Bank Maßnahmen ergreifen. Die Frage, ob der Bauträger organisatorisch in der Lage ist, die geplante Maßnahme durchzuführen, ist eine Ermessensfrage. Eine Analyse der internen Organisation und ein intensiver Blick auf bereits abgeschlossene und auf parallel laufende Bauträgermaßnahmen können bei der Beurteilung eine Hilfe sein, geben aber keine Garantie.

ARBEITSHILFE ONLINE

Risiko	Gegenmaßnahmen
Kostenrisiko	Vorlage eines schlüssigen **Kostenplans**, der durch einen Generalunternehmer bzw. Generalübernehmer-Vertrag zum **Festpreis** verifiziert wird. Der Festpreis befreit das Kreditinstitut aber nicht vor der Aufgabe, die Kostenansätze auf Plausibilität und den Generalunternehmer bzw. Generalübernehmer auf Bonität zu prüfen – schließlich muss er auch in der Lage sein, seinen Aufgaben während der gesamten Bauphase gerecht zu werden.
Vertriebsrisiko	Der Kreditvertrag wird zwar geschlossen, aber als Auszahlungsvoraussetzung wird der Nachweis eines bestimmten Vertriebsstands verlangt. So kann der Bauträger mit der Maßnahme erst beginnen, wenn er z. B. 80 Prozent[112] der geplanten Verkaufserlöse bereits vertraglich durch Bauträgerverträge gebunden hat. Diese Verträge dürfen nicht einseitig durch den Enderwerber kündbar sein. Eine Erhöhung der Sicherheit entsteht dann, wenn neben den Verkaufsverträgen auch eine unwiderrufliche Finanzierungsbestätigung durch die einzelnen Kreditinstitute der Enderwerber vorgelegt werden kann.

111 Unter Restanten versteht man Einheiten, die bis zur Beendigung der Bauträgermaßnahme nicht abgesetzt werden konnten. Dem Bauträger verbleibt in diesem Fall nur, die Einheiten selbst zu behalten (»in den eigenen Bestand nehmen«) und nach Möglichkeit zu vermieten oder sie preiswerter zu verkaufen. In beiden Fällen kann er nicht die geplanten Erlöse erzielen.

Risiko	Gegenmaßnahmen
Fertigstellungsrisiko	Gründliche Analyse der Leistungsfähigkeit des Bauträgers und Vereinbarung zusätzlicher Kontrollmöglichkeiten während der Bauphase, um Abweichungen schnell zu erkennen.

Tab. 17: Bauträgerrisiken und Gegenmaßnahmen

Ein Darlehensvertrag bei Bauträgerfinanzierungen enthält häufig neben den für alle Darlehensverträge typischen Bestandteilen weitere Inhalte. Das sind unter anderem[113]:

- detaillierte Aufnahme eines Verwendungszwecks,
- spezialisierte Tilgungsvereinbarungen, die unter anderem Angaben zu den Quellen für die Tilgung (Verkaufserlöse) enthalten,
- umfängliche Regelungen zu den Sicherheiten,
- Einreichung von Jahresabschlüssen und Prüfberichten gemäß MaBV,
- Einreichung von nach den Bedingungen der MaBV gestalteten Kaufverträgen mit den Enderwerbern,
- Einräumung umfangreicher Besichtigungsrechte,
- besondere Auszahlungsvoraussetzungen.

Auch die Auszahlung der einzelnen Teilsummen erfolgt nicht direkt an den Bauträger. Er reicht entsprechende, an ihn gerichtete Rechnungen des Generalunternehmers oder Generalübernehmers bzw. Handwerkerrechnungen ein, die durch die Bank zunächst auf Plausibilität und Übereinstimmung mit dem Kostenplan geprüft werden. Danach veranlasst die Bank die Begleichung der Rechnungen zulasten des Kontos des Bauträgers.

Darüber hinaus wird der Bauträger zunächst das vereinbarte Eigenkapital einsetzen. Erst wenn das Eigenkapital vertragsgemäß in die Baumaßnahme geflossen ist, wird die Bank die ersten Teilsummen aus dem Kredit freigeben.

112 Eine Größenordnung von 80 Prozent entspricht erfahrungsgemäß den geplanten Kosten. Selbstverständlich sind auch andere Grenzen denkbar. Eine Vorvertriebsauflage von 100 Prozent dagegen erfüllt den Tatbestand der Knebelung und wäre demzufolge zumindest anfechtbar.

113 Vgl. Frankfurt School of Finance, Schulungsmaterial Bankfachwirt, Immobiliengeschäft, S. 5 f.

Bei einem verantwortungsvollen Umgang mit diesem Instrumentarium lassen sich die Risiken für den Kreditgeber deutlich einschränken.

Gestaltung des Bauträgerkredits

Der Darlehensvertrag zwischen dem Bauträger und der ihn finanzierenden Bank ist zunächst ein normaler Kontokorrentvertrag. Zumeist wird innerhalb dieser Summe, manchmal aber auch als separater Kredit, die maximal mögliche Höchstsumme von Bürgschaften vereinbart. In der konkreten Gestaltung haben sich verschiedene Verrechnungsmodelle herausgebildet (siehe Abbildung 8).[114]

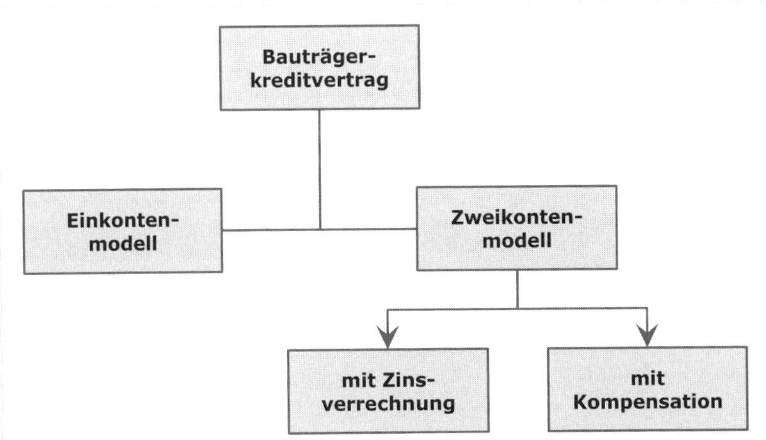

Abb. 8: Verrechnungsmodell bei Bauträgerkrediten

- **Einkontenmodell**
  Beim Einkontenmodell wird ein Kontokorrentrahmen eingerichtet, der an die voraussichtliche maximale Inanspruchnahme angepasst ist. Auf dem gleichen Konto erfolgen sämtliche Soll-Buchungen (Erhöhung der Kreditinanspruchnahme) und alle Haben-Buchungen (insbesondere die Einzahlungen der Enderwerber). Dem Bauträger verbleibt so ein Dispo-

114 Erfolgt keine Finanzierung des Bauträgers über Kredite, entfallen die hier geschilderten Konstruktionen.

sitionsrahmen, in dem er sich frei bewegen kann. Den Vorteil der einfachen Handhabung und einer relativ niedrigen Kreditsumme erkauft man sich bei diesem Modell mit dem gravierenden Nachteil, dass die Kontrolle über bereits erfolgte Zahlungen und die Einzelfreigabe von Rechnungen praktisch nicht möglich sind. Um alle Vorgänge nachvollziehen zu können, braucht man eine Buchhaltung, die alle Zahlungen separat bucht. Da der Bauträger der Kontoinhaber ist, kann er auch allein entscheiden, welche Zahlungen er über das Konto laufen lässt.
Alles in allem ist das Einkontenmodell für die professionelle Abwicklung einer Bauträgermaßnahme nicht geeignet.

- **Zweikontenmodell**
  Beim Zweikontenmodell werden von vornherein zwei Konten eingerichtet: Auf einem Konto werden sämtliche Soll-Umsätze verbucht. Das geschieht, indem der Bauträger Rechnungen einreicht, die nach Prüfung durch die Bank zulasten dieses Kontos gebucht werden. Der für dieses Konto eingerichtete Kreditrahmen entspricht den geplanten Baukosten abzüglich des Eigenkapitalanteils des Bauträgers.
  Eingehende Beträge, insbesondere handelt es sich hierbei um die Kaufpreiszahlungen der Enderwerber, werden *nicht* dazu verwendet, dieses Kreditkonto zurückzuführen, sondern auf einem zweiten Konto angesammelt. Im Rahmen von Bürgschaften gemäß § 7 MaBV werden diese eingegangenen Gelder der Bank als Sicherheit für eventuell fällig werdende Bürgschaftszahlungen verpfändet. Die Pfändung wird bei vertragsgemäßem Ablauf am Ende der Maßnahme aufgehoben. Erst am Ende der gesamten Bauträgermaßnahme werden beide Konten miteinander verrechnet und der verbliebene Betrag an den Bauträger »ausgekehrt«.
  »Zinsverrechnung« bedeutet, dass Guthabenzinsen auf dem zweiten Konto mit den Kreditzinsen auf dem ersten Konto verrechnet werden. Der Bauträger zahlt also nur die Differenz zwischen den Kreditzinsen und den Guthabenzinsen.
  »Kompensation« heißt, dass die Salden auf den beiden Konten gegeneinander aufgerechnet werden.

Wichtig

Die Salden werden *lediglich für die Zinsberechnung zusammengefasst*, bleiben aber tatsächlich auf den beiden Konten bestehen.

Zinsen sind nur für den entsprechenden kompensierten Saldo fällig.

Beispiel: Bauträgerkredit

geplante Gesamtkosten der Bauträgermaßnahme	10 Mio. EUR
geplante Verkaufserlöse	12 Mio. EUR
einzusetzendes Eigenkapital	1 Mio. EUR
Bauträgerkredit	9 Mio. EUR

Nebenabrede:[115] Seine laufenden Bürokosten von geplant 0,5 Mio. EUR während der Gesamtmaßnahme trägt der Bauträger aus Eigenkapital. Weitere 0,5 Mio. EUR setzt er für bauvorbereitende Maßnahmen ein. Beide Kostenbestandteile sind in den geplanten 10 Mio. EUR enthalten.
Die Bank wird sich also den Einsatz dieser Gelder nachweisen lassen. Am einfachsten geschieht das, wenn der Bauträger neben dem Darlehenskonto und dem Guthabenkonto ein weiteres Konto bei der gleichen Bank führt, auf dem das Eigenkapital und seine Verwendung nachzuvollziehen sind.
Bei vertragsgemäßem Ablauf entwickeln sich die Konten wie in Abbildung 9 dargestellt.

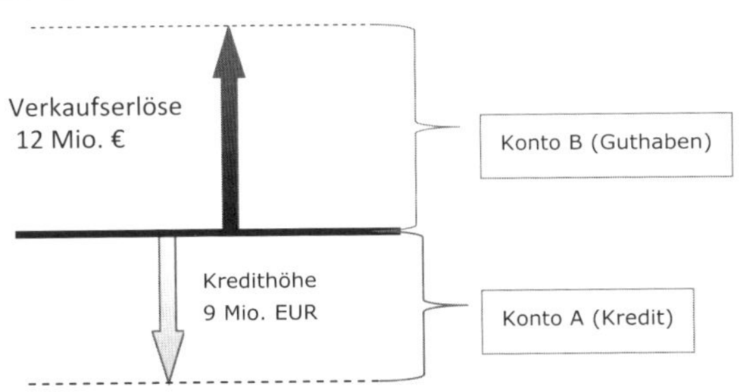

Abb. 9: Zweikontenmodell

115 Nebenabreden werden in Finanzverträgen häufig mit dem englischen Begriff »Covenant« bezeichnet.

Bei planmäßigem Ablauf der gesamten Maßnahme stehen aus den Verkaufserlösen auf Konto B am Ende 12 Mio. EUR (Guthaben), das Konto A (Kredit) ist mit 9 Mio. EUR in Anspruch genommen. Mit Übergabe der Objekte an die Enderwerber sind auch eventuelle Bürgschaftsverpflichtungen der Bank aus § 7 MaBV hinfällig. Sind also sämtliche vertraglichen Bedingungen erfüllt, bucht die Bank aus dem Konto B 9 Mio. EUR auf das Konto A um und tilgt somit den Kredit. Die verbleibende Summe steht nun dem Bauträger zu.

Die Zinsverrechnung ist lediglich eine Verrechnung. Einsparmöglichkeiten hat der Bauträger nicht. Bei der *Kontenkompensation* tritt jedoch folgender Effekt ein:

Die ersten Zahlungsraten durch die Enderwerber sind relativ zeitig fällig, nämlich 30 Prozent bei Beginn der Erdarbeiten. Bei Sanierungsmaßnahmen sind zu Beginn der Maßnahme sogar schon insgesamt 58 Prozent fällig, steht doch der Rohbau bereits. Das führt dazu, dass bei geschickter Steuerung der Guthabensaldo immer größer ist als der aufgelaufene Kreditbetrag. Auf diese Weise würde der Bauträger keinerlei Zinsen zahlen, da eine Zinszahlung nur erforderlich ist, wenn der Saldo von Guthaben und Kreditinanspruchnahme negativ ist. Ist der Saldo positiv, erhält er sogar noch eine Guthabenverzinsung.

Aus diesem Grund wird zwischen Bank und Bauträger eine pauschale Bearbeitungsgebühr vereinbart, die die Bank bei Beginn der Maßnahme vereinnahmt. Aus dieser Gebühr bestreitet das Kreditinstitut seine Kosten, der übersteigende Teil ist der Gewinn der Bank.

Das Zweikontenmodell mit Kompensation bietet beiden Vertragspartnern eine faire und kalkulierbare Abwicklung. Es ist deshalb Standard bei professionellen Bauträgerfinanzierungen.

5.2.3 Gewerbliche Vermieter

5.2.3.1 Grundsätzliche Geschäftsmodelle

Die Geschichte der gewerblichen Vermieter beginnt zu Beginn des 20. Jahrhunderts. Sogenannte »Terraingesellschaften« – heute würde man sie »Developer« nennen – kauften in großem Maßstab Bauland auf, vor allem in den Randgebieten von Großstädten. Dieses Bauland wurde dann nach der Entwicklung entweder weiterverkauft oder selbst bebaut.

Ein weiterer Zweig des Vermietungsgeschäfts waren die berufsmäßigen oder nebenberuflichen Hauseigentümer. Sie bezogen ihr Einkommen oder ihre Altersbezüge aus den Mieten. Dieses Modell der privaten Vorsorge mithilfe von Wohnimmobilien gibt es auch heute noch, es ist aber kein Bestandteil dieses Kapitels. Vielmehr stehen hier die Wohnungsunternehmen im Fokus. Oft aus dem Werkswohnungsbau als Bestandteil der betrieblichen Sozialpolitik hervorgegangen, haben sich heute teilweise Wohnungsgesellschaften mit mehr als 100.000 Wohnungen herausgebildet. Der deutsche Marktführer Vonovia SE, hervorgegangen aus der Fusion der Deutschen Annington und der GAGFAH S. A.[116] ist im DAX notiert und besitzt bzw. verwaltet rund 370.000 Wohnungen. Das zweitgrößte Unternehmen, die ebenfalls börsennotierte Deutsche Wohnen AG, nennt 147.000 Wohnungen ihr Eigen.[117]

Neben diesen Großunternehmen gibt es nahezu in allen größeren Städten kommunale Wohnungsunternehmen, die, je nach Größe der Kommunen, zwischen einigen Dutzend bis zu mehr als 10.000 Wohnungen besitzen. Der Hauptzweck ihrer Gründung war vor allem, der kommunalen Aufgabe der Versorgung der Bevölkerung mit (bezahlbarem) Wohnraum nachzukommen. Der Sozialwohnungsbau war lange Zeit ein fester Bestandteil ihrer Tätigkeit.

---

116 Gemeinnützige Aktien-Gesellschaft für Angestellten-Heimstätten, 1918 gegründet für die Versorgung der gesetzlich versicherten Angestellten in Berlin.

117 Im Februar 2016 versuchte die Vonovia über eine sogenannte feindliche Übernahme die Deutsche Wohnen zu kaufen. Dieser Versuch ist allerdings gescheitert, weil ihr nicht ausreichend Aktien angedient wurden. Mit 30,4 Prozent wurde die angepeilte Schwelle von 50 Prozent plus eine Aktie deutlich verfehlt.

Als letzte große Gruppe der gewerblichen Vermieter seien die Wohnungs- oder Wohnungsbaugenossenschaften genannt. Sie dienen vor allem der »Hilfe durch Selbsthilfe« für ihre Mitglieder, ergänzt teilweise durch staatliche Förderung, wie sie grundsätzlich alle Wohnungsunternehmen in Anspruch nehmen können.

Die Spitzenverbände der Wohnungsunternehmen sind
- der Bundesverband deutscher Wohnungs- und Immobilienunternehmen e. V. (GdW) – hervorgegangen aus dem Gesamtverband gemeinnütziger Wohnungsunternehmen (daher auch das Kürzel GdW) und
- der Bundesverband Freier Immobilien- und Wohnungsunternehmen e. V. (BFW).

Diese Trennung resultiert noch aus der Zeit der gesetzlich normierten Wohnungsgemeinnützigkeit, die 1988 endete.

Der Markt der professionellen gewerblichen Vermieter teilt sich etwa hälftig auf: Private Wohnungsunternehmen umfassen etwa 45 Prozent, kommunale Wohnungsunternehmen und Genossenschaften rund 50 Prozent der auf dem Markt befindlichen Wohnungen. Der Rest verteilt sich auf Kirchen, öffentliche Wohnungsunternehmen und Sonstige.

Die Geschäftsmodelle der gewerblichen Vermieter unterscheiden sich hinsichtlich der strategischen Zielstellung:
- **Kommunale Wohnungsunternehmen und Wohnungsgenossenschaften** haben als vorrangiges Ziel, ihre Bestände zu erhalten und entsprechend zu verwalten. Kauf und Neubau einerseits und Verkauf oder Abriss andererseits erfolgen nur im Rahmen von Arrondierungen des Portfolios. Diese Strategie kann man als »Bestandshalter« bezeichnen.
- **Private Wohnungsunternehmen** sind nicht so strikt dem Ziel der Bestandshaltung unterworfen. Sie sind in der Lage, aktives Bestandsmanagement zu betreiben. Das impliziert den Zukauf, aber auch die Abtrennung und Ausgliederung größerer Bestände. Das Ziel besteht in der Maximierung der Rendite und damit in der Erhöhung des wirtschaftlichen Nutzens für die Eigentümer.

5.2.3.2 Finanzierungskennzahlen im Mietgeschäft

Um die Wirtschaftskraft eines Wohnungsunternehmens (gewerblichen Vermieters) zu beurteilen, werden die üblichen Kennzahlen der Unternehmensanalyse genutzt. Das sind vor allem die klassischen Renditekennzahlen (Returns), wie sie in der Betriebswirtschaftslehre, speziell im Finanzcontrolling verwendet werden. Diese Berechnungen unterscheiden sich nicht grundsätzlich von vergleichbaren Berechnungen zu Unternehmen anderer Branchen. Aus diesem Grund wird hier nicht näher darauf eingegangen.[118]

Kennzahlen sollten nicht gedankenlos verwendet werden. In jeder Zahl sind verschiedene Informationen komprimiert. Es gibt nicht die eine allein wichtige Kennzahl, alle Werte müssen in den Kontext gestellt und interpretiert werden. Blinde Zahlengläubigkeit führt schnell zu falschen Ergebnissen, das Berechnen von Kennzahlen kann eine ganzheitliche Betrachtungsweise nicht ersetzen. Kennzahlen können allerdings Hinweise auf Schwachstellen und künftige Entwicklungen geben.

Einige häufig verwendete Kennzahlen, die speziell der Beurteilung von Immobilienunternehmen dienen, sollen nun genannt werden.[119]

5.2.3.3 Auswahl von Kennzahlen für Immobilienunternehmen

Net Asset Value (Nettoinventarwert)

Ziel der Anwendung dieser Kennzahl ist es, den Nettowert des Vermögens eines Immobilienunternehmens zu ermitteln. Der Nettowert ergibt sich aus dem Bruttovermögen abzüglich der darauf lastenden Schulden. Die Besonderheit des Net Asset Value (NAV) liegt darin, dass das Vermögen nicht anhand der Bilanzwerte, sondern durch Sachverständige ermittelt wird. Damit sollen Verzerrungen aufgrund einer möglichen Bilanzpolitik ebenso

118 Grundlegende Definitionen und ihre Erklärung findet sich unter anderem in Erlen/Isaak, BWL-Kennzahlen (Business Ratios), 2015, S. 72 ff.

119 Ausführlicher bei Geyer, Kennzahlen für die Bau- und Immobilienwirtschaft, 2014, S. 190 ff.

eliminiert werden wie stille Reserven, die durch die konsequente Anwendung der Bilanzierungsvorschriften nach HGB entstehen.

! **Beispiel: Net Asset Value**

Im Vermögen der S&R Immobilien GmbH befindet sich unter anderem ein Baugrundstück, das vor 60 Jahren zum damaligen Marktwert von (umgerechnet) 250.000 EUR erworben wurde. Der aktuelle Marktwert liegt aber bei 600.000 EUR.

In der Bilanz schlägt sich das Grundstück mit 250.000 EUR (nämlich den historischen Anschaffungskosten) nieder. Die Summe, mit der das Grundstück zum Net Asset Value beiträgt, ist aber 600.000 EUR.

Vom Net Asset Value zu unterscheiden ist der Börsenwert des Unternehmens (wenn es denn an der Börse notiert ist). In den Börsenwert gehen individuelle Risikoeinschätzungen der Anleger mit ein. Anleger berücksichtigen bei ihrer Bewertung neben dem reinen Asset-Wert auch Elemente wie die Finanzierungsstruktur oder die mit dem Unternehmen verbundenen Risiken.

Gerade bei Unternehmen, deren Vermögen zu einem großen Teil aus Immobilien besteht, ist die Wahrscheinlichkeit hoch, dass die Buchwerte nach HGB nicht den aktuellen Marktwerten entsprechen. Hier ist die Bestimmung des Net Asset Value eindeutig vorzuziehen.

Funds from Operations

Funds from Operations (FFO) ähneln stark dem aus der betrieblichen Finanzwirtschaft bekannten operativen Cashflow. Es handelt sich um den cashwirksamen Überschuss, der aus dem operativen Geschäft des Wohnungsunternehmens nachhaltig und wiederkehrend erwirtschaftet wird. Dieser Überschuss kann wieder investiert oder auch ausgeschüttet werden. Die Funds from Operations stammen aus

- dem Geschäft der Immobilienbewirtschaftung und
- dem Handelsgeschäft mit Immobilien, sofern der Immobilienhandel nicht nur gelegentlich ausgeübt wird, sondern ein Geschäftszweck ist.

Aus den Funds from Operations abgeleitet kann man den Anteil der Funds from Operations an den Earnings before Taxes ermitteln. Unter »Earnings before Taxes« versteht man das operative Ergebnis (einschließlich der nicht cashflowwirksamen Teile wie z.B. den Abschreibungen) vor Steuern. Der Anteil der Funds from Operations an den Earnings before Taxes gibt somit an, welcher Teil des operativen Ergebnisses zahlungswirksam ist.

Verschuldungskoeffizient (Gearing Ratio)

Hinweis !

Synonym werden, je nach Autor, für die gleiche Kennzahl die Begriffe »Verschuldungsgrad« oder »Fremdkapitalquote« verwendet.

$$\text{Verschuldungskoeffizient} = \frac{\text{Fremdkapital}}{\text{Eigenkapital}}$$

Ebenso wie die Eigenkapitalquote gibt der Verschuldungskoeffizient Auskunft über die in der Bilanz ausgewiesene Finanzierungsstruktur. Es gibt keinen allgemein anerkannten kritischen Wert, da die Beurteilung der Verschuldungssituation eines Unternehmens immer im Zusammenhang mit anderen Kennzahlen gesehen werden muss.

Schuldendeckungsgrad (Debt Service Cover Ratio)

Der Schuldendeckungsgrad gibt an, wie gut ein Unternehmen in der Lage ist, aus dem Net Operating Income seinen Kapitaldienst zu erbringen.

$$\text{Schuldendeckungsgrad} = \frac{\text{Net Operating Income}}{\text{Schuldendienst}} \times 100$$

Dabei gilt:

- Net Operating Income = Mieterlöse – Aufwendungen, die den Immobilien zurechenbar sind. Das Net Operating Income stellt dar, wie viel das Unternehmen operativ aus den Immobilien verdient. Die Mieterlöse beziehen sich dabei auf den Zustand der Vollvermietung (siehe Kapitel 5.1.3.5).
- Schuldendienst = Zinszahlungen + Tilgungsleistungen für Kredite.

Ein bestimmter Schuldendeckungsgrad wird von vielen Kreditgebern als Financial Covenant (verbindliche Vereinbarung in Kreditverträgen) gefordert. Aber auch dann, wenn diese Forderung nicht von außen erhoben wird, ist die Unterschreitung eines Mindestschuldendeckungsgrads immer ein Alarmsignal.

! **Hinweis**

Wenn die Schuldentilgung nicht annuitätisch erfolgt, sondern (zumindest teilweise) als endfälliges Darlehen, wird die Aussage des Schuldendeckungsgrads verzerrt. In diesem Fall ist es sinnvoll, den »Zinsdeckungsgrad« (Interest Cover Ratio – ICR) zu bestimmen. Dafür wird in der obigen Formel der Schuldendienst ersetzt durch die zu erbringenden Zinszahlungen. Die Aussage ist dann, welcher Anteil des Net Operating Income zur Zinszahlung erforderlich ist.

Schuldentilgungsdauer

Wirtschaftlich verwandt mit dem Schulden- und dem Zinsdeckungsgrad ist die Kennzahl »Schuldentilgungsdauer«. Hier wird berechnet, wie viele Jahre es theoretisch dauern würde, bis sämtliche Schulden aus dem Net Operating Income zurückgezahlt worden sind.

$$\text{Schuldentilgungsdauer in Jahren} = \frac{\text{Fremdkapital}}{\text{Net Operating Income}}$$

Die Aussage der Schuldentilgungsdauer ist abstrakt. In der Praxis werden die Kennzahlen der obigen Formel (Höhe des Fremdkapitals und Net Operating Income) sowohl zwischen den Jahren, als auch innerhalb der einzelnen Jahre schwanken. Darüber hinaus wird es nicht möglich sein, die Erträge ausschließlich zur Schuldentilgung zu verwenden. Auch sind in Kreditverträgen bestimmte Modi zur Schuldentilgung vereinbart, die einzuhalten sind.

Unterstellt wird weiterhin, dass die Höhe der Verschuldung mit dem technischen Zustand des Immobilienbestands korrespondiert. Ansonsten könnte es sein, dass eine relativ niedrige Verschuldung dadurch entstanden ist, dass notwendige Instandhaltungsmaßnahmen nicht durchgeführt worden sind.

Gute Aussagen sind jedoch durch Zeitreihen möglich: Wenn im Zeitvergleich mehrerer Jahre die Schuldentilgungsdauer ansteigt, ist das ein Alarmzeichen.

Break-even-Miete

Die Break-even-Miete in EUR/m² und Monat ist die Mindestmiete, die bei Vollvermietung erreicht werden muss, um den Schuldendienst decken zu können.

$$\text{Break-even-Miete} = \frac{\text{Schuldendienst p. a.} + \text{nicht umlagefähige BWK p. a.}}{\text{vermietbare Nutzfläche} \times 12}$$

Wird sie erreicht, können aus der Miete (Vollvermietung unterstellt) die Kreditraten und die nicht auf die Miete umlegbaren operativen Kosten gedeckt werden.

Die Break-even-Miete lässt sich eindeutig berechnen und zeigt das Sicherheitspolster bei den Mieten auf. Problematisch ist:

- Durch veränderte Zinssätze und/oder eine veränderte Fremdfinanzierungshöhe ändert sich auch der Schuldendienst.
- Vollvermietung wird unterstellt.
- Künftige Bewirtschaftungskosten können nur geschätzt werden.

Andererseits gilt ja nicht, dass die Break-Even-Miete gerade so erreicht werden soll. Wichtig ist es, das rechnerische Polster zwischen der Break-Even-Miete und den tatsächlichen Mieteinnahmen zu analysieren.

Loan to Value Ratio

Im Gegensatz zum Verschuldungsgrad, der das gesamte Unternehmen im Blick hat, wird bei der Loan to Value Ratio die Verschuldung der *einzelnen Objekte* eines Gesamtimmobilienbestands betrachtet. Das auf der jeweiligen Immobilie lastende Kreditvolumen wird dem Verkehrswert des Objekts gegenübergestellt.

Die Aussagekraft dieser Kennzahl wird geschmälert, weil

- es sich um eine stichtagsbezogene Kennzahl handelt, die durch Tilgungen direkt beeinflusst wird,
- es nicht immer möglich sein wird, die Kreditlast einzelnen Immobilien zuzuordnen; größere Wohnungsgesellschaften werden versuchen, bei der Aufnahme von Krediten die erforderlichen Grundschulden auf bestimmte Objekte zu konzentrieren und andere Objekte damit lastenfrei zu lassen.

Eine Variante der Loan to Value Ratio ist die **Loan to Cost Ratio (LTC)**. Hier wird das Kreditvolumen den *Gesamtinvestitionskosten* der jeweiligen Immobilie gegenübergestellt. In den Gesamtinvestitionskosten sind auch solche Kostenbestandteile wie

- Finanzierungskosten,
- Erwerbsnebenkosten und
- Vermarktungskosten

enthalten.

Kredit pro Quadratmeter

Wenn der Kreditbetrag des Objekts und die Nettofläche eindeutig feststehen, kann man den Kreditbetrag pro m^2 Nettofläche bestimmen. Die Aussage ist intuitiv einleuchtend. Sinnvoll ist diese Kennzahl, wenn man verschiedene Objekte miteinander vergleicht.

Kapitaldienstfähigkeit und Mietenmultiplikator

Die Kapitaldienstfähigkeit ist eine Prozentzahl. Sie gibt an, wie viele Prozent der Kreditsumme durch das Net Operating Income gedeckt sind.

$$\text{Kapitaldienstfähigkeit} = \frac{\text{Net Operating Income}}{\text{Kreditsumme}} \times 100$$

Der Kehrwert der Kapitaldienstfähigkeit ist der Mietenmultiplikator: Wie viele Jahre dauert es, bis durch die Mieteinnahmen der Kredit wieder »verdient« worden ist.

6 Gestaltung von Zins- und Tilgungsvereinbarungen in Kreditverträgen

6.1 Formen der Zinsverrechnung und Zinsbindung

Grundsätzlich kann die Zinsverrechnung variabel erfolgen oder es wird ein fixer Zinssatz vereinbart. Welche der beiden Versionen für den Kreditnehmer am sinnvollsten ist, kann nicht pauschal gesagt werden, sondern ist immer von den individuellen finanziellen Möglichkeiten sowie steuerlichen und persönlichen Entwicklungen ab.

Bei einer variablen Verzinsung ist grundsätzlich jederzeit eine Rückzahlung möglich, auch über eventuell vereinbarte Tilgungsleistungen hinaus. Soll der Zinssatz jedoch festgeschrieben werden, ist das nicht mehr so ohne Weiteres möglich. Demzufolge ist wichtig, für welchen Zeitraum der Zinssatz unveränderlich sein soll (sogenannte »Zinsfestschreibung« oder »Zinsbindung/Zinsbindungsfrist«). In diesem Zeitraum darf einerseits die Bank den Zinssatz nicht ändern, andererseits kann aber auch der Kreditnehmer nicht einfach das Darlehen vollständig oder teilweise zurückzahlen, z. B., weil sich die allgemeinen Marktzinsen inzwischen nach unten entwickelt haben.

Variabler Zinssatz
Im Fall des variablen Zinssatzes vereinbaren der Kreditnehmer und das finanzierende Kreditinstitut einen anfänglichen Zinssatz. Dieser Satz kann entweder »nach billigem Ermessen« der Bank oder aber in Verbindung mit einem bestimmten Referenzzinssatz geändert werden.

Im ersten Fall wird das Kreditinstitut dem Kreditnehmer unter Wahrung einer gewissen Frist mitteilen, wann es den Zinssatz in welcher Höhe veränderten Kapitalmarktbedingungen anpassen wird. Diese Änderung kann eine Senkung, freilich auch eine Erhöhung des Zinssatzes bedeuten. Die Änderungen sind indessen nicht kausal an konkret messbare Größen gebunden. Die Bank hat also einen überdurchschnittlich großen Handlungsspielraum.

Im zweiten Fall wird vereinbart, dass der Zins an einen regelmäßig festgestellten Referenzzins gekoppelt ist. Solche Referenzzinssätze können unter anderem der EURIBOR[120] oder der LIBOR[121] sein.

! **Beispiel: Kopplung des Zinssatzes an einen Referenzzinssatz**

Die Vereinbarung könnte folgendermaßen lauten: »Der Zinssatz liegt immer beim 3-Monats-EURIBOR zuzüglich 0,5 Prozentpunkten und wird am Monatsersten des dem vollen Quartal folgenden Monats für die folgenden drei Monate neu berechnet.«

Bei variablen Zinsvereinbarungen besteht der Vorteil darin, dass der Kreditnehmer von sinkenden Zinsen partizipieren kann. Andererseits läuft er Gefahr, bei steigenden Zinsen an den Kapitalmärkten auch höhere Kreditzinsen zahlen zu müssen. Da sich die Kreditinstitute in Fällen variabler Verzinsung nicht langfristig refinanzieren (müssen), besteht keine Gefahr eines Refinanzierungsschadens, wenn das Darlehen durch den Kreditnehmer gekündigt und vollständig oder teilweise zurückgezahlt wird. Das Vereinbaren eines variablen Zinssatzes sichert also eine hohe Flexibilität.

Fixer Zinssatz

Im Falle des fixen Zinssatzes wird der Zinssatz für einen bestimmten Zeitraum fest vereinbart. Dieser Zeitraum beläuft sich zumeist auf fünf oder zehn Jahre (in Ausnahmefällen auch kürzer oder länger). Während dieses Zeitraums ist eine einseitige Kreditkündigung (und damit auch eine vorfristige Rückzahlung des Darlehens) nicht möglich, wenn sie nicht gesondert vereinbart wurde. Die Bank refinanziert sich über den gesamten Zeitraum der Zinsbindung und kann demzufolge einen Refinanzierungsschaden gel-

120 Euro Inter Bank Offered Rate (EURIBOR) ist ein Referenzzinssatz für Termingelder in EUR im Interbankengeschäft. Seit dem 01.11.2013 werden die Werte für die Laufzeiten 1 Woche, 2 Wochen, 1 Monat, 2, 3, 6, 9 und 12 Monate veröffentlicht.

121 Wie EURIBOR, nur dass der Bankplatz London ist.

tend machen, wenn der Kreditnehmer bei sinkenden Zinsen das Darlehen vorfristig kündigt und zurückzahlt.

Beispiel: Refinanzierungsschaden !

Vorfälligkeitsentschädigung: Ein Kreditnehmer schließt mit einem Kreditinstitut einen Kreditvertrag über 100.000 EUR mit einer Laufzeit von zehn Jahren ab. Der Zinssatz beträgt 6,0 Prozent. Die Bank muss sich nun das Geld beschaffen, z. B. über eine Schuldverschreibung (Sparbrief oder Ähnliches). Der Käufer dieses Sparbriefs erhält 4,5 Prozent Zinsen, die Laufzeit beträgt ebenfalls zehn Jahre. Die Differenz von 1,5 Prozent deckt die Kosten der Bank und sichert ihr einen gewissen Gewinn.
Sinken nun die allgemein üblichen Darlehenszinsen auf 3,5 Prozent und die Zinsen für entsprechende Geldanlagen auf 1,0 Prozent, möchte der Kreditnehmer den Kredit kündigen und zurückzahlen. Das Geld beschafft er sich durch einen neuen Kredit zu 3,5 Prozent. Wie sieht nun die Situation der Bank aus? Sie erhält keine Zinsen mehr, das zurückgezahlte Geld kann sie aber nur zu 1,0 Prozent anlegen. Parallel dazu wird der Käufer des Sparbriefs aber weiter seine zugesicherten 4,5 Prozent Zinsen erhalten. Die Bank erleidet also einen Verlust von 3,5 Prozent p. a. für die restliche Laufzeit. Der Ausgleich für diesen Schaden ist die Vorfälligkeitsentschädigung.

Das Beispiel macht deutlich, dass in Phasen zurückgehender Zinsen die Kreditinstitute entsprechende Entschädigungen verlangen. Die dafür geltenden Vorschriften werden durch die Bankenaufsicht erlassen, es herrscht also keine Willkür.

Aufgrund der langen Tilgungszeiträume von zumeist etwa 20 bis 25 Jahren ist das Darlehen bei Ablauf der Zinsbindung in der Regel noch nicht vollständig getilgt, es besteht eine Restschuld. Nach Ablauf der Zinsbindungsfrist muss demzufolge diese Restschuld getilgt oder eine Anschlussfinanzierung gefunden werden. Die Zinssätze der Anschlussfinanzierung richten sich nach den dann geltenden Kapitalmarktsätzen und nicht nach dem bisher gezahlten Zinssatz!

Die Vereinbarung eines festen (fixen) Zinssatzes sichert also einen Zinssatz für einen längeren Zeitraum und sollte demzufolge insbesondere in Niedrigzinsphasen präferiert werden. Sollten die Zinsen jedoch weiter sinken, hat der Kreditnehmer keine Möglichkeit, von diesen Zinssenkungen zu partizipieren, solange die Zinsfestschreibung noch nicht abgelaufen ist.

! **Hinweis**

Verbraucherkredite sind nach dem BGB nach Ablauf einer Frist von zehn Jahren durch den Verbraucher einseitig kündbar, auch wenn eine längere Zinsbindungsdauer vereinbart wurde. Das ist ein zusätzliches Risiko für die Bank, die das wahrscheinlich durch einen Zuschlag in den Nominalzins einpreisen wird.

6.2 Zinserhöhende Effekte

Der nominal zu zahlende Zinssatz wird im Vertrag festgelegt. Er bezieht sich auf die Darlehenssumme. Zu berücksichtigen ist jedoch, dass

- Gebühren und Ähnliches anfallen können und
- oft nicht die gesamte Summe des Darlehens mit einem Mal ausgezahlt wird.

Beides führt dazu, dass sich die effektive Verzinsung des Darlehens vom Nominalzinssatz unterscheidet.

Gebühren/Zinszuschläge

Grundsätzlich steht es Kreditinstituten frei, für bestimmte Leistungen Gebühren zu verlangen. Wichtig ist lediglich, dass diese Gebühren vorher vereinbart und nicht etwa nachträglich erhoben werden. Neben der klassischen Bearbeitungsgebühr könnten das unter anderem sein:

- Bürgschaftsgebühren,
- Teilauszahlungszuschläge,
- Kosten für eine Restschuldversicherung,
- Zinszuschläge bei einer Überschreitung der Beleihungsgrenze oder bei verminderter Bonität[122],
- Vermittlungsprovisionen (falls die Bank als Vermittler aufgetreten ist).

122 Kreditinstitute bilden zumeist einen Mischzinssatz. Bei schwacher Bonität des Kunden oder dann, wenn der Beleihungsspielraum voll ausgereizt wird – Finanzierung von mehr als 80 Prozent des Kaufpreises – wird oft ein Risikozuschlag erhoben.

Zinszuschläge werden von vornherein im Nominalzinssatz[123] berücksichtigt. Alle Positionen, die einmalig anfallen, müssen rechnerisch auf die Gesamtlaufzeit verteilt werden und erhöhen damit die effektive Verzinsung.

Beispiel: Effektive Verzinsung !

Für ein Darlehen in Höhe von 500.000 EUR sind 3 Prozent Zinsen zu zahlen (15.000 EUR pro Jahr). Es wird eine Bearbeitungsgebühr von 2.500 EUR erhoben, die Laufzeit des Darlehens beträgt zehn Jahre. Somit entfallen 250 EUR der Bearbeitungsgebühr auf jedes Jahr, was zur Zinszahlung von 15.250 EUR führt. Bezogen auf die Darlehenssumme ergibt sich damit eine Effektivverzinsung von 3,05 Prozent.

Bei Verbraucherkrediten muss der Effektivzinssatz explizit ausgewiesen werden.[124] Einen echten Vergleich bei verschiedenen Kreditangeboten bietet er jedoch nur, wenn die Laufzeiten übereinstimmen. Darüber hinaus ist zu beachten, dass kostentragende Bestandteile wie z. B. eine Restschuldversicherung nicht in die gesetzliche Berechnung des Effektivzinssatzes einbezogen werden.

Bauzeitzinsen

Wenn nicht ein bereits fertiges Objekt erworben wird, sondern der Kaufpreis je nach Baufortschritt bezahlt wird, muss das Darlehen je nach Baufortschritt abgerufen und verzinst werden. Parallel dazu ist es bei privaten Selbstnutzern in der Regel erforderlich, die bisherigen Wohnkosten (Miete) weiter zu tragen. Die vereinbarte Tilgung beginnt erst mit der Vollauszahlung des Darlehens. Die Bauzeitzinsen im Voraus exakt zu berechnen, ist nur dann möglich, wenn die Höhe der zu zahlenden Raten und die genauen Termine bereits feststehen. Das ist in der Regel nicht der Fall. Deshalb behilft man sich bei der Kalkulation der Bauzeitzinsen mit der überschlägigen Formel:

$$\text{Bauzeitzinsen} = \frac{\text{Darlehenssumme}}{2} \times \frac{\text{Nominalzinssatz}}{100} \times \frac{n}{12}$$

123 Auch als Sollzinssatz oder, nicht ganz korrekt, als Sollzins bezeichnet.
124 Siehe § 6 Preisangabenverordnung.

Dabei ist n die Anzahl der Monate bis zur Fertigstellung des Objekts.

Man unterstellt hierbei einen annähernd linearen Abruf des Darlehens und damit eine im Durchschnitt hälftige Inanspruchnahme.

Bereitstellungszinsen

Das Kreditinstitut sagt eine Kreditsumme verbindlich zu, die aber erst nach Baufortschritt und in der Regel nach dem nachgewiesenen Einsatz des Eigenkapitals voll ausgezahlt wird. Dabei wird regelmäßig ein Termin vereinbart, bis zu dem die Auszahlung erfolgen soll. Wird der Kredit bis zu diesem Termin nicht (vollständig) abgerufen, verlangt das Kreditinstitut Bereitstellungszinsen. Diese sollen den Refinanzierungsverlust ausgleichen. Die Bank hat sich für die gesamte Zeit refinanziert, erhält aber noch keine Zinszahlungen für den noch nicht ausgezahlten Teil.

Die Bereitstellungszinsen sind in aller Regel niedriger als der Sollzinssatz. Deshalb ist es nicht sinnvoll, Darlehensteile abzurufen, auch wenn sie noch nicht benötigt werden. Abgesehen davon ist das auch oft gar nicht möglich, wird doch die Bank nur gegen Rechnungen der Baufirma oder des Bauträgers und auch erst nach Einsatz des Eigenkapitals auszahlen.

Damnum

Das Damnum (oder Disagio) ist ein Abschlag auf die auszuzahlende Summe und wird i. d. R. in Prozent angegeben. Ein Damnum von 2 Prozent bedeutet, dass nur 98 Prozent der Darlehenssumme ausgezahlt werden.

! **Beispiel: Damnum**

Die Darlehenssumme beträgt 250.000 EUR, das Damnum 2 Prozent. Damit werden nur 245.000 EUR ausgezahlt.

Der wirtschaftliche Grund besteht darin, dass (bei Einhaltung bestimmter Grenzen) die nicht ausgezahlten 5.000 EUR sofort als Werbungskosten (Finanzierungsaufwand/Zinsen) geltend gemacht werden können und damit steuermindernd wirken. Dieser Effekt kann nur dann eintreten, wenn das Objekt nicht selbst genutzt wird (im Privatbereich) oder bei gewerblicher Nutzung, wenn Zinsen also als Aufwand geltend gemacht werden dürfen.

Das Damnum wird rechnerisch auf die Laufzeit (bzw. auf die Zinsbindungsdauer) verteilt und verringert so den Nominalzinssatz. *Der Effektivzinssatz bleibt gleich!* Ob ein steuerlicher Effekt eintritt, ist von den individuellen steuerlichen Gegebenheiten abhängig. Es sollte also immer eine steuerliche Betrachtung durch den Steuerberater erfolgen.

6.3 Zinssicherungsmaßnahmen

Das Vereinbaren eines variablen Zinssatzes (vgl. Kapitel 6.1) erhöht die Flexibilität. Andererseits geht der Darlehensnehmer dabei ein finanzielles Risiko ein: Die künftigen Zinsaufwendungen lassen sich nicht genau kalkulieren. Insbesondere bei hohen Darlehenssummen kann ein Ansteigen der Marktzinsen, und damit der zu zahlenden Zinsen, für den Schuldner existenzbedrohend werden.

Zins-Cap

Soll kein fester Zinssatz vereinbart werden (z. B., weil der Kreditnehmer mit fallenden Zinssätzen rechnet), kann sich der Kreditnehmer mit einem **Cap-Darlehen** eine Zinsobergrenze sichern. Dabei wird mit der finanzierenden Bank eine Vereinbarung abgeschlossen, die dem Kreditnehmer einen Maximalzinssatz zusichert, der nicht überschritten wird, auch wenn sich die Marktzinsen darüber hinaus entwickeln sollten. Dabei handelt es sich um eine Art »Wette« auf die künftige Zinssatzentwicklung: Die Bank rechnet damit, dass der Zinssatz nicht überschritten wird, der Kunde mit dem Gegenteil.

Der Preis für die Garantie dieser Zinsobergrenze ist

- eine einmalige Prämie (z. B. bei einer Laufzeit von zehn Jahren 1,5 Prozent der Darlehenssumme) oder
- eine Erhöhung des Nominalzinssatzes (z. B. um 0,1 bis 0,2 Prozentpunkte).

Um die Kosten für diese zusätzliche Sicherheit zu reduzieren, kann man parallel dazu eine Zinsuntergrenze vereinbaren, also einen Mindestzinssatz. Das stellt gegenüber der Möglichkeit, an Zinssenkungen voll teilzunehmen einen Nachteil für den Darlehensnehmer dar, der sich in einer geringeren Prämie bzw. in einem geringeren Zinsaufschlag äußert.

Einige wichtige **Begriffe**:

- Cap (Zins-Cap): Deckel, Obergrenze, die bei Vorliegen eines variablen Zinssatzes vereinbart wird und keinesfalls *über*schritten wird. Der Zinssatz schwankt also entsprechend der vereinbarten Regel, aber keinesfalls über diese Grenze.
- Floor: Boden, Untergrenze, die bei Vorliegen eines variablen Zinssatzes keinesfalls *unter*schritten wird – Mindestzinssatz.
- Collar: Kombination aus Cap und Floor. Damit wird also ein *Zinskorridor* festgelegt, innerhalb dessen sich der Zinssatz bewegen kann.

Die Höhe der Prämie bzw. des Zinszu- bzw. -abschlags ist abhängig vom allgemeinen Zinssatz und der Wahrscheinlichkeit, mit der sich während der Laufzeit Zinsänderungen ergeben werden.

Auf den Abschluss solcher Vereinbarungen besteht kein Anspruch.

Zins-Swap

Auch der Zins-Swap dient der Absicherung gegen Zinsänderungen, wenn ein variabler Zinssatz vereinbart wurde. Es handelt sich um ein Kapitalmarktinstrument, das im Bereich privater Baufinanzierungen nur bei vergleichsweise hohen Summen eine Rolle spielt. Ansonsten wären Swaps institutionellen Investoren vorbehalten.

Im Grunde besteht ein Swap (vom engl. »to swap« = tauschen) aus zwei Geschäften:

- Es wird ein Kredit mit einem variablen Zinssatz abgeschlossen. Der Grund könnte sein, dass ein Darlehensgeber aus Risikogründen (er rechnet mit steigendem Zinsniveau) oder aufgrund seiner Refinanzierungsmöglichkeiten keinen langfristigen Festzinssatz anbieten will.
- Der Darlehensnehmer will das Risiko steigender Zinsen nicht auf sich nehmen. Er schließt mit einem Kreditinstitut eine Swapvereinbarung folgenden Inhalts ab: Das Kreditinstitut übernimmt für die gesamte Laufzeit die Zahlung der variablen Zinsen. Der Kreditnehmer zahlt dafür an die swapgebende Bank einen festen Zinssatz.

Die swapgebende Bank wird an der Differenz zwischen dem vereinbarten variablen Zinssatz (z. B. EURIBOR + 0,3 Prozent) und ihrer eigenen Refinanzierungsmöglichkeit (EURIBOR) verdienen. Der Kreditnehmer kann sich auf einen festen Zinssatz verlassen. Andererseits kann er das Darlehen jederzeit kurzfristig zurückführen, da es sich um ein Darlehen mit variablem Zinssatz handelt. Der Swap kann grundsätzlich weiterveräußert werden. Das ist dann sinnvoll, wenn zwischenzeitlich die Zinsen gestiegen sein sollten.

Für beide Vertragspartner bestehen Risiken dahin gehend, dass sich bei deutlich veränderten Zinsen Opportunitätskosten ergeben. Zum Beispiel partizipiert der Kreditnehmer nicht von sinkenden Zinsen.

Forward-Darlehen

Das Forward-Darlehen dient dazu, aktuell niedrige Zinsen »auf Vorrat« zu sichern. Das ist unter anderem dann sinnvoll, wenn ein bestehendes Darlehen erst in einigen Monaten ausläuft und der Kreditnehmer mit steigenden Zinssätzen rechnet. Mittels einer Forward-Vereinbarung kann er bereits heute den Zinssatz für ein erst in der Zukunft beginnendes Darlehen festlegen.

In der Regel ist der Forward-Zeitraum auf 24 Monate, in Ausnahmefällen auch auf bis zu 36 Monate begrenzt. Die Bank wird für die Vereinbarung des aktuellen niedrigen Zinssatzes für einen Darlehensabruf erst in einigen Monaten oder Jahren einen Aufschlag auf den Zinssatz kalkulieren. Dieser Aufschlag ist abhängig von der Dauer der Vorratshaltung. Er wird zumeist auf Monate bezogen und beträgt oft zwischen 0,013 und 0,030 Prozent pro Monat (das entspricht 0,16 bis 0,36 Prozent p. a.).

Der Kreditnehmer muss den Kredit dann auch zu den vereinbarten Konditionen abnehmen. Sollten sich entgegen seinen Erwartungen die Zinssätze nicht erhöhen sondern gleich bleiben oder gar senken, hat sich die Vereinbarung des Forwards nicht gelohnt. Es ist nicht möglich, vorab sicher zu bestimmen, ob ein Forward-Darlehen sinnvoll ist.

Neben den hier genannten Mitteln lassen sich Zinssätze auch über andere Finanzderivate absichern. Ausführungen dazu würden jedoch den Rahmen dieser Schrift sprengen.

6.4 Tilgungsformen von Darlehen

6.4.1 Einleitende Überlegungen

Ein wesentlicher Bestandteil jedes Kreditvertrags ist neben der Zinsvereinbarung die Vereinbarung über die Form der Rückführung (Tilgung). Die Kreditwirtschaft bietet dazu einige grundlegende Varianten an. Diese sind

- das Annuitätendarlehen,
- das Ratendarlehen,
- das endfällige Darlehen und
- das Bauspardarlehen.

Welche der Formen letztlich gewählt wird, hängt von den individuellen Zielstellungen und Möglichkeiten des Kreditnehmers ab.

Im Bereich der privaten Selbstnutzer ist die schnelle Tilgung grundsätzlich von wirtschaftlichem Vorteil. In anderen Fällen kann das steuerliche Ansetzen von Finanzierungskosten zu anderen Entscheidungen führen. Die schnelle Tilgung stößt jedoch oft an die Grenzen des finanziell Möglichen.

Eine Umfrage[125] von Immobilienscout24 machte deutlich, dass die weitaus am häufigsten gewählte Form der Tilgung das Annuitätendarlehen ist. Etwa zwei Drittel aller privaten Darlehensnehmer vertrauen auf diese Form der Tilgung. Etwa 28 Prozent finanzieren über ein Bauspardarlehen, der Rest entfällt auf endfällige Darlehen und Ratendarlehen.

Oft ist es zweckmäßig, einige der hier genannten Bausteine miteinander zu kombinieren, um der finanziellen Situation des Kreditnehmers möglichst

125 Die Umfrage selbst war den Autoren nicht zugänglich, auch fehlen Angaben zum konkreten Erhebungsdatum bzw. -zeitraum. Die Grundaussage entspricht allerdings dem allgemeinen Erfahrungsschatz.

gerecht zu werden. Zum Beispiel bietet sich folgende Kombination von Annuitätendarlehen und Bausparvertrag an:

- Die Immobilie wird zunächst über ein Annuitätendarlehen mit einer Zinsfestschreibung von zumeist zehn Jahren finanziert.
- Nach etwa fünf Jahren wird ein Bausparvertrag abgeschlossen, der am Ende der Zinsfestschreibung die dann noch bestehende Restsumme ganz oder teilweise ablöst.

Die zusätzliche Belastung der persönlichen Liquidität mit Beginn des Bausparvertrags ist zu diesem Zeitpunkt erfahrungsgemäß eher tragbar als zu Beginn der Baufinanzierung, wenn noch andere Belastungen auf den Bauherren zukommen (Umzugskosten, neue Einrichtung usw.).

6.4.2 Annuitätendarlehen

Der Begriff »Annuität« stammt aus dem lateinischen »per annum«, abgekürzt mit dem bei Zinssatzangaben üblichen »p. a.« und bedeutet eine jährlich gleichbleibende Zahlung. Für eine Finanzierung heißt das: Die Summe aus Zinszahlung und Tilgung bleibt konstant. Was sich jedoch verändert, ist die Zusammensetzung der Zahlung. Im Zeitablauf nimmt der Anteil der Zinsen an der zu entrichtenden Summe ab, während im gleichen Maß der Anteil der Kapitalrückzahlung (Tilgung) zunimmt. Erreicht wird das dadurch, dass die durch vorangegangene Tilgungen ersparten Zinsen zusätzlich zur Tilgung genutzt werden.

Beispiel: Annuitätendarlehen !

Die Darlehenssumme betrage 180.000 EUR, der Zinssatz 6 Prozent und die Tilgung des ersten Jahres 2 Prozent. Damit ergibt sich für das erste Jahr ein Kapitaldienst von 14.400 EUR (entsprechend 1.200 EUR pro Monat).
Berechnung:

$$\text{Kapitaldienst} = \frac{(6 + 2)}{100} \times \text{Darlehenssumme}$$

Die jährlichen Zahlungen von 14.400 EUR setzen sich wie folgt zusammen:

Darlehens-betrag	Kapitaldienst p. a.	davon Zinsen (6 %)	davon Tilgung	Restschuld
180.000	14.400	10.800	3.600	176.400
176.400	14.400	10.584	3.816	172.584
172.584	14.400	10.355	4.045	168.539
168.539	14.400	...	...	...

Tab. 18: Verlauf von Annuitätendarlehen

So müssen im obigen Beispiel im ersten Jahr 180.000 EUR verzinst werden, drei Jahre später nur noch 168.539 EUR.

Berechnet man die Annuität nach der obigen einfachen Formel, ist die Laufzeit des Darlehens nicht fixiert. Zumeist bleibt eine Restschuld bestehen. Um die Annuität für einen vorher festgelegten Zeitraum zu bestimmen, verwendet man folgende Formel:

$$\text{Annuität} = \text{Darlehenssumme} \times \frac{i(1+i)^n}{(1+i)^n - 1}$$

Dabei ist i der Zinssatz und n die Laufzeit des Darlehens in Jahren.

! **Beispiel: Berechnung der monatlichen Zahlung**

Berechnet werden soll die jährliche Rate für ein Darlehen von 100.000 EUR mit einem Zinssatz von 10 Prozent (damit i = 0,10), wenn die Laufzeit exakt 10 Jahre betragen soll. Der Kredit ist genau nach zehn Jahren zurückgezahlt, wenn man eine Annuität (Zahlung pro Jahr) von exakt 16.274,54 EUR leistet.[126] Überschlägig kann man damit die monatliche Zahlung ermitteln: 16.274,54 : 12 Monate = 1.356,21 EUR pro Monat. Bei dieser einfachen Rechnung wird allerdings der Zinseszinseffekt ignoriert.

126 Die unkomfortable Rechnung mit der Formel kann man sich ersparen, wenn man ein Tabellenkalkulationssystem, z. B. Microsoft Excel, oder einen entsprechend programmierbaren Taschenrechner benutzt.

Der Vorteil der annuitätischen Tilgungsform besteht unter anderem darin, dass die zu zahlenden Kreditraten leicht zu planen sind. Allerdings erscheinen die Tilgungsleistungen der ersten Jahre sehr gering. Nach der Hälfte der Laufzeit sind bei Weitem noch nicht 50 Prozent der Darlehenssumme getilgt. Im Zeitablauf nehmen bei dieser Berechnung die Tilgungsleistungen jedoch automatisch zu, da mit jeder gezahlten Rate die eingesparten Zinsen und damit die Tilgung des nächsten Monats (Jahres) höher werden.

Es ist üblich, die Tilgung des ersten Jahres mit einem Prozentsatz der Darlehenssumme anzugeben. Je niedriger der Zinssatz des Darlehens ist, desto weniger Zinsen werden durch die Tilgung eingespart. Das führt zu teilweise extrem langen Laufzeiten. Demzufolge sind die meisten Kreditinstitute dazu übergegangen, die Mindesttilgung für das erste Jahr nicht mehr auf 1 Prozent, sondern auf 2 bis 3 Prozent festzulegen.

6.4.3 Ratendarlehen

Bei Ratendarlehen wird ebenfalls, genau wie bei der annuitätischen Tilgung, ein Kapitaldienst aus Zins und Tilgung erbracht. Im Gegensatz zum Annuitätendarlehen ist hier jedoch die Höhe der jährlichen (monatlichen) *Tilgungs*beträge gleich. Das führt dazu, dass die zu zahlenden Raten zu Beginn höher sind und mit jeder Tilgung abnehmen, ist doch immer nur das Restkapital zu verzinsen. Da die anfänglichen Tilgungssätze regelmäßig höher vereinbart werden als bei der annuitätischen Tilgung (ein Tilgungssatz von 1 Prozent hätte sonst eine Laufzeit von 100 Jahren zur Folge), erfolgt ceteris paribus die Tilgung insgesamt schneller als bei einem Annuitätendarlehen. Demzufolge werden auch insgesamt weniger Zinsen gezahlt.

Diesem Vorteil steht als Nachteil gegenüber, dass insbesondere zu Beginn des Finanzierungszeitraums die Belastung der Liquidität des Kreditnehmers höher ist, ein Effekt, der in den wenigsten Fällen gewollt ist. Aus diesem Grund hat sich bei langfristigen Immobilienfinanzierungen das Ratendarlehen gegenüber dem Annuitätendarlehen nicht durchgesetzt.

6.4.4 Endfällige Darlehen

6.4.4.1 Grundmodell

Im Gegensatz zu den beiden vorgenannten Formen werden bei einem endfälligen Darlehen lediglich Zinsen gezahlt. Eine Tilgung des Darlehens während der Laufzeit erfolgt nicht. Dafür ist am Ende der vereinbarten Laufzeit der gesamte Betrag in einer Summe fällig. Da sich der Darlehensbetrag nicht durch Tilgungen verringert, sind die Zinszahlungen während der Laufzeit auf die gleichbleibende Darlehenssumme bezogen. Diese Konstruktion hat folgende Vorteile:

- Man kann problemlos einen variablen Zins vereinbaren, da Zinsänderungen keine Auswirkungen auf die zu erbringende Tilgungsleistung haben.
- Bei der Vermietung oder Verpachtung des Objekts können die zu zahlenden Schuldzinsen voll als Aufwand angerechnet werden. Der dadurch entstehende steuerliche Effekt kann, insbesondere bei hohen individuellen Steuersätzen und hohen Einkommen aus anderen Einkommensarten, kurz- und mittelfristig zu einer Verringerung der gesamten Steuerlast führen.

! **Hinweis**

Ob der steuerliche Effekt eintritt und demzufolge ein endfälliges Darlehen wirtschaftlich sinnvoll ist, muss im Individualfall geklärt werden. Sind die Schuldzinsen nicht steuerlich absetzbar, ist ein endfälliges Darlehen aufgrund der insgesamt höheren Zinslast wirtschaftlich oft nicht zu empfehlen.

Vergleicht man den Liquiditätsaufwand für ein Annuitäten- oder ein Ratendarlehen mit dem Aufwand für einen endfälligen Kredit, muss man die spätere Tilgung des endfälligen Kredits beachten. Parallel zu den laufenden Zinszahlungen muss deshalb eine Form gefunden werden, die das erforderliche Kapital für die am Ende der Laufzeit fällige Tilgung anspart. Klassische Formen dieser Ansparmodelle sind

- kapitalbildende Lebensversicherungen,
- Fondssparverträge und
- Bausparverträge.[127]

In eine (in Ausnahmefällen auch mehrere) dieser Ansparformen wird Geld eingezahlt. Zum Ende der vereinbarten Darlehenslaufzeit steht dann ausreichend Kapital zur Verfügung, um das Darlehen abzulösen. Um den Darlehensgebern die erforderliche Sicherheit zu geben, werden die Auszahlungsansprüche des Kreditnehmers gegenüber der Versicherungsgesellschaft, Bausparkasse usw. regelmäßig an das finanzierende Kreditinstitut abgetreten. Die Abtretung erfolgt zumeist offen, sodass die Versicherungsgesellschaften usw. über die Abtretung informiert sind und das finanzierende Kreditinstitut bei Zahlungsrückständen in Kenntnis setzen.

6.4.4.2 Tilgung über eine Kapitallebensversicherung

Diese Form der Tilgung ist, wenn denn ein endfälliges Darlehen infrage kommt, weitverbreitet. Begründet ist das unter anderem in der Absicherung gegen den Todesfall, die zur eigentlichen Ansparfunktion hinzutritt.[128]

Für die Ausgestaltung der Kapitallebensversicherung ist zu beachten:
- Der Endtermin der Lebensversicherung und der Endtermin des Darlehens sind aufeinander abzustimmen.
- Bei einem Unfalltod sollte eine höhere Summe vereinbart werden. Die meisten Verträge sehen eine doppelte Summe bei Unfalltod vor. Das gilt insbesondere dann, wenn der Hauptverdiener versichert ist.

Zur Wahl der Höhe der Versicherungssumme: Eine komplette Absicherung für den Kreditnehmer vom ersten Tag an und damit auch eine vollständige Rückzahlung aus der Lebensversicherung ist nur dann gegeben, wenn die

127 Zum Bausparen vgl. die Kapitel 4.3.3 und 6.4.5.

128 Um einen gleichen Sicherheitsstandard zu erreichen, müsste bei den anderen Finanzierungsformen jeweils noch eine Risikolebensversicherung in die Kalkulation einbezogen werden, die das Todesfallrisiko absichert. Die Beiträge zu einer Risikolebensversicherung sind jedoch nicht kapitalbildend und demzufolge »verloren«.

Versicherungssumme mindestens so hoch ist, wie das Darlehen. Die durch die Versicherungsgesellschaft nicht garantierte Überschussbeteiligung stünde nach Ablauf des Kredits dem Kreditnehmer zur eigenen Verwendung zu. Legt man jedoch die voraussichtliche (aber nicht garantierte) Ablaufleistung zugrunde, werden die Beiträge etwas niedriger sein.

In der aktuellen Niedrigzinsphase erwirtschaften Lebensversicherungsgesellschaften nur noch geringe Überschüsse. Der Unterschied zwischen garantierter und voraussichtlicher Ablaufleistung ist gering. Ob die Einsparung von Beiträgen durch eine Versicherungssumme unterhalb der Darlehenshöhe sinnvoll ist, muss der Kreditnehmer bei Beachtung der in Tabelle 14 dargestellten Risiken selbst entscheiden. Darüber hinaus ist der Darlehensnehmer nicht immer frei in seiner Entscheidung. Es ist offen, ob die Bank eine geringere Versicherungssumme als Sicherheit akzeptiert.

ARBEITSHILFE ONLINE

	Auswirkung	**Risiko**
Versicherungssumme ist gleich der Darlehenshöhe	Im Todesfall kann das Darlehen aus der Versicherungssumme komplett abgelöst werden. Im Erlebensfall entsteht ein Überschuss.	Die Versicherungsbeiträge sind höher, als eine adäquate Tilgung. Damit steigt die Liquiditätsbelastung während der Laufzeit.
Voraussichtliche Ablaufleistung ist gleich der Darlehenshöhe	Im Todesfall (außer Unfalltod) reicht die Versicherungsleistung nicht aus, das Darlehen komplett abzulösen. Im Erlebensfall entspricht die Leistung der Versicherung etwa der Darlehenshöhe.	Wenn die voraussichtliche Überschussbeteiligung nicht erreicht wird, können zusätzliche Nachzahlungen erforderlich werden.

Tab. 19: Zusammenhang zwischen Darlehenshöhe und Versicherungssumme

Neben dem parallelen Abschluss von Kreditvertrag und Lebensversicherung besteht auch die Möglichkeit, bereits bestehende Versicherungsverträge in die Finanzierung einzubinden.

Die zu zahlenden Versicherungsprämien sind vom Alter und vom Geschlecht der versicherten Person abhängig. Es besteht kein grundsätzlicher Zwang, die Versicherung unbedingt auf den Kreditnehmer selbst abzuschließen. Deshalb ist es gegebenenfalls sinnvoll, jüngere Personen (z. B. die eigenen Kinder) zu versichern und die Versicherung abzutreten. Gegen diese Version spricht, dass beim Tod des eigentlichen Kreditnehmers kein Versicherungsschutz besteht, was insbesondere dann problematisch sein kann, wenn er der Hauptverdiener ist.

Auch bei endfälligen Darlehen werden, soweit sie nicht variabel verzinst sind, bestimmte Zinsbindungsdauern vereinbart. Diese liegen oft unter der geplanten Gesamtlaufzeit des Kredits (z. B. zehn Jahre Zinsbindung und eine geplante Anspardauer für eine Lebensversicherung von 20 Jahren). Da sich die Darlehenssumme im Zeitablauf nicht durch Tilgungen reduziert, muss nach Ende der Zinsfestschreibung eine höhere Summe neu kreditiert werden als bei einem vergleichbaren Darlehen mit Tilgung. Damit erhöht sich das Zinsänderungsrisiko des Kreditnehmers.

6.4.4.3 Tilgung über Fondssparpläne

Auch hier wird parallel zur Zinszahlung für das endfällige Darlehen Kapital angespart, und zwar durch einen Fondssparplan. Da die Wertentwicklung von Fondsanteilen aber deutlich schwerer vorauszusagen ist als z. B. die Wertentwicklung einer Lebensversicherung, besteht hier ein deutlich höheres Risiko, dass die erwartete Ablösesumme nicht zum richtigen Termin zur Verfügung steht. Durch Kursschwankungen von Fondsanteilen besteht darüber hinaus das Risiko, dass der Verkauf der Fondsanteile zum erforderlichen Termin gegebenenfalls nur mit einer geringeren Rendite zu realisieren ist. Diesen Risiken stehen andererseits höhere Renditechancen als bei konventionellen Anlagen gegenüber.

Ob diese Form gewählt wird und ob das finanzierende Kreditinstitut bereit ist, das Risiko der nicht vorherbestimmbaren Ablaufleistung zu tragen, hängt von der gesamten finanziellen Situation des Kreditnehmers ab. So muss er eventuelle Mindererträge gegenüber der Planung aus anderen Quellen decken können.

6.4.4.4 Tilgung durch einen Bausparvertrag

Die bei der Zuteilungsreife fällige Summe (Ansparleistung und Bauspardarlehen) eines Bausparvertrags kann auch genutzt werden, um ein endfälliges Darlehen ganz oder teilweise abzulösen.

Die auszuzahlende Summe des Bausparvertrags und der Termin stehen von vornherein fest, vorausgesetzt, der Bausparer erbringt die geplanten Ansparleistungen. Insofern besteht hier nicht das Problem der Unsicherheit über die Höhe der Zahlung wie bei der Tilgung durch eine Kapitallebensversicherung oder einen Fondssparplan.

6.4.5 Bauspardarlehen

Das Prinzip des Bausparens wurde bereits in Kapitel 4.3.3 vorgestellt.

Das Bauspardarlehen selbst wird annuitätisch getilgt. Der Vorteil des Bausparvertrags gegenüber einem »normalen« Kreditvertrag besteht vor allem darin, dass die Zinssätze und die Leistungen für den gesamten Zeitraum beim Abschluss des Bausparvertrags fest vereinbart werden. Der Bausparer hat also kein Zinsänderungsrisiko. Er ist auch nicht verpflichtet, das Bauspardarlehen abzunehmen, sondern kann sich die angesparte Summe auszahlen lassen. Das ist dann sinnvoll, wenn die allgemeinen Marktzinsen zum Zeitpunkt der Zuteilung des Bausparvertrags niedriger sein sollten als die Zinsen des Bauspardarlehens.

Vorteile des Bausparens sind unter anderem

- die über die gesamte Laufzeit nicht veränderbare Festlegung von Zinssätzen,

- die staatliche Förderung[129] in Form von Wohnungsbauprämien und der Arbeitnehmersparzulage (bei Einhaltung bestimmter Einkommensgrenzen)[130],
- die Möglichkeit, den Vertrag je nach finanziellen Möglichkeiten schneller zu besparen,
- die Möglichkeit, in der Darlehensphase jederzeit Sondertilgungen leisten zu können.

Diese Möglichkeiten, individuell zu sparen und zu tilgen, sind allgemeiner Standard, der jedoch je nach Vertragskonditionen variieren kann.

Nachteile bestehen unter anderem in
- einer zu Beginn fälligen Abschlussgebühr (zumeist 1 Prozent der Bausparsumme), die auch bei Kündigung des Vertrags nicht zurückgezahlt wird und auch dann anfällt, wenn ein bestehender Bausparvertrag durch einen neuen ersetzt werden soll,
- den relativ kurzen Laufzeiten; so beträgt die Darlehensphase oft nur fünf bis sieben Jahre, sodass relativ hohe monatliche Belastungen fällig werden.

Die komplette Immobilienfinanzierung über einen Bausparvertrag ist kaum möglich bzw. wirtschaftlich nicht sinnvoll. Als ergänzender Baustein ist er jedoch oft zweckmäßig.

Unter bestimmten Voraussetzungen ist auch die Finanzierung gewerblicher Bauvorhaben mithilfe von Bausparmitteln möglich. Generell sind Bausparmittel für die Förderung des Wohnbaus gedacht. Demzufolge lassen sich reine Gewerbeobjekte nicht über einen Bausparvertrag finanzieren. Möglich ist allerdings
- die Finanzierung des zu Wohnzwecken bestimmten Teils von gemischt genutzten Gebäuden,

129 Zu den Regelungen siehe insbesondere 5. Vermögensbildungsgesetz.
130 Aktuell (Februar 2016) liegt die Grenze für Verheiratete bei einem gemeinsamen zu versteuernden Einkommen von 35.800 EUR im Jahr. Dann zahlt der Staat im Jahr maximal 84,60 EUR Arbeitnehmersparzulage.

- die gewerbliche Finanzierung von zu Wohnzwecken dienenden Gebäuden, wobei die Objekte in Gebieten liegen müssen, die laut Bebauungsplan für Wohnzwecke ausgewiesen sind,
- die Finanzierung des Baus oder Ausbaus von Handels-, Handwerks- oder Dienstleistungsobjekten in Wohnsiedlungen; eine Verbesserung der Wohnqualität (wie auch immer sie zu definieren wäre) durch diese Baumaßnahmen gilt dabei als Voraussetzung.

7 Spezielle Aspekte der Immobilienwirtschaft

7.1 Indirekte Kapitalanlage in Immobilien

7.1.1 Fonds

7.1.1.1 Grundlagen

Ein Fonds dient der Geldanlage in bestimmte Sach- und Finanzprodukte. Eine Vielzahl von Anlegern stellt ihr Geld einer Unternehmung, der sogenannten Kapitalverwaltungsgesellschaft, zur Verfügung, damit sie den Fonds auf den Markt bringen kann. Dieser Fonds investiert sodann in die entsprechenden Produkte, bei einem Immobilienfonds sind das im Wesentlichen Grundstücke und Gebäude. Als Gegenleistung erhält der Anleger, je nach Fondsart, Anteile am Fonds in Form von Investmentzertifikaten oder er wird Miteigentümer der entsprechenden Firma.

Fonds bieten aber nicht nur für Anleger die Möglichkeit, auch mit relativ kleinen Beträgen in Immobilien zu investieren. Sie ermöglichen auch die Finanzierung von Großprojekten. Ein einzelner Investor ist im Regelfall nicht in der Lage, derart hohe Summen an Geld zur Verfügung zu stellen. Oftmals werden große Bauvorhaben über Fonds realisiert, insbesondere Einkaufszentren, Hotels, Bürohäuser, Wohnanlagen usw.

Es sind zwei Arten von Fonds zu unterscheiden, die im Folgenden in ihren Grundzügen und wichtigsten Charakteristika vorgestellt werden:

- offene Immobilienfonds (offene Publikums-AIFs) und
- geschlossene Immobilienfonds (geschlossene Publikums-AIFs).

Der grundlegende Aufbau eines Fonds ergibt sich aus Abbildung 10. Die Ausführungen gelten hierbei für beide Unterarten von Fonds gleichermaßen.[131]

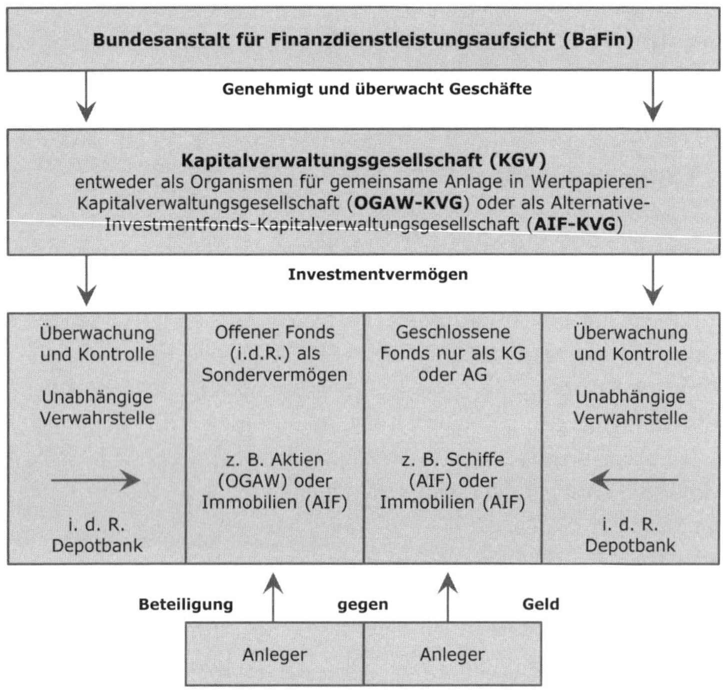

Abb. 10: Grundlegender Aufbau von Fonds[132]

Die BaFin hat die Aufgabe, die Kapitalverwaltungsgesellschaften (ehemals Kapitalanlagegesellschaften) zu genehmigen. Außerdem ist sie mit der Überwachung der Tätigkeit betraut. Nicht nur die Kapitalverwertungsgesellschaft an sich bedarf der Genehmigung, auch eine Vielzahl von übli-

131 Die Darstellung bezieht sich auf die rechtliche Situation seit dem 23.07.2013, also seit der Einführung des KAGB. Für ältere Fonds besteht grundsätzlich Bestandsschutz. Zur vorhergehenden Situation siehe Geyer, Immobilien und ihre Finanzierung – Vom Bausparvertrag bis zu Real Estate Investment Trusts, 2. Aufl., 2008, S. 161–175.

132 In Anlehnung an Murfeld (Hrsg.), Spezielle Betriebswirtschaftslehre der Immobilienwirtschaft, 7. Aufl., 2013, S. 684.

chen Tätigkeiten muss jeweils einzeln von der BaFin genehmigt werden, so z. B. die Auflegung eines Fonds (eine Kapitalverwertungsgesellschaft kann mehrere Fonds auflegen) oder die Herausgabe von Verkaufsprospekten.

Das Kapitalanlagegesetzbuch (KAGB) schreibt den Kapitalverwaltungsgesellschaften außerdem umfangreiche Organisations- und Offenlegungspflichten vor. Hierzu zählt z. B. ein Risiko- und Liquiditätsmanagement, aber auch die Vermeidung von Interessenkonflikten.

Die unabhängige Verwahrstelle, in der Regel eine Depotbank, hat gemäß KAGB ausgewählte Überwachungs- und Kontrollaufgaben zu erfüllen. Hierzu zählen unter anderem:

- Gelder und Wertpapiere des Fonds verwahren,
- Grundstücksbestand des Fonds überwachen,
- Anteilsscheine zurücknehmen und ausgeben und
- Ausgabe- bzw. Rücknahmepreise bestimmen.

Von den zwei Ausprägungen der Kapitalverwertungsgesellschaft ist nachfolgend nur die Alternative-Investmentfonds-Kapitalverwaltungsgesellschaft (AIF-KVG) relevant, da Immobilienfonds dieser Gruppe zuzurechnen sind.

7.1.1.2 Offene Immobilienfonds

Obgleich es seitens der deutschen Gesetzgebung Pläne gab, offene Immobilienfonds für Privatanleger abzuschaffen, wurden diese Pläne nicht umgesetzt. Stattdessen wurden die gesetzlichen Regelungen verschärft.

Ein offener Immobilienfonds (auch: offener Publikums-AIF) ist eine Unterart eines offenen Investmentfonds. Bei einem solchen

> *... beteiligt sich eine unbegrenzte Zahl von Anlegern (nach oben »offen«) nicht direkt, sondern indirekt über einen Fonds an Wertpapieren und Grundstücken. Jeder Anleger erhält von der Kapitalverwaltungsge-*

sellschaft für seine Beteiligung an dem Sondervermögen einen Anteilsschein ausgestellt (sog. ***Investmentzertifikate****).*[133]

Bei einem Immobilienfonds wird nicht in Wertpapiere, sondern nur in Immobilien investiert. Der Bestand des Fonds befindet sich hierbei in ständigem Wandel, da Zu- und Verkäufe jederzeit möglich sind.[134] Ebenso können regelmäßig neue Anteile an dem Fonds ausgegeben werden.

Die Kapitalverwaltungsgesellschaft darf nur in Form einer AG, GmbH oder GmbH & Co. KG betrieben werden. Die Anlagen der Gesellschaft, also die Immobilien, in die mit Kundengeldern investiert wurde, werden von dem restlichen Vermögen der Kapitalverwertungsgesellschaft getrennt und als sogenanntes Sondervermögen verwaltet. Dieses ist im Falle der Insolvenz der Kapitalverwertungsgesellschaft kein Bestandteil der Insolvenzmasse, die Kunden haben also trotz Insolvenz Zugriff auf die Immobilien.

Für den Anleger handelt es sich aus steuerlicher Sicht um Einkünfte aus Kapitalvermögen (25 Prozent Pauschalbesteuerung oder individueller Steuersatz). Die Anteilsscheine sind handelbar, ihr Preis wird börsentäglich bestimmt. Die Rückgabe der Investmentzertifikate bestimmt sich nach § 255 KAGB. Dort ist unter anderem geregelt, dass es einer Mindesthaltefrist von zwei Jahren und einer Kündigungsfrist von einem Jahr bedarf, bevor die Rückgabe möglich ist.

7.1.1.3 Geschlossene Immobilienfonds

Ein geschlossener Immobilienfonds (auch: geschlossener Publikums-AIF) dient wie auch ein offener Immobilienfonds der Investition in Immobilien. Jedoch sind der Bestand und die Anzahl von Anlegern eines geschlossenen Fonds grundsätzlich unveränderlich, nachdem der Fonds geschlossen wurde. Der Fonds wird geschlossen, wenn eine bestimmte Menge an Geld

133 Murfeld (Hrsg.), Spezielle Betriebswirtschaftslehre der Immobilienwirtschaft, 7. Aufl., 2013, S. 684.

134 Die erlaubte Struktur des Bestands ist gesetzlich strikt geregelt. Siehe hierzu insbesondere die §§ 230 bis 260 KAGB.

erreicht wurde. Die Investitionsobjekte sind üblicherweise im Vorfeld bekannt.[135] Der Bestand an Immobilien und die Anlegerzahl ist dabei außerdem um ein Vielfaches kleiner. Viele geschlossene Fonds investieren nur in eine einstellige Zahl von Immobilien, teilweise sogar nur in ein einzelnes Objekt. Das bedeutet, dass das Risikostreuungspotenzial (Diversifikationspotenzial) deutlich geringer als bei einem offenen Fonds ist.

Die Zeichnungsbeträge sind relativ hoch. Sind bei offenen Fonds Beträge von 25 EUR oftmals möglich, beginnen die Einstiegsmöglichkeiten bei geschlossenen Immobilienfonds regelmäßig im fünf- bis sechsstelligen Bereich. Ein weiterer Unterschied besteht darin, dass geschlossene Fonds kein Sondervermögen bilden – die Anleger werden Eigentümer der zugehörigen Gesellschaft. Als Rechtsform sind nur Aktien- und Kommanditgesellschaften möglich.

Die Wiederveräußerungsfähigkeit (fachsprachlich Fungibilität genannt) gestaltet sich oftmals schwierig – es muss ein Käufer gefunden werden. Im Normalfall wird der Fonds nach zehn bis 20 Jahren aufgelöst und die Gewinne an die Eigentümer ausgezahlt.

Seit Inkrafttreten des KAGB unterliegen auch geschlossene Immobilienfonds der Genehmigungspflicht und der Kontrolle seitens der BaFin.

7.1.2 Immobilien-Aktiengesellschaften, insbesondere REITs

Die Beteiligung an einer REIT ist als weitere Möglichkeit der indirekten Kapitalanlage in Immobilien zu nennen. REIT steht für Real Estate Investment Trust, es handelt sich um börsennotierte Aktiengesellschaften, die ausschließlich in Immobilien investieren. Die gesetzliche Basis bildet, neben dem HGB und dem Aktiengesetz (AktG), das Gesetz über deutsche Immobilien-Aktiengesellschaften mit börsennotierten Anteilen (kurz; REIT-

135 Falls die genauen Objekte noch nicht bekannt sind, wird von einem Blindpool gesprochen. In einem solchen Fall ist jedoch bekannt, welcher Art die Objekte (z. B. Einkaufszentren) sein sollen.

Gesetz, REITG). Die offizielle Bezeichnung für die Unternehmensart lautet REIT-Aktiengesellschaft bzw. REIT-AG.

Obgleich REITs international schon seit 1960 verbreitet sind, wurden sie erst im Jahr 2007 in Deutschland zugelassen. Außerdem wurden die Anlagemöglichkeiten mit dem REITG erheblich, insbesondere in Bezug auf die Investition in Wohnimmobilien, eingeschränkt.[136] Ursächlich hierfür ist die Erwartung einer negativen Auswirkung (Mietpreisanstieg) auf den Markt für Wohnraum.

REIT-AGs zahlen gemäß § 16 REITG weder Gewerbe- noch Körperschaftssteuer. Der Fiskus verzichtet jedoch nicht auf die Steuereinnahmen. Da laut § 13 REITG mindestens 90 Prozent des Jahresüberschusses der Gesellschaft an die Aktionäre ausgeschüttet werden müssen, bezieht der Staat die Einnahmen über die Besteuerung der Einkünfte aus Kapitalvermögen der Anleger.

REITs bilden im Gegensatz zu offenen Immobilienfonds kein Sondervermögen. Die Wiederveräußerung von Anteilen ist aufgrund der Börsennotierung ohne Weiteres möglich. Die Anlagestruktur von REITs ist gesetzlich strikt geregelt (siehe hierzu insbesondere § 12 REITG).

7.1.3 Kurzer Vergleich: Fonds vs. REITs

Fonds und REITs weisen einige Gemeinsamkeiten auf. Es gibt zum Teil jedoch auch erhebliche Unterschiede. Die nachfolgende Übersicht gilt der zusammenfassenden Darstellung der Charakteristika der vorgestellten Möglichkeiten zur indirekten Kapitalanlage in Immobilien.

136 So dürfen z. B. keine reinen Mietwohnhäuser mit Baujahr vor 2007 erworben werden. Bei vor 2007 gebauten Wohn- und Geschäftshäusern ist darauf zu achten, dass der gewerbliche Anteil mehr als 50 Prozent beträgt. Siehe hierzu §§ 1 und 3 REITG.

ARBEITSHILFE ONLINE

Kriterium	Offener Fonds	Geschlossener Fonds	REIT
Aufsichtsbehörde	BaFin	BaFin	BaFin
Gesetzliche Basis	KAGB	KAGB	HGB, REITG, AktG
Zeichnungsbetrag	Niedrig	Hoch	Niedrig bis mittel
Börsennotierung	Nein	Nein	Ja
Wiederveräußerbarkeit	Einfach	Schwer	Einfach
Sondervermögen	Ja	Nein	Nein
Mögliche Rechtsform	AG, GmbH, GmbH & Co. KG	AG, KG	AG
Bestandsstruktur-vorgaben	Ja	Nein	Ja
Risikostreuungspotenzial	Hoch	Niedrig	Hoch

Tab. 20: Fonds vs. REITs

7.2 Nutzungsrechte

7.2.1 Leasing

7.2.1.1 Einführung

Als Alternative zum Kauf oder zur Miete einer Immobilie kommt das Immobilienleasing infrage. Das gilt grundsätzlich für Wohn- und Gewerbeimmobilien. Im Privatbereich ist diese Variante jedoch äußerst selten. Das liegt einerseits daran, dass es kaum Leasinggesellschaften gibt, die solch ein kleinteiliges Leasinggeschäft betreiben. Andererseits ergeben sich für den Leasingnehmer keine steuerlichen Vorteile, kann er doch die Leasingraten nicht als Aufwand steuerlich geltend machen. Relevant ist Leasing aber für Gewerbebauten ebenso wie für größere Wohnobjekte oder Teile von Wohnungsgesellschaften.

Ob Leasing als reiner Finanzierungsersatz sinnvoll ist, kann nur im Einzelfall entschieden werden. Da sich die Leasingraten aus Anteilen für

- die Refinanzierung (Kreditzinsen für Fremdkapital),
- anteilige Abschreibungen (entspricht der Darlehenstilgung),
- den Verwaltungskostenanteil der Leasinggesellschaft

zusammensetzen, ist leicht zu erkennen, dass der Verwaltungskostenanteil der Leasinggesellschaft den Aufwand gegenüber einer Kreditfinanzierung erst einmal erhöht, die Finanzierung also teurer wird. Die Verwaltungskosten sind die Ertragskomponente der Leasinggesellschaft. Auch die Objektgesellschaftskosten wie die Kosten für die Gründung, das Erstellen der Jahresabschlüsse, die Handelsregisterkosten usw. sind in diesen Verwaltungskosten enthalten. Sie werden im Normalfall linear auf die Leasingzeit verteilt und über die Leasingraten vereinnahmt. Eine andere Version ist die sogenannte »Front-up-fee«, eine vor allem in den USA übliche Einmalzahlung zu Beginn des Leasingvertrags.

Die Gründe, weshalb ein Leasingmodell trotzdem sinnvoll sein kann, liegen einerseits in der steuerlichen Ansetzbarkeit der Leasingraten und andererseits in der Schonung der eigenen Liquidität. Auf diese Punkte wird nun eingegangen.

7.2.1.2 Amortisationsmodelle und steuerliche Anerkennung

Leasing und seine steuerliche Anerkenntnis setzt voraus, dass der Leasingnehmer am Ende der Grundmietzeit[137] ein Wahlrecht hat, die Immobilien (bzw. das Leasinggut allgemein) zu erwerben oder der Leasinggesellschaft zurückzugeben. Aus diesem Grunde hat das BMF aufgrund eines Urteils des BFH[138] bereits frühzeitig festgelegt, wie lang die Grundmietdauer sein darf: Die unkündbare Grundmietzeit muss zwischen 40 und 90 Prozent der betriebsgewöhnlichen Nutzungsdauer des Leasinggegenstands liegen.[139]

137 Die Grundmietzeit (oder Grundmietdauer) ist der Zeitraum, auf den der Leasingvertrag ausgelegt ist. Am Ende der Grundmietzeit besteht die Option, das Wirtschaftsgut (die Immobilie) gegen eine Schlusszahlung zu erwerben. Davor ist der Leasingvertrag unkündbar.

138 BFH, Urteil v. 26.01.1970, BStBl. 1970 II, S. 264.

139 BMF, Erlass v. 19.04.1971, BStBl. 1971 I, S. 264, und v. 21.03.1972, BStBl. 1972 I, S. 188.

Damit muss am Ende der Grundmietzeit noch ein steuerlicher Restwert vorhanden sein.

Würde die Grundmietzeit erst am Ende der betriebsgewöhnlichen Nutzungsdauer enden, entspräche das der vollen Amortisation und wäre damit aus steuerlicher Sicht kein Leasing mehr.

Demzufolge ist Leasing immer auf *Teilamortisation* ausgelegt. Je nach Höhe des Abschreibungs-/Tilgungsanteils unterscheidet man zwei Grundmodelle des Leasing, nämlich

- das Teilamortisationsmodell ohne Mieterdarlehen[140] (Non-pay-out) und
- das Teilamortisationsmodell mit Mieterdarlehen (Full-pay-out).

Teilamortisationsmodell ohne Mieterdarlehen heißt, dass der Tilgungsanteil in der Leasingrate den steuerlich anerkannten Abschreibungen entspricht. Da die unkündbare Grundmietzeit nicht mehr als 90 Prozent der betriebsgewöhnlichen Nutzungsdauer betragen darf, um den Leasinggegenstand wirtschaftlich der Leasinggesellschaft zuzurechnen, führt das Non-pay-out-Modell auf jeden Fall dazu, dass am Ende der Grundmietzeit eine Schlusszahlung an die Leasinggesellschaft zu entrichten ist, die, wie bereits erwähnt wurde, dem steuerlichen Restbuchwert entspricht.

Nicht immer ist dieser Liquiditätsaufwand am Ende der Grundmietzeit indessen gewollt. Ein liquiditätsneutraler Übergang im Sinne einer Vollamortisation ist aber nicht möglich. Gestattet ist dagegen das Teilamortisationsmodell mit Mieterdarlehen (Full-pay-out).

Hier übersteigt der Tilgungsanteil in der Leasingrate die steuerlichen Abschreibungen in dem Maße, dass am Ende der Grundmietdauer die gesamte Refinanzierungsverbindlichkeit getilgt ist. Neben dem Anteil für den Aufwand der Leasingfirma enthält die Leasingrate eine monatlich gleichbleibende Zahlung, die sich aus einem Anteil für Kosten (Tilgung) und einem Darlehensanteil, das der Mieter (Leasingnehmer) dem Leasinggeber zur

140 »Mieter« im Sinne dieser Modelle ist der Leasingnehmer, nicht der Mieter der Wohnung oder Gewerbeeinheit.

Verfügung stellt, zusammensetzt. Diese annuitätische Zahlung ist also eine Mischung aus Kosten- und Darlehensbestandteilen. Der Kostenanteil sinkt im Laufe der Zeit degressiv, während der Darlehensanteil progressiv ansteigt.

Bilanziell muss der Leasingnehmer das Mieterdarlehen ausgrenzen und als Forderung gegen die Leasinggesellschaft aktivieren. Das führt dazu, dass nur der Kostenanteil in der Leasingrate für den Leasingnehmer aufwandswirksam ist und demzufolge direkt in die Ergebnisrechnung eingeht.

Am Ende der Grundmietdauer entspricht das Mieterdarlehen genau der Höhe des Restbuchwerts. Übt der Leasingnehmer nun sein Ankaufsrecht aus, wird gleichzeitig das Mieterdarlehen fällig. Die Rückzahlung des Darlehens wird mit der Schlusszahlung verrechnet, sodass der Eigentumsübergang liquiditätsneutral erfolgt.

Wird das Ankaufsrecht nicht ausgeübt, ist das Darlehen trotzdem fällig und muss an den Leasingnehmer zurückgezahlt werden.

Die betriebsgewöhnliche Nutzungsdauer von Immobilien, die nach dem 31.03.1985 fertiggestellt wurden, wird mit 25 Jahren unterstellt. Damit beträgt die Grundmietdauer maximal 22,5 Jahre, ein Zeitrahmen, der üblicherweise ausgenutzt wird. Zur Flexibilisierung werden bei der Vertragsgestaltung aber auch frühere mögliche Ankaufszeitpunkte definiert, etwa nach zehn oder fünfzehn Jahren.

7.2.1.3 Liquiditätszuwachs durch Sale-and-lease-back

Hier wird eine im Eigentum des künftigen Leasingnehmers stehende Immobilie an die Leasinggesellschaft verkauft und gleichzeitig zurückgeleast. Am Ende der Leasinglaufzeit kann sie wieder zurückgekauft werden. Sale-and-lease-back ist dann sinnvoll, wenn in den Objekten vorhandene stille Reserven offengelegt werden sollen. Durch den Verkauf erhält der Leasingnehmer einen Liquiditätszuwachs, und zwar in Höhe des tatsächlichen Marktwerts und nicht nur des Buchwerts. Im Gegenzug wird er während der Leasingzeit über die Leasingraten einen Anteil für die Abschreibungen an die Leasinggesellschaft zahlen.

Das Heben der stillen Reserve führt automatisch dazu, dass der Veräußerungsgewinn (die Differenz zwischen dem erzielten Verkaufserlös und dem Buchwert) der Besteuerung unterliegt. Da Wohnungsgenossenschaften grundsätzlich von der Körperschafts- und der Gewerbesteuer befreit sind[141], trifft das für sie nicht zu, es sei denn, sie haben für die Steuerpflicht optiert. Demzufolge wird dieses Instrument von Genossenschaften öfter genutzt. Andere Gesellschaften müssen entscheiden, ob Sale-and-lease-back im Einzelfall für sie sinnvoll ist. Das kann unter anderem dann der Fall sein, wenn Veräußerungsgewinne mit Verlustvorträgen verrechnet werden können.

Die Leasinggesellschaft ist laut Vertrag dazu verpflichtet, die Objekte instand zu halten (gegebenenfalls auch erst eine Instandsetzung durchzuführen). Die Verwaltung der Wohnungen verbleibt in den meisten Fällen bei der Wohnungsgesellschaft.

Hinweis !

Beim Sale-and-lease-back wird zweimal Grunderwerbsteuer fällig, nämlich beim Verkauf an die Leasinggesellschaft und beim Rückkauf am Ende der Grundmietzeit.

Sale-and-lease-back wird häufig dann favorisiert, wenn der gegenwärtige Eigentümer und künftige Leasingnehmer mit größeren Investitionen an den Objekten (Sanierung) finanziell überfordert wäre. So kommt es vor, dass Wohnungsgesellschaften einen Teil ihres Bestands auf diese Weise finanzieren.

141 Siehe § 5 Nr. 10 Körperschaftssteuergesetz und § 3 Nr. 15 Gewerbesteuergesetz.

7.2.1.4 Sale-and-rent-back

Das Sale-and-rent-back wird oft mit dem Sale-and-lease-back gleichgesetzt. Es gibt jedoch einen wesentlichen Unterschied. Während beim Leasing unter Einhaltung der durch die Leasingerlasse fixierten Grenzen eine Rückübertragung an den ursprünglichen Eigentümer vorgesehen ist, wird der Mietvertrag beim Rent-back nicht mit einer Rückgabeklausel versehen. Der bisherige Eigentümer stellt seine Entscheidung ausschließlich auf die künftige Nutzung ab, die durch einen Mietvertrag gesichert wird. Zumeist wird eine Verlängerungsoption für die Miete, seltener ein Vorkaufsrecht vereinbart.

Sale-and-rent-back wird gern von Unternehmen der gewerblichen Wirtschaft genutzt, die zwar die Betriebsimmobilie brauchen, aber keinen besonderen Wert auf das Eigentum daran legen. Der Verkauf führt einerseits zu einem nicht unerheblichen Liquiditätszuwachs, andererseits verbessern sich die Bilanzrelationen: Es ist weniger Kapital langfristig in Immobilien gebunden. So verbessert sich die Eigenkapitalquote (unter der Voraussetzung, dass das vorhandene Eigenkapital dem Unternehmen weiter zur Verfügung steht) und das durch den Immobilienverkauf freigesetzte Kapital kann renditestärker im Kerngeschäft des Unternehmens eingesetzt werden. Im Gegenzug ist nun eine Mietzahlung (laufender Aufwand) erforderlich.

7.2.2 Nießbrauch

Leasing setzt den Eigentumsübergang des Wirtschaftsguts voraus. Das heißt, dass die Immobilie zunächst durch die Leasinggesellschaft erworben werden muss, um sie dann zu verleasen oder zu vermieten.

Soll das gleiche Ziel wie beim Sale-and-lease-back, nämlich die Rückübertragung an den bisherigen Eigentümer, erreicht werden, kann auch der Eintrag eines Nießbrauchs überlegt werden.

Nießbrauch ist die Belastung einer Sache zugunsten einer Person.[142] Damit ist er das wohl umfassendste Nutzungsrecht an einer Immobilie. Der Nießbrauch an einer Immobilie entsteht durch Einigung und Eintragung im Grundbuch.

Um den gleichen Zweck wie beim Sale-and-lease-back zu erreichen, nämlich einen Teil des Bestands durch Dritte zu sanieren, ohne die Objekte unwiederbringlich zu verkaufen, wurde folgendes Modell entwickelt:

Eine Zweckgesellschaft, üblicherweise auf der Basis eines Fonds, erhält in der Abteilung II des Grundbuchs der entsprechenden Immobilien ein Nutzungsrecht eingetragen, das im Wesentlichen das Recht auf den Nutzen aus diesen Immobilien, nämlich die Mietzahlungen, enthält. Die Mietverträge gehen also an die Fondsgesellschaft über. Der zugrunde liegende Vertrag hat eine relativ lange Laufzeit, üblicherweise von 30 bis zu 50 Jahren. Für dieses Recht zahlt der Nießbraucher an den Eigentümer (Wohnungsgesellschaft) eine einmalige Summe. Der Betrag wird durch die Wohnungsgesellschaft gewinnwirksam vereinnahmt und durch die Bildung eines passiven Rechnungsabgrenzungspostens auf die gesamte Vertragslaufzeit verteilt.

Ein weiterer wesentlicher Vertragsbestandteil ist die Verpflichtung des Nießbrauchers, für die Sanierung und Instandhaltung der Objekte zu sorgen. Die laufende Verwaltung kann per Vertrag weiterhin beim Eigentümer bleiben. Der Sanierungsaufwand entsteht auf diese Weise nicht dem Eigentümer, sondern dem Nießbraucher, der dafür die laufenden Mieten vereinnahmen darf.

Am Ende der Vertragslaufzeit erstattet der Eigentümer dem Nießbraucher seine Aufwendungen zum Tilgungsrest, es handelt sich also um ein Teilamortisationsmodell. Mit dieser Schlusszahlung ist das Projekt beendet.

Wesentliche **Effekte** des Eintrags eines Nießbrauchs sind folgende:

142 Siehe §§ 1030 ff. BGB und insbesondere § 1048 BGB.

Die Wohnungsgesellschaft bleibt Eigentümer, es ist also kein Ver- und Rückkauf mit den damit verbundenen Kosten erforderlich. Im Normalfall sind die auf diese Weise entstehenden Bilanzrelationen (insbesondere die Eigenkapitalquote) günstiger als bei der Finanzierung durch Kredite. Dazu trägt auch der sofortige Liquiditätszuwachs durch die anfängliche Einmalzahlung bei. Das Vermietungsrisiko während der Vertragslaufzeit trägt der Nießbraucher, nicht die Wohnungsgesellschaft.

Ob dieses Modell machbar ist, ob die damit verbundenen Bedingungen und Kosten günstiger ausfallen als beim Leasing oder bei der klassischen Finanzierung über eine Bank, ist immer eine Einzelfallentscheidung. Die gesamten Rahmenbedingungen und die Strategie des Eigentümers spielen dabei eine wesentliche Rolle.

7.3 Finanzierung von Sonderimmobilien

Sonderimmobilien sind Immobilien, die bereits beim Bau auf eine spezielle Nutzung zugeschnitten wurden und bei denen eine Umnutzung nur unter erheblichem Aufwand oder gar nicht möglich ist.

!

Beispiele: Sonderimmobilien

Krankenhäuser, Sportstätten, Schwimmbäder/Freizeitbäder, Hotelbauten, Einkaufsmalls, Tankstellen usw.

Eine Finanzierung ist selbstverständlich möglich, das Problem liegt jedoch in der Wertermittlung. Da die Objekte für spezielle Nutzungen entwickelt wurden, verbietet sich die reine Substanzbewertung von selbst. Sinnvoll lässt sich der Wert nur über das Ertragswertverfahren ermitteln. Hier steht aber das Problem, dass künftige Erträge und vor allem ihre Nachhaltigkeit aufgrund der Spezifik des Objekts nur schwer zu schätzen sind. Oft sind spezielle Fachkenntnisse der Branche für eine korrekte Einschätzung des Werts, der Sicherheit und damit der Beleihbarkeit erforderlich.

Entscheidend ist die tief greifende Beurteilung des Betreibers oder des Mieters der Immobilie. Diese Beurteilung sollte über die Einschätzung der reinen Finanzkraft hinausgehen und das Geschäftsmodell mit einbeziehen.

Wird die Immobilie vom Eigentümer selbst genutzt, sind die Geschäftsidee, das Marktumfeld, die persönliche Bonität und die Haftungsverhältnisse genauestens zu prüfen.

Ist das Objekt vermietet, erstreckt sich die Prüfung auch auf den bzw. die Hauptmieter. Eine Streuung auf mehrere Mieter (z. B. in einem Einkaufszentrum) diversifiziert die Risiken, führt aber auch zu einem erhöhten Aufwand in der Verwaltung. Gibt es einen Hauptmieter, führt sein Ausfall häufig auch innerhalb kürzester Zeit zu einem Ausfall der Nebenmieter. Löst z. B. eine Supermarktkette den Mietvertrag, tragen sich wegen der nun ausbleibenden Kundschaft auch die anderen Geschäfte (z. B. Bäcker, Fleischer, Schlüsseldienst usw.) nicht mehr.[143] Vor einer Finanzierung ist demzufolge zu prüfen, ob ein ausgewogener Interessenausgleich vorliegt, der erwarten lässt, dass das Objekt auch langfristig vermietet ist und damit einen Ertrag abwirft.

Besonders schwierig ist die Einschätzung der Ertragslage dann, wenn der Ertrag z. B. durch Publikumsverkehr beeinflusst wird, wie das bei Freizeiteinrichtungen der Fall ist.

Um den Risiken aus der künftigen Nutzung von Sonderimmobilien Rechnung zu tragen, versuchen Kreditinstitute häufig, bei der Konditionengestaltung einen höheren Risikozuschlag einzupreisen.

143 Zur Beurteilung von gewerblichen Mietverträgen vgl. Kapitel 3.5.2.

8 Immobilienpolitik und aktuelle Probleme

8.1 Demografische Entwicklungen und Immobilienmarkt

8.1.1 Bevölkerungsentwicklung in Deutschland

Bis vor Kurzem war man sich einig, dass die Wohnbevölkerung Deutschlands in den nächsten Jahren deutlich zurückgehen wird, wobei sich der Anteil der über 65-Jährigen erhöht. Das lässt sich aus der Bevölkerungspyramide leicht ablesen. Inwieweit der massive Zuzug von Flüchtlingen diese Entwicklung beeinflussen wird, ist noch nicht klar erkennbar. Eines ist aber sicher: Es wird deutlich mehr Wohnraum benötigt, und das vor allem im unteren und mittleren Preissegment.

Die Frage der Integration von Flüchtlingen ist nicht Gegenstand dieser Schrift, allein die (voraussichtlichen) Auswirkungen auf den Immobilienmarkt sollen hier betrachtet werden.

Dieser Bedarf nach mehr Wohnraum zeichnete sich bereits in den vergangenen Jahren ab. Das Problem wird aktuell nur noch verschärft. Neu ist solch eine Situation für den Wohnungsmarkt auch nicht. So gab es bereits in den frühen 90er-Jahren des 20. Jahrhunderts massive innerdeutsche Wanderungsbewegungen, die in manchen Regionen einen großen Bedarf nach Wohnungen auslösten.

Generell hatte Deutschland in den letzten Jahren fast immer einen positiven Wanderungssaldo[144] zu verzeichnen. Betrachtet man diese Entwicklung differenziert nach Bundesländern, kann man sehen, dass der Zuzug regional sehr unterschiedlich erfolgte (siehe Abbildung 11). An der Spitze liegen

144 Unter Wanderungssaldo versteht man die Differenz aus Zu- und Fortzügen. Er wird zumeist auf 1.000 Einwohner bezogen. Ein Wanderungssaldo von +6,6 heißt demnach, dass je 1.000 Einwohner 6,6 Personen mehr zugezogen als weggezogen sind.

die Stadtstaaten und Bayern, das Schlusslicht bilden Thüringen und Sachsen-Anhalt. Das macht offensichtlich, dass einem Bevölkerungsrückgang in einigen Regionen ein Zuwachs in anderen Gebieten gegenübersteht, der zu deutlich gewachsener Nachfrage und damit zu Wohnungsknappheit führt.

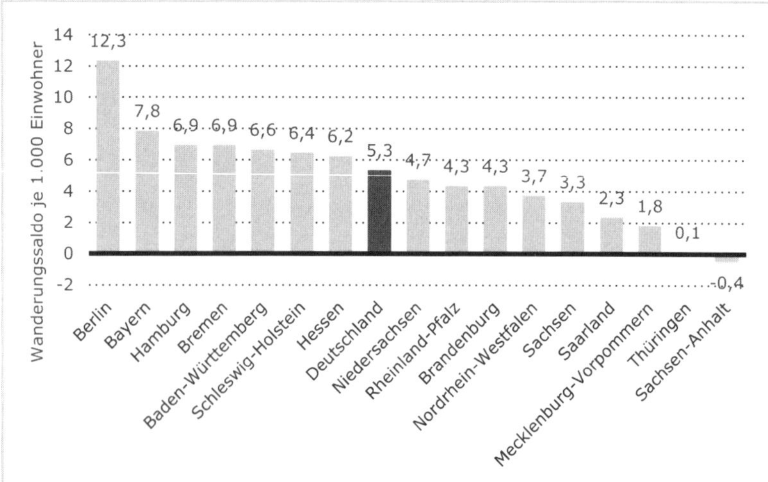

Abb. 11: Wanderungssaldo in Deutschland nach Bundesländern 2013[145]

Das Bundesinstitut für Bau-, Stadt- und Raumforschung (BBSR) geht in einer Wohnungsmarktprognose für das Jahr 2030 davon aus, dass in München 15.100 Wohnungen, in Berlin 13.800 Wohnungen und in Stuttgart 10.500 Wohnungen errichtet werden müssen, um den Bedarf zu decken.[146]

Diese Entwicklungen haben teilweise zu starken Preissteigerungen geführt. Bezogen auf den März 2007 (Indexwert = 100) lag der Preisindex für bestehende Wohnhäuser (Doppel-, Reihen- und Einfamilienhäuser) in München im Dezember 2015 bei ca. 155 Prozentpunkten, wobei sich allein im Jahr

145 Statista, Wanderungssaldo vom 11.02.2016, http://de.statista.com/statistik/daten/studie/254699/umfrage/wanderungssaldo-in-deutschland-nach-bundeslaendern (Stand: Februar 2016).

146 Siehe Immobilienwirtschaft 2015.

2015 eine Steigerung um 15 Prozentpunkte ergab.[147] Auch bei den durchschnittlichen Mietpreisen pro m^2 lag München mit über 15 EUR/m^2 deutlich an der Spitze.[148]

8.1.2 Die Gefahr der Entstehung einer Immobilienblase

Entwicklungen, wie sie in den vorherigen Kapiteln beschrieben wurden, nähren die Frage, ob sich in Deutschland eine Immobilienblase entwickelt. Das Blasenrisiko wird gemeinhin an drei Faktoren festgemacht:

- steigende Hauspreise,
- eine dynamische Kreditexpansion,
- Lockerung der Kreditvergabestandards.

Betrachtet man den Ablauf der allgemeinen Wirtschafts- und Finanzkrise in den Jahren 2007/2008, kann man feststellen, dass sie ihren Anfang mit einer Immobilienblase in den USA nahm. Die oben genannten Faktoren trafen eindeutig zu: Ausgehend von steigenden Immobilienpreisen wurde unterstellt, dass diese Entwicklung so anhalten werde. Das führte dazu, dass das Kreditvolumen für Immobilienkredite massiv ausgeweitet wurde, und mündete in die Vergabe von sogenannten »Subprime-Krediten«, also die Finanzierung von Immobilien für Kunden, die sich aufgrund ihrer Einkommenssituation eigentlich gar keine Immobilien leisten konnten. Verbunden mit der Verbriefung dieser Kreditforderungen und deren Weiterverkauf wurden die Kreditvergabestandards massiv gelockert. Das Ergebnis war schließlich das Platzen der Blase.

Sieht man sich die Situation in Deutschland, und zwar ausdrücklich auch in Städten wie München an, ist zu erkennen, dass von den oben genannten drei Faktoren lediglich der erste, die steigenden Hauspreise, zu verzeich-

147 Statista, Preise München vom 11.02.2016, http://de.statista.com/statistik/daten/studie/261706/umfrage/preisindex-fuer-wohnhaeuser-in-muenchen-nach-bestand-und-neubau (Stand: Februar 2016).

148 Nach anderen Quellen lag der durchschnittliche Mietpreis für München niedriger, aber immer noch weit über dem bundesdeutschen Durchschnitt. Die unterschiedlichen Werte entstehen durch divergierende Stichproben, die einerseits nur die Neuvermietungen und andererseits auch die bestehenden Verträge erfassen.

nen ist. Weder eine Änderung hinsichtlich der Vergabestandards für Kredite noch eine dynamische Expansion des Kreditvolumens sind zu erkennen. Die Gesamtsumme der Wohnbaukredite (gesamter Bestand an Baufinanzierungen für Wohnungen) steigt nur leicht. Was jedoch zu verzeichnen ist, ist die deutliche Zunahme der Neukredite. Wohnbauzinsen unter 2 Prozent p. a. fördern diese Entwicklung.

Die Gefahr der Blasenbildung besteht vor allem dann, wenn sich die Entwicklung der Hauspreise von der allgemeinen Mietentwicklung abkoppelt. Das würde bedeuten, dass die Mietrenditen sinken und die Investoren vor allem spekulativ auf weiter steigende Hauspreise setzen. Diese Entwicklung ist auch in den Metropolregionen nicht flächendeckend zu erkennen.

Eine generelle Immobilienblase scheint sich demnach nicht zu entwickeln, was nicht heißt, dass sich nicht an einzelnen Stellen Auswüchse ergeben. In bestimmten nachgefragten Städten und Stadtgebieten ist die Preisentwicklung nicht mehr allein mit gewöhnlichen Marktgegebenheiten zu erklären. Spekulative Investitionen treiben dort ebenfalls die Preise.

Zu fragen ist, ob spekulative Risikoinvestoren zu einem Abbau des Nachfrageüberhangs beitragen können. Werden deren Kredite in Bestandsobjekte investiert, gibt es keinen Zuwachs an Wohnungen, weiter steigende Immobilienpreise wären die Folge. Wird jedoch neuer Wohnraum geschaffen, sollte tendenziell der Preisdruck sinken. Die sehr niedrigen Zinsen für Hypothekendarlehen begünstigen, dass wenig Eigenkapital eingesetzt wird, um die Rendite des Eigenkapitals zusätzlich durch die Ausnutzung des Leverage-Effekts zu »hebeln«. Gekennzeichnet sind Risikoinvestoren vor allem durch ihr Ziel, nämlich den Wiederverkauf der Immobilie nach erfolgter Preissteigerung. Sie sind also daran interessiert, dass es eine weitere Preisentwicklung nach oben gibt. Das führt dazu, dass vor allem in Bestandsimmobilien investiert wird, es erfolgt also kein zusätzlicher Neubau. Damit tragen spekulative Immobilieninvestitionen gemeinhin nicht zum Abbau des Nachfrageüberhangs bei. Das würde nur durch zusätzlichen Neubau geschehen. Festzustellen ist aber, dass die Zielrichtung staatlicher regulatorischer Maßnahmen mehr auf das Gebiet des Altbaus zielt, z. B. auf die Möglichkeit der schnelleren Abschreibung im Denkmalschutzbereich.

Was einerseits das Engagement für historische Gebäudeensembles fördert, führt andererseits zu steigenden Mieten im Neubaubereich.

8.2 Staatliche Regelungen

8.2.1 Mietpreisbremse

Die Verwerfungen auf Teilen des Immobilienmarkts haben die Politik auf den Plan gerufen. Eine sogenannte Mietpreisbremse soll ausufernde Mieten deckeln. Die entsprechenden Regelungen traten am 01.06.2015 in Kraft. Doch bereits vorher gab es einschränkende Regeln zur Miethöhe im BGB.

Bestehende Mietverhältnisse

Im Mietrecht gilt, dass Mieten nicht willkürlich festgelegt und erhöht werden dürfen. Bei bestehenden Mietverhältnissen gilt für Mieterhöhungen eine Kappungsgrenze von 20 Prozent innerhalb von drei Jahren.[149] Im gleichen Paragrafen des BGB wurde den Bundesländern im Jahr 2013 das Recht eingeräumt, in Gebieten mit gefährdeter Wohnraumversorgung diese Kappungsgrenze auf 15 Prozent innerhalb von drei Jahren abzusenken. Davon haben bisher 11 Bundesländer mittels Rechtsverordnung Gebrauch gemacht. Nach oben begrenzt ist eine Mieterhöhung aber immer durch die ortsübliche Vergleichsmiete.

Hinweis !

Die ortsübliche Vergleichsmiete ergibt sich i. d. R. aus einfachen oder qualifizierten Mietspiegeln oder aus Vergleichswohnungen. Die vorgesehene Verlängerung der für den Durchschnitt herangezogenen Jahre von aktuell vier Jahren auf geplante zehn Jahre wird ein rein rechnerisches Absinken des zum Vergleich herangezogenen Mietniveaus mit sich bringen.

Diese Kappungsgrenze begrenzt jedoch lediglich die Mieterhöhung bei bestehenden Mietverträgen. Für eine Neu- oder Wiedervermietung galt bisher, dass Mieten frei vereinbart werden können.

149 Siehe § 558 Abs. 3 Satz 1 BGB.

Neu- und Wiedervermietungen

Neu- und Wiedervermietungen liegen vor, wenn das Mietverhältnis mit einem neuen Mieter begründet wird, der bisher für die entsprechende Wohnung keinen Mietvertrag hatte. Bestehende Mietverträge bleiben also ausgenommen.

Mit den Regelungen zur Dämpfung des Mietanstiegs auf angespannten Wohnungsmärkten wurde nun festgelegt, dass dann, wenn das Wohnobjekt in einem definierten Gebiet mit einem angespannten Wohnungsmarkt liegt, die Miete zu Beginn des Mietverhältnisses die ortsübliche Vergleichsmiete um höchstens 10 Prozent übersteigen darf.[150] Ausgenommen von den Regeln sind Neubauten und umfassend modernisierte Wohnungen.

Einfache Modernisierung

11 Prozent der Modernisierungskosten können pro Jahr auf die Miete umgelegt werden, auch wenn die Gesamtmiete dann über der definierten Zehnprozentschwelle liegt. Diese Modernisierungsumlage wird Teil der regulären Miete.

Um zu verhindern, dass notwendige Sanierungsmaßnahmen unterlassen werden, weil die Kosten nicht auf die Miete umgelegt werden können, bleibt diese Regelung bestehen. Im Einzelfall könnte es zu Problemen bei der Abgrenzung von einfacher und umfassender Modernisierung kommen.

Wo und wann eine solche Mietpreisbremse eingeführt wird, ist Ländersache. Zunächst muss das Gebiet definiert werden. Weiterhin muss ein gültiger Mietspiegel vorliegen, um die Grenze festzulegen. Die Gültigkeit einer Mietpreisbremse ist zunächst auf fünf Jahre festgelegt.

Für einen »angespannten Wohnungsmarkt« gelten folgende Kriterien:
Das Gebiet muss

- eine hohe Rate von Zuzugswilligen ausweisen,
- eine geringe Fluktuation der dort Wohnenden vorweisen,
- keine erweiterte Bebauung ermöglichen.

150 Siehe § 556d BGB.

Die Wirkung dieser Regelungen zur Dämpfung der Mieten bei der Neuvermietung ist umstritten. **Mieterverbände** sprechen von einem Mittel gegen ausbeuterische Mieten. Kritik kommt von ihnen vor allem an der Tatsache, dass keine flächendeckende Lösung für eine Mietendeckelung gefunden wurde, sondern die Gebiete mit einem angespannten Wohnungsmarkt regional bestimmt werden. Des Weiteren stören sie sich an der Tatsache, dass Neubauten und umfassend modernisierte Wohnungen ausgeschlossen wurden. Sie hätten also lieber eine pauschale gesetzliche Begrenzung der Mieten gesehen.

Vermieter (darunter sind auch die Wohnungsgesellschaften) sehen das Problem naturgemäß anders. So führte allein die Diskussion einer Mietpreisbremse zu einer Verunsicherung von Investoren. Demzufolge waren die Ausnahmen (Neubau, umfassende Modernisierungen) nach ihrer Meinung zwingend erforderlich. Höhere Bodenpreise, höhere Nebenkosten und allgemein gestiegene Baukosten führen dazu, dass eine kostendeckende Nettokaltmiete von 10 EUR/m² als Untergrenze angesehen wird. Erfahrungsgemäß rechnen sich umfassende Modernisierungsmaßnahmen nur dann, wenn danach ebenfalls die Miete auf ein Niveau ähnlich der Neubaumiete angehoben werden kann.

Man mag anführen, dass die erhöhten Bodenpreise nur auf Ballungszentren mit knappem Angebot zutreffen. Gerade dort soll die Mietpreisbremse aber eingeführt werden.

Welche Entwicklung ist zu erwarten?

Zwar hat man noch kein belastbares Zahlenmaterial über die Auswirkungen der Mietpreisbremse auf das Baugeschehen, aber es ist ersichtlich, dass das Ziel – nämlich bezahlbare Mieten in gefragten Stadtzentren – mit diesem Instrument wahrscheinlich nicht erreicht werden kann.[151]

Die beklagten hohen Mieten in gefragten Gebieten resultieren aus dem Missverhältnis von hoher Nachfrage einerseits und zu geringem Angebot

151 Für Berlin gibt es aktuelle Untersuchungen, die zeigen, dass die Mietpreisbremse keine Wirkung zeigt.

andererseits. Die Nachfrage ließe sich nur durch Zuzugsverbote regulieren, eine Maßnahme, die sich von selbst verbietet. Demzufolge müsste das Angebot gestärkt werden. Ob das mit regulatorischen Eingriffen in die Miete geschehen kann, ist mehr als zweifelhaft. Wie oben bereits gesagt wurde, sind bei Neubauten und umfassenden Modernisierungen Nettokaltmieten von rund 10 EUR/m^2 erforderlich, um die Kosten zu decken. Solche Angebote richten sich aber gerade an eine Klientel, die mittels der Mietpreisbremse nicht vor hohen Mieten geschützt werden muss.

Eine Alternative ist die Modernisierung bestehenden Wohnraums. Durch die oben genannte Modernisierungsumlage erhöht sich aber auch dann die Kaltmiete, je nach Umfang der Modernisierungsmaßnahmen auch über die durch die Mietpreisbremse gesetzten zehn Prozent der Vergleichsmiete hinaus. Außerdem wird durch Sanierung bestehender Objekte in der Regel kein zusätzlicher Wohnraum geschaffen.

So bliebe nur noch die Variante, den Standard der Wohnungen durch Verschleiß absinken zu lassen, auch das kann nicht das Ziel sein.

Die Regulierungen setzen keine Anreize für Investitionen im mittleren Preissegment. Damit bleibt die Vorstellung, dass in gefragten Lagen zu niedrigen Mieten mit hohem Standard gewohnt werden kann, letztlich ein unerfüllbarer Wunschtraum. Richtig wäre ein Gesamtpaket zur Ankurbelung des Wohnbaus in Großstädten und Metropolregionen. Ein Abbau des Nachfrageüberhangs am Wohnungsmarkt ist nur mit massiver Bautätigkeit möglich und wird Jahre dauern.

8.2.2 Kostentreibende Faktoren

Um das Dilemma hoher Mietpreise in Metropolen beheben zu können, bleibt nur das Forcieren von Baumaßnahmen. Zu klären ist, wieso durch die Bauwirtschaft bezogen auf die Nachfrage insbesondere in Ballungszentren zu wenig Wohnraum errichtet wird. Es fallen folgende Tatsachen ins Auge.

8.2.2.1 Vorhandenes Bauland

Oft ist der Ausweis von Bauland im Verhältnis zur Nachfrage zu gering. Das gilt nicht für alle Städte und Regionen gleichermaßen, ist aber in Metropolen ein Problem. Die Gründe können vielfältig sein: Angefangen bei topografischen Problemen (z. B. Tallage) über eng gezogene Stadtgrenzen, die keine weitere Ausbreitung mehr zulassen, bis hin zu strikten Regulierungen bezüglich der Geschosshöhe und der Gestaltung einschließlich der nicht erlaubten Nachverdichtungen gibt es eine ganze Palette von Gründen. Alle führen zu einer Erhöhung der Bodenpreise.

Über lange Zeit gab es deshalb eine Bewegung »heraus aus der Stadt« in den sogenannten Speckgürtel. Da innerstädtisches Bauland zu knapp und zu teuer war, zog es vor allem junge Familien in die Eigenheimsiedlungen im Umfeld der großen Städte. Inzwischen ist aber eine Trendumkehr zu erkennen. Die Kinder sind aus dem Haus und oft auch in andere Regionen abgewandert, sodass das für zumeist vier bis fünf Personen großzügig geplante Einfamilienhaus zur Belastung zu werden droht. Dazu kommt die Unbequemlichkeit der (oft mit dem Pkw zu bewältigenden) Wege in die Stadt. All diese Faktoren erhöhen zusätzlich den Druck auf den innerstädtischen Wohnungsmarkt.

Wohnungspolitisch erscheint es sinnvoll, lieber die Abwanderung aus dem Umland in die »Schwarmstädte« zu stoppen, als zu versuchen, über Instrumente wie die Mietpreisbremse den Wohnraum in den Städten noch attraktiver zu machen. Das fördert das Ungleichgewicht zwischen Stadt und Umland. Erfolgversprechender wäre es, die Attraktivität der Zentren in den ländlichen Bereichen zu erhöhen oder zumindest zu erhalten.

Der Gesetzgeber versucht sporadisch, die steuerliche Benachteiligung des Neubaus abzuschwächen. So gibt es (Stand: Februar 2016) einen Gesetzentwurf zur »steuerlichen Förderung des Mietwohnungsneubaus«, in dem unter anderem Sonderabschreibungen auch für Neubauwohnungen vorgesehen sind. Die bisher bekannten Rahmenbedingungen sind recht eng gesteckt. Vor allem soll verhindert werden, dass auch Vermieter von sogenannten Luxusappartements diese Steuerbegünstigung erhalten.

8.2.2.2 Entwicklung der Baukosten

Wie Abbildung 12 zeigt, kennt die Entwicklung der Baukosten seit Jahrzehnten nur eine Richtung: nach oben.[152]

Abb. 12: Entwicklung des Baukostenindexes (ohne Umsatzsteuer) von 2000 bis 2014[151]

Im mehrgeschossigen Wohnungsbau stiegen in Ballungsräumen die Gestehungskosten[153] seit dem Jahr 2000 um fast 40 Prozent auf 3.080 EUR/m² Wohnfläche.[154]

Aber nicht nur die reinen Baukosten führen zu Kostensteigerungen, sondern auch eine Vielzahl **regulatorischer Maßnahmen**. So schätzt die Wohnungswirtschaft die Auswirkungen der ab 2016 geltenden Verschärfungen der Energieeinsparverordnung (EnEV) bei Mehrfamilienhäusern auf eine Kostensteigerung von etwa 200 EUR/m² Wohnfläche. Zum Hintergrund: Die Basis für diese Anforderungen ist die EU-Gebäudeeffizienzrichtlinie von 2010, die in Deutschland über die EnEV umgesetzt wird. Bis Ende 2020 müssen alle Neubauten den Standard von »Niedrigstenergiegebäuden« erfüllen. Für ein Einfamilienhaus bedeutet das Mehrkosten von rund 86.000 EUR,

152 Statista, Baukosten vom 13.02.2016, http://de.statista.com/statistik/daten/studie/70266/umfrage/entwicklung-des-preisindex-fuer-baukosten-seit-2002/ (Stand: Februar 2016).

153 Der Begriff »Gestehungskosten« ist ein Synonym für Herstellungskosten, also für die Kosten, die für die Herstellung der Immobilie anfallen.

154 Siehe o. V., Wie der Staat den Wohnungsbau verteuert, in FAZ vom 31.07.2015, S. 11.

denen eine Kosteneinsparung durch niedrigeren Energieverbrauch bei Heizung und Warmwasser von insgesamt knapp 30.000 EUR in den kommenden 20 Jahren (!) gegenübersteht.[155]

Aber die Anforderungen zur Energieeinsparung stehen nicht allein. Über geänderte Baunormen und Qualitätsstandards, die Erhöhung der kommunalen Steuern und sonstige kommunale Auflagen ergibt sich, dass etwa 40 Prozent der Kostenerhöhung im Wohnungsbau durch Bund und Länder sowie kommunale Auflagen verursacht werden.

Beispiel: Kostenerhöhung durch kommunale Auflagen !

Eine Wohnungsgesellschaft beabsichtigte die Errichtung eines Gebäudekomplexes mit etwas mehr als 200 Wohneinheiten. In der Planung vorgesehen waren unter anderem Tiefgaragenplätze entsprechend der Anzahl der Wohnungen.
Das örtliche Bauamt genehmigte die Planung (die übrigens alle gesetzlichen Regelungen einhielt) nur unter der Auflage, dass für jede Wohnung auch ein Fahrradstellplatz (abschließbar) eingeplant wird. Die Umplanung und die damit verbundenen Mehrkosten des Baus beliefen sich auf mehr als 250.000 EUR.

Allein die sich in schneller Abfolge ändernden Regelungen führen zu kostentreibenden Umplanungen.

Parallel dazu gibt es weitere Ansätze, die Bedingungen für die Wohnungswirtschaft und Bauinvestoren zu verschärfen. In einer dpa-Meldung vom 25.11.2015 wird darauf aufmerksam gemacht, dass das Bundesjustizministerium daran arbeitet, die Möglichkeiten der Umlage von Modernisierungskosten auf die Miete stärker einzuschränken. Bislang dürfen, wie bereits angeführt wurde, 11 Prozent der Kosten auf die Miete umgelegt werden. Im Koalitionsvertrag der gegenwärtigen Bundesregierung war eine Senkung auf 10 Prozent vereinbart, das Justizministerium peilt jetzt aber die Marke von 8 Prozent an. Darüber hinaus ist eine Kappungsgrenze vorgesehen, nach der die Miete durch Modernisierungsumlagen in acht Jahren um höchstens 50 Prozent, begrenzt auf 4 EUR/m^2, steigen darf.

155 Siehe o. V., Wie der Staat den Wohnungsbau verteuert, in FAZ vom 31.07.2015, S. 11.

Sollten die Möglichkeiten der Mieterhöhung weiter reduziert werden, sind notwendige Investitionen in die Modernisierung von Wohnungen schnell komplett unwirtschaftlich und werden damit unterlassen. Damit widersprechen sich die einzelnen (sicherlich gut gemeinten) regulatorischen Eingriffe in den Markt teils komplett und heben sich in ihrer Wirkung auf oder kehren die Wirkung sogar um.

An anderer Stelle werden die Kosten für Investoren direkt erhöht, nämlich bei der Grunderwerbsteuer. Sie wurde 1998 bundeseinheitlich von 2,0 Prozent auf 3,5 Prozent angehoben. Dieser Steuersatz gilt inzwischen nur noch in Bayern und Sachsen. Alle anderen Bundesländer konnten der Versuchung nicht widerstehen und schraubten diese Verkehrssteuer inzwischen auf Werte von bis zu 6,5 Prozent.

! **Beispiel: Auswirkung der Grunderwerbsteuer**

Eine Eigentumswohnung mit 100 m² Wohnfläche soll 350.000 EUR kosten. Bei 3,5 Prozent Grunderwerbsteuer sind 12.250 EUR zu zahlen. Bei den unter anderem in Brandenburg, in Nordrhein-Westfalen oder im Saarland inzwischen verlangten 6,5 Prozent sind das schon 22.750 EUR, also eine Differenz von 10.500 EUR. Verteilt auf 20 Jahre bedeutet die erhöhte Grunderwerbsteuer einen Zuwachs von etwa 0,44 EUR/m² auf die monatliche Miete.

8.2.2.3 Baukostensenkungskommission

Das Problem, dass es zunehmend schwerer wird, bezahlbaren Wohnraum zu finden, hat Bund, Länder, Kommunen und Verbände im Sommer 2014 veranlasst, ein »Bündnis für bezahlbares Wohnen und Bauen« ins Leben zu rufen. Ziele dieses Bündnisses sind

- die Förderung von mehr Neubau,
- eine starke soziale Wohnraumförderung,
- eine bessere Unterstützung einkommensschwächerer Haushalte,
- die Behebung des Mangels an generationengerechtem Wohnraum und
- die weitere Energieeinsparung im Gebäudebereich.

Ein Bestandteil dieses Bündnisses ist die »Baukostensenkungskommission«. Sie wurde eingerichtet,

> *... um die Entwicklung der Baukosten zu analysieren und Kostentreiber zu identifizieren, Ursachen für diese Entwicklungen zu untersuchen und Verbesserungsmöglichkeiten für eine Erhöhung der Wirtschaftlichkeit des Bauens aufzuzeigen.*[156]

Im November 2015 legte die Kommission ihren Endbericht vor. Naturgemäß sind die Ergebnisse recht allgemein. Trotzdem gibt die Kommission einige bemerkenswerte Hinweise. Unter anderem regt sie an:

> **Bericht der Baukostensenkungskommission 2015**
> *3. Auf die stetige Zunahme kostenverursachender Anforderungen aus den verschiedensten Rechtsbereichen sollte der Bund mit einer Transparenzinitiative reagieren. Neue Anforderungen sollten verpflichtend daraufhin geprüft werden, in welchem Umfang damit Kostensteigerungen verbunden sind und das Bauen und Wohnen dadurch verteuert wird.*
> ...
> *5. Bei der Umsetzung von Richtlinien der Europäischen Union im Bereich des Wohnungsbaus ist eine 1 : 1 Umsetzung und keine darüber hinausgehende Verschärfung vorzusehen.*

Auch für Kommunen und Länder werden Hinweise gegeben. Selbstredend sind auch die Bauherren/Wohnungsgesellschaften gefordert, kostensenkende Maßnahmen einzuleiten. Dazu gehört unter anderem der Verzicht auf Keller. Dafür sollen Abstellmöglichkeiten im Erdgeschoss und in der Wohnung geschaffen werden. Auch das Zulassen von innenliegenden Bädern soll forciert werden.

Inwieweit diese Vorschläge vom Markt, also von den künftigen Mietern angenommen werden, bleibt abzuwarten.

156 http://www.bmub.bund.de/themen/stadt-wohnen/wohnungswirtschaft/buendnis-fuer-bezahlbares-wohnen-und-bauen/struktur/ (Stand: Februar 2016).

! **Beispiel: Vorschläge der Baukostensenkungskommission**

Ein Kellerraum gehört nicht zur Wohnung und geht demzufolge auch nicht in die Berechnung der Wohnfläche ein. Ein Abstellraum *innerhalb* der Wohnung wird in die Wohnflächenberechnung mit einbezogen. Solche Unterschiede sind beim Vergleich der Nettokaltmieten pro m^2 wesentlich.

Der Verdienst der Baukostensenkungskommission besteht vor allem darin, den Finger in die Wunde gelegt zu haben. Sie kann aber nur Empfehlungen geben. Ob dadurch eine Umkehr der Entwicklung der Baukosten tatsächlich eintritt, ist fraglich.

Am sinnvollsten wäre es sicherlich, wenn sich der Staat in möglichst vielen Bereichen einfach zurückhielte, wie es Andreas Mattner, Präsident des Zentralen Immobilien Ausschusses (ZIA) in einem Interview mit der Frankfurter Allgemeinen Zeitung ausdrückte:

> *Die Marktmechanismen funktionieren und lassen sich nicht so einfach aushebeln.*
>
> Andreas Mattner[157]

157 o. V., Bauen ist besser als regulieren, in FAZ vom 09.10.2015, S. 11.

Abkürzungsverzeichnis

All Risks Yield	ARY
Alternative-Investmentfonds-Kapitalgesellschaft	AIF-KVG
alternativer Investmentfonds	AIF
Baugesetzbuch	BauGB
Baumassenzahl	BMZ
Baunutzungsverordnung	BauNVO
Beleihungswertermittlungsverordnung	BelWertV
besondere Flächennutzung	bN
besondere objektspezifische Grundstücksmerkmale	boG
Betriebskosten	BK
Betriebskostenverordnung	BetrKV
Bewertungsgesetz	BewG
Bewirtschaftungskosten	BWK
Bodenrichtwertrichtlinie	BRW-RL
beziehungsweise	bzw.
Bruttogrundfläche	BGF
Bruttorauminhalt	BRI
Bürgerliches Gesetzbuch	BGB
Bundesanstalt für Finanzdienstleistungsaufsicht	BaFin
Bundesfinanzhof	BFH
Bundesgerichtshof	BGH
Bundesinstitut für Bau-, Stadt- und Raumforschung	BBSR
Bundesministerium der Finanzen	BMF
Bundesverband deutscher Wohnungs- und Immobilienunternehmen e. V.	GdW
Bundesverband Freier Immobilien- und Wohnungsunternehmen e. V.	BFW
Depreciated Replacement Cost Approach	DRC-Approach
Discounted-Cashflow-Verfahren	DCF-Verfahren
eingetragener Verein	e. V.
Einkommensteuergesetz	EStG
Energieeinsparverordnung	EnEV
Erbbaurechtsgesetz	ErbbauRG
erschließungsbeitragsfrei	ebf

erschließungsbeitragspflichtig	ebp
Ertragswertrichtlinie	EW-RL
Estimated Rental Value	ERV
Euro	EUR
Funds from Operations	FFO
Funktionsfläche	FF
Generalübernehmer	GÜ
Generalunternehmer	GU
Gesamtnutzungsdauer	GND
Gesamtverband der Deutschen Versicherungswirtschaft	GDV
Geschossfläche	GF
Geschossflächenzahl	GFZ
Gesellschaft für Immobilienwirtschaftliche Forschung e. V.	gif
Gesetz über deutsche Immobilien-Aktiengesellschaften mit börsennotierten Anteilen	REITG
Gesetz über die Zwangsversteigerung und Zwangsverwaltung	ZVG
Gewerbeordnung	GewO
Gross External Area	GEA
Gross Internal Area	GIA
Grundbuchordnung	GBO
Grundbuchverfügung	GBV
Grunderwerbsteuergesetz	GrEStG
Grundflächenzahl	GRZ
Grundsteuergesetz	GrStG
Handelsgesetzbuch	HGB
Hauptnutzfläche	HNF
Honorarordnung für Architekten und Ingenieure	HOAI
Immobilienwertermittlungsverordnung	ImmoWertV
in der Regel	i. d. R.
Interest Cover Ratio	ICR
Internal Rate of Return	IRR
Kapitalanlagegesetzbuch	KAGB
Kapitalverwaltungsgesellschaft	KVG
Konstruktionsgrundfläche	KGF

Konstruktionsrauminhalt	KRI
Liegenschaftszinssatz	LSZ
Loan to Cost Ratio	LTC
Loan to Value Ratio	LTV
Makler- und Bauträgerverordnung	MaBV
Nebennutzfläche	NNF
Net Asset Value	NAV
Net Internal Area	NIA
Net Operating Income	NOI
Net Present Value	NPV
Nettogrundfläche	NGF
Nettomieteinnahme	NME
Nettorauminhalt	NRI
Normalherstellungskosten	NHK
Nutzfläche	NF
Organismen-für-gemeinsame-Anlage-in-Wertpapieren-Kapitalverwertungsgesellschaft	OGAW-KVG
per annum	p. a.
Pfandbriefgesetz	PfandBG
Quadratmeter	m^2
Real Estade Investment Trust	REIT
Restnutzungsdauer	RND
Richtlinie zur Berechnung der Mietfläche für gewerblichen Raum	MF/G
Richtlinie zur Berechnung der Verkaufsfläche im Einzelhandel	MF/V
Sachwertrichtlinie	SW-RL
Strafgesetzbuch	StGB
Subunternehmer	Sub
Subunternehmer eines Subunternehmers	Sub-Subs
Technische Funktionsfläche	TF
Umsatzsteuergesetz	UStG
Vergleichswertrichtlinie	VW-RL
Verkehrsfläche	VF
Versicherungsvertragsgesetz	VVG
Wertermittlungsrichtlinien 2006	WertR 2006
Wertermittlungsverordnung	WertV

wertrelevante Geschossflächenzahl	WGFZ
Wirtschaftsstrafgesetz	WiStrG
Wohnfläche	WF
Wohnflächenverordnung	WoFlV
Wohnungseigentumsgesetz	WoEigG
Zentraler Immobilien Ausschuss	ZIA
Zivilprozessordnung	ZPO
zum Beispiel	z. B.
zweite Berechnungsverordnung	II. BV

Literaturverzeichnis

Alda/Hirschner, Projektentwicklung in der Immobilienwirtschaft – Grundlagen für die Praxis, 5. Auf., 2014.

Bayerisches Landesamt für Statistik (Hrsg.), Kommunalstatistik, 2014.

Bone-Winkel/Schulte (Hrsg.), Handbuch Immobilienprojektentwicklung, 3. Aufl., 2008.

Bösch, Finanzwirtschaft – Investition, Finanzierung, Finanzmärkte und Steuerung, 2. Aufl., 2013.

Bundesgeschäftsstelle Landesbausparkassen (Hrsg.), Markt für Wohnimmobilien, 2015.

Däumler/Grabe, Grundlagen der Investitions- und Wirtschaftlichkeitsrechnung, 13. Aufl., 2013.

Erlen/Isaak, BWL-Kennzahlen (Business Ratios), 2015.

Frühauf, Den Deutschen sind Immobilien zu teuer, in FAZ vom 13.08.2015, S. 23.

Geyer, Immobilien und ihre Finanzierung – Vom Bausparvertrag bis zu Real Estate Investment Trusts, 2. Aufl., 2008.

Geyer, Kennzahlen für die Bau- und Immobilienwirtschaft, 2014.

Geyer, Praxiswissen BWL – Crashkurs für Führungskräfte und Quereinsteiger, 2. Aufl., 2013.

Institut der deutschen Wirtschaft Köln e. V. und Zentrum für Europäische Wirtschaftsforschung (Hrsg.), Wirtschaftsfaktor Immobilien 2013 – Gesamtwirtschaftliche Bedeutung der Immobilienwirtschaft – Kurzfassung, 2013.

Kleiber, Verkehrswertermittlung von Grundstücken – Kommentar und Handbuch zur Ermittlung von Marktwerten (Verkehrswerten) und Beleihungswerten sowie zur steuerlichen Bewertung unter Berücksichtigung der ImmoWertV, 7. Aufl., 2014.

Kröll/Hausmann/Rolf, Rechte und Belastungen in der Immobilienbewertung, 5. Aufl., 2015.

Murfeld (Hrsg.), Spezielle Betriebswirtschaftslehre der Immobilienwirtschaft, 7. Aufl., 2013.

o. V., Bauen ist besser als regulieren, in FAZ vom 09.10.2015, S. 11.

o. V., Wie der Staat den Wohnungsbau verteuert, in FAZ vom 31.07.2015, S. 11.

o. V., Wohnraumbedarf bis 2030, in immobilienwirtschaft 07/08, 2015, S. 8.

Pfnür, Volkswirtschaftliche Bedeutung von Corporate Real Estate in Deutschland, 2014.

Rußig, Die volkswirtschaftliche Bedeutung der Immobilienwirtschaft – Kurzfassung des Gutachtens des ifo Instituts für Wirtschaftsforschung e. V. an der Universität München, 2005.

Schierenbeck/Rolfes (Hrsg.), Ausfallrisiken – Quantifizierung, Bepreisung und Steuerung, 2001.

Schulte/Bone-Winkel/Schäfers (Hrsg.), Immobilienökonomie I, Band 1: Betriebswirtschaftliche Grundlagen, 5. Aufl., 2016.

Schulte/Kühling/Servatius/Stellmann (Hrsg.), Immobilienökonomie II, Band 2: Rechtliche Grundlagen, 3. Aufl., 2013.

Schultheiß, 100 Immobilienkennzahlen, 2. Aufl., 2010.

Statista, Bauinvestitionen vom 13.02.2016, http://de.statista.com/statistik/daten/studie/5722/umfrage/entwicklung-der-bauinvestitionen-in-deutschland-seit-2005 (Stand: Februar 2016).

Statista, Baukosten vom 13.02.2016, http://de.statista.com/statistik/daten/studie/70266/umfrage/entwicklung-des-preisindex-fuer-baukosten-seit-2002/ (Stand: Februar 2016).

Statista, Beschäftigte Bau vom 27.07.2015, http://de.statista.com/statistik/daten/studie/172701/umfrage/zahl-der-beschaeftigten-im-baugewerbe-in-europa-nach-laendern (Stand: Februar 2016).

Statista, Hypothekenzinsen vom 29.01.2016, http://de.statista.com/statistik/daten/studie/155740/umfrage/entwicklung-der-hypothekenzinsen-seit-1996/ (Stand: Februar 2016).

Statista, Preise München vom 11.02.2016, http://de.statista.com/statistik/daten/studie/261706/umfrage/preisindex-fuer-wohnhaeuser-in-muenchen-nach-bestand-und-neubau (Stand: Februar 2016).

Statista, Spareinlagen vom 29.01.2016, http://de.statista.com/statistik/daten/studie/202295/umfrage/entwicklung-des-zinssatzes-fuer-spareinlagen-in-deutschland/ (Stand: Februar 2016).

Statista, Umsatz Bau vom 03.08.2015, http://de.statista.com/statistik/daten/studie/154592/umfrage/umsatz-im-bauhauptgewerbe-seit-2000/ (Stand: Februar 2016).

Statista, Wanderungssaldo vom 11.02.2016, http://de.statista.com/statistik/daten/studie/254699/umfrage/wanderungssaldo-in-deutschland-nach-bundeslaendern (Stand: Februar 2016).

Statista, Wert Bauland vom 20.10.2015, http://de.statista.com/statistik/daten/studie/70274/umfrage/kaufwerte-von-bauland-in-deutschland/ (Stand: Februar 2016).

Statista, Wohneigentumsquote vom 04.08.2015, http://de.statista.com/statistik/daten/studie/155734/umfrage/wohneigentumsquoten-in-europa/ (Stand: Februar 2016).

Statista, Wohnfläche vom 03.08.2015, http://de.statista.com/statistik/daten/studie/36495/umfrage/wohnflaeche-je-einwohner-in-deutschland-von-1989-bis-2004 (Stand: Februar 2016).

Statista, Wohnungsbaukredite in Deutschland vom 12.08.2015, http://de.statista.com/statistik/daten/studie/70271/umfrage/entwicklung-der-wohnungsbaukredite-seit-1991/ (Stand: Februar 2016).

Wendlinger, Immobilienkennzahlen – Fundierte Immobilienanalyse in der Praxis, 2012.

Stichwortverzeichnis

Inklusive Arbeitshilfen online

Exklusiv für Buchkäufer!

Ihre Arbeitshilfen zum Download:

- **http://mybook.haufe.de/**
- **Buchcode:** BHN-6099
